Sarah, Julia, Ted ve Nicky'ye

İçindekiler

Giriş

Bu kitabın amacı küreselleşmeye dair düşünce modellerini değiştirmektir. Buradaki temel iddia, küreselleşmeyi esas olarak 1990'larda, iletişim teknolojisindeki devrimsel gelişmelerin değiştirdiğidir. Bilgi ve iletişim teknolojilerindeki (BİT) devrimin küreselleşmeyi dönüştürme biçimini ve dünya üzerindeki etkisini görmek kolaydır ancak bunları kavramak bir miktar tarih bilgisi gerektirir. O hâlde bazı gerçeklerle başlayalım.

Küreselleşme 1800'lerin başında, buhar gücü ve küresel barış ürünlerin taşınma maliyetini düşürdüğünde bir sıçrama yaptı. Küreselleşmenin ikinci sıçraması ise, 20. yüzyılın sonunda, bilgi ve iletişim teknolojileri fikirlerin taşınma maliyetini radikal oranda düşürdüğünde yaşandı. Şekil 1'de de görüldüğü gibi, bu iki sıçrama —isterseniz buna Eski ve Yeni Küreselleşme diyelim— dünya ekonomik coğrafyası üzerinde çarpıcı biçimde farklı etkiler bıraktı.

19. yüzyılın başlarından itibaren düşen lojistik maliyetler, tarihin en dramatik talih dönüşlerinden birine yol açan bir ticaret, sanayileşme ve büyüme sarmalını tetikledi. Dört bin yıl boyunca dünya ekonomisine egemen olmuş eski Asya ve Orta Doğu medeniyetleri, günümüz zengin ülkeleri tarafından iki yüzyıldan kısa bir süre içinde yerinden edildi. Tarihçilerin "Büyük Iraksama" olarak adlandırdığı bu olgu bu çaptaki bir ekonomik, siyasi, kültürel ve askeri gücün, nasıl bu kadar az kişinin elinde toplanabildiğiniaçıklamaktadır.

Bu eğilim, 1990 yılından itibaren tersine döndü; zengin ülkelerin bir asırlık yükselişi, sadece yirmi yıl içinde ters yüz oldu. Dağılımdaki payları 1914'ler seviyesine geriledi. "Büyük Yakınsama" olarak adlandırılabilecek bu eğilim, kuşkusuz son yirmi, belki de otuz yıla damgasını vurmuş bir ekonomik gerçekliktir; zengin ülkelerin küreselleşme karşıtı duyarlıklarının ve "yükselen pazarlar"ın bugünkü özgüvenlerinin çıkış noktasıdır.

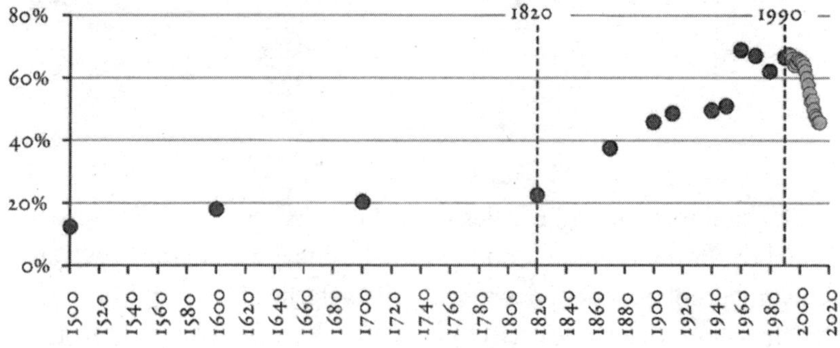

ŞEKİL 1: Küreselleşme 1990 yıllarında değişim geçirdi: "Çarpıcı pay kayması" (G7 dünya gelirine oranı).

1820'li yıllarda başlayan modern küreselleşme, —bu grafikte Yediler Grubu, kısaca G7 (Birleşik Devletler, Almanya, Japonya, Fransa, İngiltere, Kanada ve İtalya) olarak temsil edilen— günümüz zengin ülkelerinin hızlı sanayileşmesi ile ilişkilendiriliyordu. Bu da kendi kendine yenilenebilen bir endüstriyel toplaşım, inovasyon ve büyüme sarmalının, dünya ekonomisinde görülmemiş bir kaymayı tetiklemesiyle sonuçlandı. 1820'den 1990'lara kadar G7'nin küresel gelirdeki payı beşte birden neredeyse üçte ikiye yükseldi.

Sarmalın yükselişi 1980 ortalarına dek devam etti; 1990'larda ise tersine döndü. Son yirmi, otuz yıldır G7 payı çok büyük bir hızla düşmektedir. Günümüzde ise 19. yüzyıl başlarında ilk defa ulaşmış olduğu seviyelere geri dönmüş durumdadır.

Bu çarpıcı pay kayması ile anlıyoruz ki küreselleşmenin doğası 1990'larda kökten değişmiştir.

VERİ KAYNAĞI: Dünya Bankası VeriBankası (ABD Doları üzerinden GSYH) ve 1960 öncesi Maddison projesi verileri (yazarın hesaplamaları ile), http://www.ggdc.net/maddison/maddison-project/home.htm; 2013 versiyonu dünya GSYH güncellemesi yapmadığı için 2009 versiyonundan yararlanılmıştır (2009 versiyonu bu kitapta bundan sonra Maddison veritabanı olarak anılacaktır).

Şekil 1'deki "çarpıcı pay kaymasına" üretim paylarındaki eşlik etti. 1970'lerden beri zaten dünya üretimindeki payları yavaşça azalan günümüz zengin ülkeleri, 1990'lardan itibaren hızlanmış düşüşlere tanık oldular (Şekil 2).

İlginç bir biçimde G7'nin pay kaybı, çok az sayıda ülkeye pay artışı olarak yansıdı. 1990'dan bu yana sadece altı gelişmekte olan ülke (şekilde Sanayileşen Altılı, kısaca S6 olarak belirtilmektedir), dünya üretim payı yüzdelerinde yaklaşık 3,5 kat artış yaşadı. İlginç olan da bu etkinin çok küçük bir alana yansıdığı gerçeğidir.

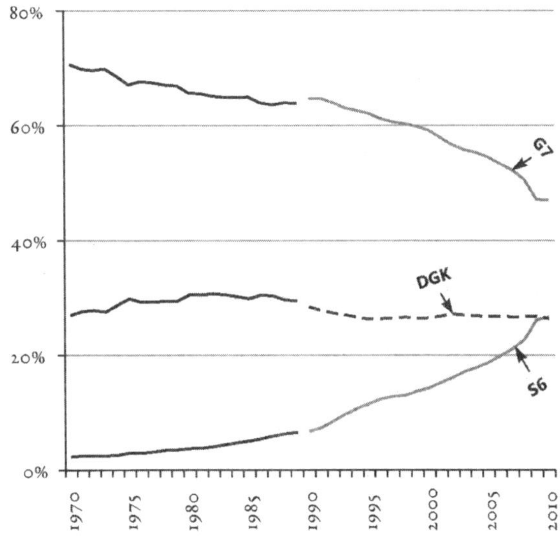

ŞEKİL 2: Zengin ülkelerin dünya üretim miktarı paylarındaki düşüş, yalnız altı gelişmekte olan ülkeye kazanç olarak yansıdı.

Küresel üretim paylarındaki ani değişim, neredeyse Şekil 1'deki "çarpıcı pay kayması" kadar sert olmuştur. 1990'lardan sonra G7'nin payı, hızla düşmüş ve şu an yüzde 50 altında seyretmektedir.

Sanayileşen Altı olarak adlandırdığım sadece altı gelişmekte olan ülke, yani kısaca S6 (Çin, Kore, Hindistan, Polonya, Endonezya ve Tayland), G7'de yaşanan düşüşün neredeyse tamamına tekabül ediyordu. Dünyanın geri kalanının imalat/üretim? payı (şekilde DGK) bu değişimden neredeyse hiç etkilenmedi. Dikkat ederseniz Çin aralarında en göze çarpanıdır. Dünya üretim payı oranı %3'ten beşte bire yükselmiştir (şekilde ayrı gösterilmemiştir).

VERİ KAYNAĞI: UNSTAT.org

Ucuz ulaşım ve iletişim bu denli geniş çapta yaygınken küreselleşmenin coğrafi etki alanı nasıl bu kadar sınırlı kalabildi? Bu soruyu cevaplayabilmek için küreselleşmeye daha geniş bir açıdan bakmak gerekiyor.

Küreselleşmeye Geniş Bakış

Ulaşımın denizde rüzgâr gücü ve karada hayvan gücüyle sınırlı olduğu dönemlerde, kâr getirecek biçimde sevkiyatı yapılabilen ürün çeşidi çok azdı ve katedilebilen mesafeler çok kısaydı. Bu da, insanlar karaya bağımlı olduklarından üretimi, tüketimin esiri hâline getirmişti. Bir başka deyişle üretim, zoraki olarak tüketimle iç içeydi.

Küreselleşme, bu zoraki gruplanmanın aşamalı çözülmesi olarak düşünülebilir. Şu var ki, bu iç içeliği dayatan yalnızca ürün taşıma maliyetleri değildi. Üç çeşit taşıma maliyeti mevcuttu: Ürün taşıma maliyeti, fikir taşıma maliyeti ve insan taşıma maliyeti. Bu üç maliyeti, üretim ve tüketimin birbirinden ayrılmasını engelleyen bir üç kısıtlı oluşum olarak düşünmek yerinde olacaktır.

Bu kitabın temel iddialarından biri, küreselleşmenin evrimleşen doğasını kavramanın, bu üç "ayrılma" maliyetlerini birbirinden kesin bir biçimde ayırt etmeyi gerektirdiğidir. 19. yüzyılın başlarından itibaren ürün, fikir ve insan taşıma maliyetlerinin tümü, aynı anda olmamakla beraber düştü. Taşıma maliyetleri, iletişim maliyetlerinden bir buçuk asır önce ciddi bir düşüş yaşadı. Yüz yüze iletişim ise bugün bile hâlâ yüksek maliyetli.

Bu olaylar sırasının önemini kavramak, "üç-katmanlı-kısıt" görüşü olarak adlandırdığım yeni bir küreselleşme bakışı ile kolaylaşabilir. Bu yeni bakışı açıklamak için en iyi yol ise tarihte kısa bir yolculuğa çıkmak.

Küreselleşme Öncesi Dünya ve Küreselleşmede İlk Hareketlenme

Küreselleşme öncesi dünyada, mesafeler insanları ve üretimi öylesine yalıtmıştı ki dünya ekonomisi derme çatma bir köy-ekonomisi seviyesinden daha fazlası değildi. İşler, ürün taşıma maliyetleri düşünce değişmeye başladı. Ulaşım teknolojileri, Endüstriyel Devrim'i besleyen bir süreçte gelişti ve Endüstriyel Devrim tarafından beslendi.

Uluslararası taşıma kolaylaştıkça, daha çok sayıda insan deniz aşırı ürünleri satın almaya başladı. Örneğin, orta gelirli bir İngiliz, Amerikan buğdayından yapılmış bir ekmekle, Çin'de yetişmiş filizlerden demlenip Jamaika şekeriyle tatlandırılmış çayını yudumladığı -tümü de Hint kumaşından bir masa örtüsü üzerine kurulu- bir sofra kurabiliyordu. Oxford ve Harvard ekonomistleri Kevin O'Rourke ve Jeff Williamson, bu sürecin başlangıcı için 1820'yi gösterir. 2006 tarihli "Küreselleşme: Büyük Çözülme(ler)" adlı makalemde üretim ve tüketimin birbirinden ayrılmasını küreselleşmenin ilk çözülmesi olarak ele aldım.

Sevkiyat ucuzlarken, fikir ve insanların taşınma maliyetindeki azalma çok daha az oldu. Taşıma maliyetleri arasındaki bu orantısız ucuzlama, sonunda günümüzün gelişmiş ülkeleriyle (kısaca 'Kuzey'), gelişmekte olan ülkeleri ('Güney') arasındaki gelir düzeyi uçurumuna yol açan bir neden sonuç zincirini tetikledi. Birinci Evre'de, pazarlar küresel seviyede gelişti fakat sanayi yerel olarak kümelendi. Tarihte de görüldüğü gibi sanayi Kuzey'de kümelendi. Kuzey'in endüstrileşmesi Kuzey'in inovasyonlarını (yenileştirme) besledi ve fikirlerin taşınması maliyetli olduğundan Kuzey'in inovasyonu, Kuzey'de kaldı. Neticede, modern ve teknoloji-destekli büyüme Kuzey'de daha erken ve daha hızlı oldu. Bu büyüme farkı, yalnızca birkaç on yıl içerisinde bugün hâlâ gezegenin ekonomik manzarasını tanımlayan devasa Kuzey-Güney gelir asimetrisine dönüştü. Kısaca, Büyük Iraksama, düşük taşıma maliyetleri ve yüksek iletişim maliyetlerinin bir birleşimi sonucu meydana geldi.

Küreselleşmede İkinci Hareketlenme (İkinci Çözülme)

Küreselleşme, BİT devriminin fikirlerin taşınma maliyetini ciddi ölçüde düşürdüğü 1990'larda yeniden hızlandı. Bu da küreselleşmenin bir sonraki evresini başlattı; buna fabrikaların uluslararası düzeyde ayrılmasını içerdiğinden dolayı 'ikinci çözülme' diyebiliriz. Özellikle üstün haberleşme teknolojisi, karmaşık süreçlerin uzak mesafelerden koordine edilmesine olanak sağladı. Üretimin dışa yaptırılması süreci kolaylaşır kolaylaşmaz, ilk çözülme evresinde ortaya çıkan Kuzey-Güney gelir uçurumu, kâr getirmeye başladı.

Üretimin, düşük-ücretli deniz aşırı ülkelere yaptırılması küreselleşmeyi değiştirdi fakat bunun tek sebebi, istihdamın deniz aşırı gitmesi değildi. Deniz aşırı süreçlerin beride kalmış olanlarla kusursuz bir biçimde uyuşması için zengin-ulus şirketleri, pazarlama, idari ve know-how bilgilerini, deniz aşırı taşınmış bulunan üretim süreçleriyle birlikte gönderdiler. Bunun sonucunda kimi zaman 'küresel değer zinciri devrimi' olarak adlandırılan bu ikinci çözülme, bilginin uluslararası sınırlarını yeniden çizdi. Bugün endüstriyel rekabetin dış hatları, ulusal sınırlar yerine gitgide uluslararası üretim ağlarının güzergahları tarafından belirlenmektedir.

Bir spor analojisi, bu gelişmenin küreselleşmeye etkisini nasıl bütünüyle dönüştürebildiğini açıklamaya yardımcı olacaktır. Oyuncu takası yapmak üzere masaya oturmuş iki futbol kulübü düşünelim. Takas gerçekleşirse iki taraf da kazanç sağlayacaktır. İki taraf da daha az ihtiyaç duyduğu bir oyuncu karşılığında gerçekten ihtiyaç duydukları türden bir oyuncu almış olacaktır.

Şimdi de farklı bir takas türü düşünelim. Varsayalım ki daha iyi olan takımın antrenörü hafta sonları daha kötü olan takımı çalıştırmaya başladı. Bunun sonucunda ligde daha çok rekabet olacak ve bu, kuşkusuz kötü oynayan takıma da yarayacaktır. Ancak bu takasın —antrenörü, teknik bilgisini tek takım yerine iki takıma birden satarak iyi kazanç sağlayacak olsa bile— iyi oynayan takıma yarayacağı hiç de kesin değildir.

Bu benzetme ile küreselleşme arasındaki paralellikler gayet açık. Eski Küreselleşme, oyuncu takası olarak düşünülebilir. Yeni Küreselleşme ise daha çok, deniz aşırı şirketlerin antrenör rolünde karşı takımı çalıştırması gibidir.

Farklı bir deyişle BİT-destekli deniz aşırı üretim süreçleri, G7'nin uzmanlık bilgileri ile gelişmekte olan ülkelerin işgücünü birleştiren yeni bir endüstriyel rekabet tarzı yaratmış oldu. Bu yüksek teknoloji ve düşük ücretli rekabetin üstün çıkmasıyla, taşınması nispeten daha kolay fikirler Kuzey'den-Güney'e muazzam seviyede bir uzmanlık bilgisi akışını tetikledi. Yeni Küreselleşme'yi Eski Küreselleşme'den farklı kılan tam da bu bilgi akışları oldu.

Sınırlı Etki Alanı Muamması ve Emtiada "Süper Döngü"

Şunu önemle belirtelim ki, G7 şirketleri bu uzmanlık bilgilerinde (know-how) hak sahibidir ve bu sebeple Kuzey'den Güney'e bu yeni bilgi akışının ardında bir merhamet eylemi, bir "tüm insanlar kardeştir" iyimserliği olduğu düşünülmemelidir. Zengin ülkeler uzmanlık bilgilerini yoksul ülkelere 'paylaşmak önemsemek olduğu için' göndermiyorlar. G7 şirketleri deniz aşırı götürdükleri uzmanlık bilgilerini üretim ağı sınırlarında tutmak için ellerinden geleni yapıyorlar. Üç-katmanlı-kısıt görüşüne göre üretim mucizesi, bu yüzden sadece bir avuç gelişmekte olan ülkede gerçekleşti. Tekrar spor benzetmesine dönersek; Yeni Küreselleşme sadece G7 antrenörlerinin "çalıştırmayı" seçtiği üretim "takımlarına" destek sağladı. Fakat çalıştırılan takım sayısı neden ilginç bir şekilde bu kadar sınırlıydı?

Benim görüşüm, bunun cevabının ürün ve fikirlerin değil de insanların taşıma maliyeti ile ilgili olduğu yönünde. Evet, uçuş ücretleri düştü ancak yolculuğun zaman-maliyeti de uzman ve yönetici personel maaşlarıyla birlikte artmaya devam etti. İnsanların taşınması daha pahalı—ve uluslararası üretim ağları hâlâ tesisler arası insan taşımak zorunda— olduğu için, deniz aşırı şirketler üretimlerini yalnızca belli bölgelerde kümelendirir. Yine insan taşıma masrafından tasarruf etmek için, özellikle Almanya, Japonya ve Birleşik Devletler'de tesisler, G7 endüstriyel enerji santralleri yakınlarında konumlandırılır. Hindistan ise uluslararası üretim ağına öncelikli olarak yüz yüze etkileşimin söz konusu olmadığı hizmet türleri aracılığıyla katıldığı için, bir istisnadır.

İkinci çözülmenin endüstrileşmeye etkisi oldukça dar bir alana sıkışmış iken, Büyük Yakınsama olgusu, yarattığı zincirleme etkiyle çok daha geniş bir alanı kapsadı. Tüm insanların yarısına yakını, hızla sanayileşen gelişmekte olan ülkelerde yaşadığı için, hızlı gelir artışları ham madde taleplerinde bir patlama yaratmıştır. Talep patlaması ile emtiada "süper döngü" dönemi başladı, bu da küresel değer zincirleri dışında kalmış pek çok ihracatçı ülkenin yükselişe geçmesini tetikledi. Dolayısıyla talep patlaması da küresel değer zincirinin yükselişinden etkilenmeyen ihracatçı ulusların sonradan uçuşa geçmesini tetikleyen 'emtiada süper-döngü'yü yarattı.

Küreselleşmenin Yeni Olayı: Küreselleşmede Üçüncü Çözülme

Üç-katmanlı-kısıt görüşü (Şekil 3'teki görselde özetlenmiştir), yüz yüze iletişim maliyetlerinin 1990'dan beri düşmekte olan koordinasyon maliyetleri gibi düşmesi durumunda üçüncü çözülmenin yaşanma ihtimalini açıkça kabul etmektedir.

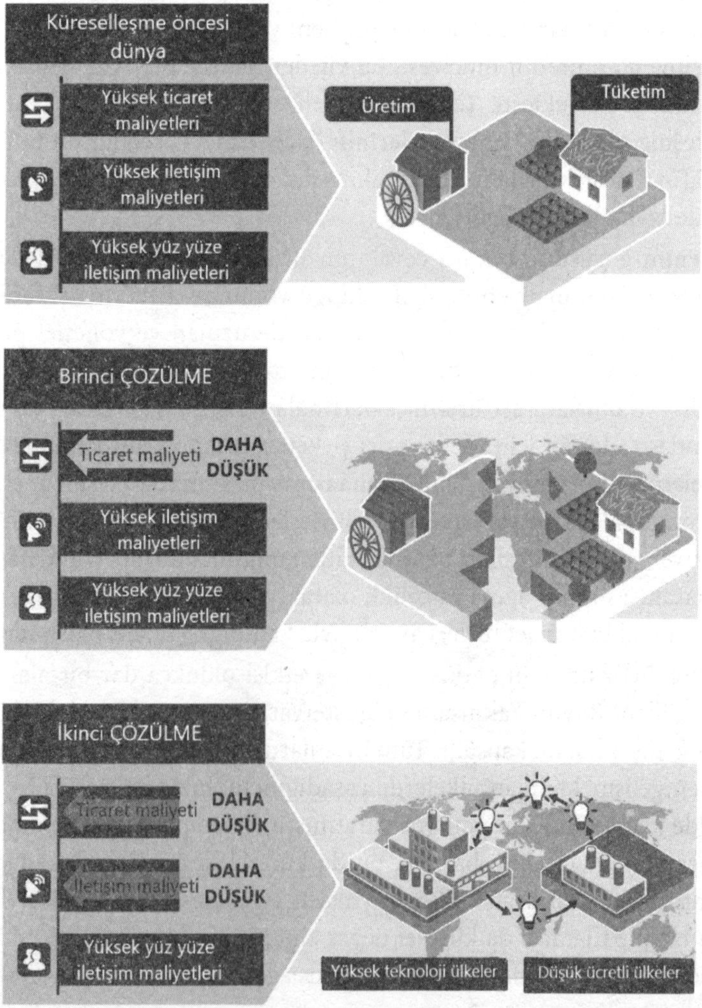

ŞEKİL 3: Özetle küreselleşmeye "üç katmanlı kısıt" görüşü.

At arabaları ve yelkenli gemiler son teknolojiye kavuştuklarında ürünler, fikirler ve insanlar çoğunlukla oldukları yerde kaldı. İnsanlığın büyük çoğunluğu boyunca ekonomik yaşam, köy seviyesinde örgütlenmişti (üstteki görsel).

Buharlı gemiler ve demiryolları uzun mesafeli ticaretin maliyetini ciddi ölçüde düşürerek üretim ve tüketimi, küreselleşmenin ilk çözülmesi olarak adlandırabileceğimiz bir süreçte ayrıştırdı (ortadaki görsel). Ancak sevkiyat kısıtının kalkmasıyla dünya bir anda düz olmadı; haberleşme ve yüz yüze iletişim kısıtları gün gibi ortadaydı. Hatta, üretim tüketimden uzaklaştıysa bile imalat, -ticari maliyetleri kısmak için değil de haberleşme ve yüz yüze iletişim maliyetlerinden tasarruf etmek için- fabrikalarda ve sanayi bölgelerinde toplandı.

Bu mikro-kümelenme, sanayileşen ülkelerde inovasyonu kamçılamış olsa da fikirlerin taşınması maliyetli olduğu için inovasyonlar yerel seviyede kaldı. Sonuç olarak, işçi başına düşen uzmanlık bilgisi Güney'e nazaran Kuzey'de çok daha fazla arttı. Bu da Büyük Iraksama olarak bilinen büyük Kuzey-Güney gelir uçurumunu yarattı.

Bilgi ve iletişim teknolojilerindeki devrim niteliğinde gelişmeler sayesinde farklı kıtalardaki karmaşık üretim süreçlerinin koordine edilmesi mümkün olunca, küreselleşmede yaşanan ikinci çözülme (alttaki görsel), ticaret maliyetini aşağı çekmiş oldu. Bu teknik olasılık gerçek olunca, gelişmekte olan ülkelerdeki ücretlerin düşüklüğü, G7 şirketlerinin iştahını kabarttı; onlar da yoğun işgücü gerektiren üretim evrelerini bu ülkelere taşıdı. Ancak, deniz aşırı taşınan üretim evrelerinin beridekilerle kusursuz bir biçimde uyuşması gerektiğinden deniz aşırı taşınmış şirketler uzmanlık bilgilerini iş gücüyle birlikte gönderdiler. Böylece, bir zamanlar sadece G7 fabrikaları sınırları dâhilinde gerçekleşen bilgi akışları, küreselleşmede anahtar rol oynadı (alt görseldeki ampüller).

Bu yeni bilgi akışları sayesinde bir avuç gelişmekte olan ülke baş döndürücü bir hızda endüstrileşmeye başladı ve bu Kuzey'den Güney'e muazzam bir sanayi kaymasına neden oldu. Güney'in endüstrileşmesi —ve beraberinde başlattığı emtia süper döngüsüyle— yükselen piyasaların gelir rakamlarını benzeri görülmemiş seviyelere taşıdı. Şekil 1'de resmedilen "çarpıcı pay kayması" bunun sonucunda gerçekleşmiştir.

Kısaca BİT devrimi, küreselleşmeyi ve dünya ekonomisine olan etkisini bu şekilde dönüştürmüştür; 1990'lara kadar küreselleşme daha çok ürünlerin sınır ötesi taşınmasından ibaretken, şimdi ise uzmanlık bilgisinin sınır ötesi taşınması anlamına gelmektedir.

İki teknolojik gelişme böylesi bir düşüşü tetiklemiş olabilir: Birincisi, insanların sınır ötesi sanal taşınması anlamındaki bir "beyin hizmetleri" paylaşımı. 'Beyin hizmetleri'ni paylaşmak amacıyla sınırları geçen insanların yerini tutabilecek gerçekten iyi alternatifler, bunlardan ilkidir. Telebulunuşluk adıyla bilinen bu tür bir teknolojinin varlığı bilim kurgu değil. Günümüzde mevcut fakat pahalıdırlar. İkincisi ise el ustalığı gerektiren hizmetlerin yerine geçecek gerçekten ileri alternatiflerin geliştirilmesidir.: Buna ise 'telerobot' denir ve bulundukları yerde görevlerini yerine getiren robotları başka bir yerden yöneten insanları içerir. Telerobot teknolojisi günümüzde mevcuttur fakat yine pahalıdır ve robotlar da çok esnek sayılmaz.

Bu teknolojilerin ikisi birden küreselleşmenin doğasını önümüzdeki on yıllık süreçlerde kökten değiştirebilir. İki teknoloji de çalışanın bir ülkeden, başka bir ülkede fiziksel olarak orada bulunmadan eylemde bulunmasına olanak tanımaktadır. Böyle bir "sanal göç" ya da uluslararası teleseyahat, uluslararası rekabete doğrudan tabi olan meslek yelpazesini büyük oranda artırırdı. Zengin ülkelerdeki birçok vasıflı ve vasıfsız iş, yoksul ülkelerde yaşayan uzman ve işçiler tarafından uzaktan yürütülebilirdi. Bu zengin ülke profesyonellerine, yeteneklerini çok daha geniş bir alanda sergileme yolunu açardı. Mesela, bir Japon mühendis Güney Afrika'daki Japon yapımı bir donanımın tamirini ileri teknoloji bir robotu kullanarak yapabilirdi. Örneğin Japon mühendisler, Güney Afrika'da Japon yapımı bir sermaye donanımının onarımını, Tokyo'daki sofistike robotları kullanarak yapabilirdi. Bu rekabet/fırsat ortamı bazılarının işine yarardı; bazıları ise yeni iş aramak zorunda kalırdı.

Demek ki küreselleşmede üçüncü çözülme, bir ülkedeki işçilerin diğer bir ülkede hizmet sunmasını —buna günümüzde fiziksel olarak orada bulunmayı gerektiren işler de dahil— kapsıyor. Çözülme temasından gidecek olursak da, küreselleşmenin üçüncü çözülmesi, işgücü hizmetlerinin fiziksel olarak iş gücünden çözülmesine yol açacağa benziyor.

Yeni Küreselleşmede Yeni Olan Ne?

Küreselleşmenin doğasının değişmiş olması, ulusların da birçok yeni açıdan etkilendiği anlamına geliyor. Bunlardan altı tanesi öne çıkıyor.

Yeni Küreselleşme ulusal ekonomileri daha incelmiş açılardan etkiliyor.

Yirminci yüzyılda küreselleşme, belli sektörler bazında ulusal ihtisaslaşmayı geliştirdi. Düşen ticaret maliyetleri böylece belirli sektörleri ve o sektörlerde çalışanları ya tümden vurdu ya da sevindirdi. Yirmi birinci yüzyıl küreselleşmesi ise, aksine, yalnızca sektör bazında değil; üretim aşamaları ve meslek grupları bazında da yaşanıyor. Sonuç olarak, küreselleşmenin etkisi çok daha öngörülemez durumda.

Eski Küreselleşme'de uluslar, yıldızı parlayan ve sönen sektörlerini saptayabilecek durumdaydı. Artık değil. Artık neredeyse tüm sektör ve meslek gruplarında yıldızın parlama ve sönme aşamaları var. Anlaşılan o ki, endüstriyel rekabet sınırlarının deniz aşırı şirketler tarafından çizildiği bir dünyada, hangi aşamaların ve meslek gruplarının etkileneceği öngörülemiyor.

Ayrıca Yeni Küreselleşme'nin etkisi daha bireysel çünkü artık kazananlar ve kaybedenler bulundukları sektör ve becerileri bazında gruplanmıyor. Küreselleşmenin etkisi aynı sektörde aynı becerilere sahip çalışanlar arasında değişkenlik gösterebiliyor. Columbia Üniversitesi'nden Jagdish Bhagwati bunu "Katz" olarak tanımlıyor. İşiniz ne ve hangi sektörde olursa olsun, küreselleşmenin işiniz için yararlı mı yoksa zararlı mı olacağını kestirmeniz güç.

Yeni Küreselleşme'nin incelmiş oluşunun önemli politik sonuçları da var. Birçok ulusun gerileyen sektörlerine ve gözden düşmüş meslek gruplarına destek amaçlı politikaları vardır ancak küreselleşmenin bu denli incelmiş oluşu, bu politikaların da bugünün kazananlarını kaybedenlerinden ayırt edebilecek derecede incelmediği anlamına geliyor.

Yeni Küreselleşme'nin etkisi daha ani ve kontrol dışı.

Eski Küreselleşme'nin etkileri daha yavaş ve geniş zamana yayılmıştı çünkü gümrük indirimleri ve ulaştırmanın iyileştirilmesi zaman alan süreçlerdi. Buna karşın Yeni Küreselleşme'nin etkisi ise iletişim, depolama ve bilgi işlem kapasitesinin her bir veya iki yılda bir ikiye katlanıyor olması dolayısıyla daha ani. Son yirmi, otuz yıl içinde birçok kez tanık olduğumuz gibi, bilgi ve iletişim teknolojilerindeki üstel gelişmeler, daha önce hayali bile edilemeyen şeyleri sadece birkaç ay içinde sıradan bir iş hâline getiriyor.

BİT'in tekniğe dayanan doğası, ulusal hükümetlere de Yeni Küreselleşme üzerinde daha az kontrol hakkı tanıyor. Fizik yasaları, ürün akışının kontrolünü, fikir akışının kontrolünden daha kolay hâle getiriyor. Politika da fizikten yanadır. Ne de olsa fikirler, seçmenleri şeffaflığı benimsemiş G7 ülkelerinden dışarı akmaktadır. Küreselleşmeye yön veren bu devasa "bilgi arbitrajını" durdurmak artık neredeyse imkânsızdır.

Yeni Küreselleşme karşılaştırmalı üstünlüğü özelleştirdi.

G7 şirketleri, şirketlerine özgü uzmanlık bilgilerini, düşük-ücretli ülkelerdeki iş gücüyle birleştirerek artırıyorlar. Şirketlerin, farklı ulusların rekabet güçlerini tek çatıda topluyor olması sayesinde, uluslar artık başlı başlarına birer değerlendirme ölçütü sayılmıyorlar. Rekabet sınırları, gitgide uluslararası üretim ağlarını işleten şirketlerin kontrolüne giriyor.

Başka bir deyişle ilk çözülme, ülkelerin karşılaştırmalı üstünlüklerinden daha iyi çıkar elde etmelerini sağlamakla ilgiliydi. İkinci çözülme ise şirketlerin, karşılaştırmalı üstünlüğe sahip ulusal kaynaklarını yeniden birleştirerek rekabet güçlerini artırmasıyla ilgilidir.

Yeni Küreselleşme G7 çalışanları ve G7 şirketleri arasındaki bağıntıyı kısmen zedeledi.

Teknoloji ulusal iken, uluslararası ücret uçurumlarını belirleyen uluslararası teknolojik farklılıklardı. Örneğin Almanya'da ücretler, Alman teknolojisi ilerlediği zaman artmıştı. İkinci çözülme, bu ücret-teknoloji dengeleme sürecini kısmen devre dışı bırakmıştır. Yeni Küreselleşme'de Alman teknolojik gelişmelerinden faydalananlar artık yalnızca Alman işçileri değildir. Artık Alman şirketleri, Alman teknolojisini örneğin Polonya işgücü ile birleştirerek çıkar elde edebilir. Tüm G7 ülkelerindeki şirketler ve işçiler için benzer örnekler verilebilir.

Yeni Küreselleşme mesafenin rolünü değiştirdi.

Düz mantık küreselleşmeyi, en çok ürünlerin sınır ötesi taşınması özelliğiyle tanımlar. Pazarlar arası mesafeyi iki katına çıkarmanın bu nedenle doğal olarak ticaret maliyetini de kabaca iki katına çıkaracağı düşünülür. Oysa bu mantığı günümüze uygulamak çok basit bir sebepten ötürü yirmi birinci yüzyıl küreselleşmesini yanlış okumaktır.

Kartografik mesafeler ürün, fikir ve insanların taşınma maliyetlerini çok farklı şekillerde etkiler. İnternetin gelişiyle fikirlerin taşınma maliyeti neredeyse sıfırdır ve mesafeye göre çok az değişir. Ne var ki konu insanların taşınmasına gelince, bir günde ulaşılabilecek mesafeler ile bundan daha uzak mesafeler arasında aslında büyük bir fark vardır.

Bu, tüm gerekli ticari politikaları harfiyen yerine getirmelerine rağmen niye sadece çok az sayıda gelişmekte olan ülkenin hızla sanayileşebilmiş oluşunun nedenini açıklayabilir. Basitçe açıklarsak, sebebi belki de gelişmekte olan diğer ülkelere kıyasla Detroit'e, Stuttgart'a ya da Nagoya'ya daha uzak olmalarıdır.

Yeni Küreselleşme hükümetlerin politika anlayışını değiştirmelidir.

Ekonomi politikaları genelde rekabet gücünün ulusal bir nitelik olduğu anlayışına dayalıdır. Zengin uluslarda, örgün eğitim ve iş eğitiminden (işçilerin yarının mesleklerine hazırlanması), araştırma ve geliştirme için vergi muafiyetlerine (geleceğin ürün ve süreçlerin geliştirilmesi) kadar tüm politikalar, ulusal rekabet gücü kaynaklarının desteklenmesine yöneliktir. Gelişmekte olan ülkelerde, gümrük vergi oranlarından (yerli üretimin korunması) geliştirme stratejilerine (değer zincirinde yükselmek) kadar tüm politikalar ulusal rekabet gücü kaynaklarının ulusal olduğu fikrine dayanmaktadır.

Tüm bu politika varsayımları, Yeni Küreselleşme ışığında tekrar masaya yatırılmalıdır. Örneğin, özelleştirilmiş rekabet üstünlüğü, gelişmekte olan ülkelerin önündeki seçenekleri değiştirmiştir. Gelişmekte olan ülkeler, uluslararası rekabet gücü elde etmek için tüm tedarik zincirini yerel olarak inşa etmek yerine (on dokuzuncu ve yirminci yüzyıl yöntemi), rekabet gücü kazanmak adına artık uluslararası üretim düzenlerine dâhil oluyor ve uluslararası değer zincirleri içinde daha iyi işler bularak sanayileşiyorlar.

Madalyonun diğer yüzü, zengin ulusların önündeki rekabet seçeneklerini de değiştirdi. Küresel rekabet gücü olan şirketler, en maliyet-etkin bölgelerde konumlanmak için ülkelerin ulusal rekabet üstünlüklerini tek çatı altında topladılar. Bu yeni rekabet üstünlüklerini seçme-toplama usulünden uzak duran şirket ve uluslar, bu usulü benimseyenlerle rekabet etmekte zorlanıyorlar.

Kısaca, küreselleşmenin değişmiş doğası demode kalkınma stratejilerini rafa kaldırdığı gibi gelişmiş ülkelerin sanayi politikalarında bir zamanlar mevcut olan ulusalcı naifliği de bitirdi.

Okur için Yol Haritası

Kitabın geri kalanı beş kısıma ayrılmıştır. İlk kısımda çözülme ve iç içe geçme kavramları esas alınarak küreselleşmenin uzun tarihine (1. Bölüm'den 3. Bölüm'e kadar) kısaca değinilmiştir.

2. Kısım, Küreselleşme Söyleminin Genişletilmesi, iki bölümden oluşmaktadır. 4. Bölüm'de üç-katmanlı-kısıt görüşü detaylı olarak ele alınmıştır. 5. Bölüm'de Yeni Küreselleşme'de neyin gerçekten yeni olduğu konusunu açmaktadır.

3. Kısım, Küreselleşmedeki Değişimleri Anlamak iki bölüm içermektedir. 6. Bölüm'de küreselleşme ekonomisine dair temel çerçeve çizilmiş ve 7. Bölüm'de bu bilgiler ışığında küreselleşmenin birinci ve ikinci çözülmede etkilerinin niye birbirinden bu denli farklı olduğuna ilişkin akıl yürütülmüştür.

4. Kısım'da ise Yeni Küreselleşme'nin politika yapma sürecine dolaylı etkileri ele alınmıştır. 8. Bölüm'de değişimlerin G7 küreselleşme politikaları açısından ne anlama geldiği tartışılmış, 9. Bölüm'de da aynı konu gelişmekte olan ülkeler açısından ele alınmıştır.

İleriye Bakmak başlıklı 5. Kısım'da ise başlıktan anlaşılacağı üzere birkaç varsayım öne sürülerek küreselleşmenin geleceği sorusuna cevap aranmıştır.

1. KISIM

Küreselleşmenin Kısaca Uzun Tarihi

1. Kısım'da küreselleşmenin 200.000 yıllık tarihine göz atılmıştır. Niye mi bu kadar geriye gittik? Sebebi, 1957 yılına ait aşağıdaki alıntıda uygun biçimde ifade edilmiştir:

> İçinde bulunduğumuz çağın bizleri fazlasıyla etkilemesinden ve geçici koşullar üzerinden genelleme yapmaya yatkınlığımızdan dolayı, mevcut koşullarla yola çıkıp şu an için geçerli olan ana etkenleri ayrıştırmaya kalkışarak küreselleşme hakkında net bir anlayış kazanamayacağız.

(Babam Robert Baldwin ve Gerald Meier tarafından yazılan) *Ekonomik Gelişme* kitabının bu ilk cümlesinde aslen "küreselleşme" yerine "ekonomik gelişme" ifadesi kullanılmış olsa da aynı mantık burada da geçerlidir.[1]

Günümüzde küreselleşme üzerine tartışmalar gerçekten de içinde bulunduğumuz çağdan fazlasıyla etkilenmektedir. Son 170 yılda, küreselleşmenin dünya ekonomisine etkisi bir hayli sabitti, bundandır ki birçok gözlemci tarafından bu etkinin değişmez olduğu düşünüldü. Örneğin ABD Başkanı Bill Clinton, küreselleşmeyi, "yağmur veya rüzgâr gibi bir doğa olayının ekonomik eşdeğeri" olarak tanımladı. Yanılmıştı.

Giriş kısmında bahsedildiği gibi, küreselleşme son birkaç on yıllık sürede köklü değişimler geçirdi. 1. Kısım'da, küreselleşmenin son değişimindeki büyüklüğün aslında tarihsel deneyimlerle paralel olduğunu göstermek amacıyla geçmişe uzun bir yolculuk yapılmaktadır.

Temel İlke

Birkaç yüz bin yıllık geçmişi birkaç düzine sayfada ele almak zor olacağı için, en azından bazı daha az önemli detayları atlamamız daha doğru olacak. Tabii bu durumda neyin "önemli" olduğunun altını en baştan çizmekte fayda var. O hâlde, temel ilkemiz ticaretin klâsik tanımı olsun.

Üretim ve tüketim birbirinden coğrafi olarak ayrıldığında ticaret ortaya çıkar. Burada önemli olan, üretim/tüketim ilişkisinin nasıl değiştiğini izlemektir. Bu temel ilkeyi ve Giriş kısmında bahsedilen küreselleşmeye üç-katmanlı-kısıt görüşünü esas alırsak küreselleşmenin dört evresi ortaya çıkmaktadır.

Geçici koşullardan etkilenme endişesi olmayıp 1. 2. ve 3. Bölüm'leri atlamak isteyen okurlar için evreler kısaca aşağıda özetlenmiştir.

Dört Evrede Küreselleşme

İnsanlık tarihinin çoğu boyunca küreselleşme bugünkünden oldukça farklı bir anlam taşımıştır.

Birinci Evre: Kürenin insanlaşması (M.Ö 200.000'den yaklaşık M.Ö 10.000'e)

Son 200 binyılın yaklaşık 190 binyılı gibi bir süre boyunca, üretim daha çok belli bölge ve mevsimlerle sınırlı besin anlamına geliyordu. Tarih öncesi ulaşım yöntemleri besini insanlara taşımak yerine insanları besine taşımayı kolaylaştırdığı için üretim ve tüketim birbirine mekânsal açıdan bağlıydı. Ticaret azdı. Birinci Evre'de küreselleşme, gitgide daha uzaktaki üretim bölgelerini işletmek için yolculuk eden bir insan nüfusunun belirmesi anlamına geliyordu.

İkinci Evre: Küresel ekonominin yerelleştirilmesi (M.Ö 10.000'den M.S 1820'ye)

İkinci Evre'de üretim ve tüketim ilişkisi, tek bir mutlak fark dışında, önceki gibi iç içedir. Tarımsal Devrim sayesinde, insanlar besine gitmemiş, besin üretimi insanlara getirilmişti. Dünya ekonomisi, üretim ve tüketim sabit bölgelerde gerçekleştiği için diğer bir deyişle "yerelleştirilmişti". Ticaret ise hâlâ zordu ve enderdi.

Bu evre, günümüzde Irak, İran, Türkiye, Mısır, Çin, Hindistan/Pakistan ve Yunanistan/İtalya'nın bulunduğu coğrafyadaki kadim medeniyet ve kentlerin yükselişine de tanıklık etti. Ticaret, bu üretim/tüketim kümelerinde ortaya çıkmışsa da modern anlamda küreselleşme henüz başlamamıştı. Ülke içi fiyatlar, uluslararası olmaktan çok yerel arz ve talep koşullarına göre belirleniyordu.

Üçüncü Evre: Yerel ekonomilerin küreselleşmesi (1820'den yaklaşık 1990'a)

Buharlı makinelerin icadı, insanlara daha önceden hayal bile edilemeyecek seviyelerdeki enerjiyi yönlendirme ve kontrol etme becerisi sağladı. Yüzyıl süren çapraşık bir vals sonunda, buharlı makinelerin icadı ve Sanayi Devrimi, insanoğlunun genel olarak çevreyle, özel olarak da mesafeyle ilişkisini tamamen değiştirdi.

Ulaşımdaki köklü gelişmeler, çok uzak yerlerden gelen ürünlerin tüketimini ekonomik kıldı. Sonuç olarak üretim eğilimleri farklılaştı ve ülkelerin "en iyi yaptıkları şeyi üretip kendilerinde olmayan ne varsa takas etmeleri"yle uluslararası ticaret hacimleri patlama yaptı.

Üretim, uluslararası alana yayılmaktayken bile, gelişmiş ulusların fabrikalarında kümelendi. Üretkenlik Kuzey'de arttı, bu da yerini devasa bir Kuzey-Güney bilgi uçurumuna bırakan bir endüstrileşme, yığışma ve inovasyon döngüsünü ateşledi. Bu bilgi eşitsizliği akabinde, Büyük Iraksama olarak bilinen emsali görülmemiş bir gelir ayrışmasına sebep oldu.

Dördüncü Evre: Fabrikaların küreselleşmesi (1990'dan günümüze)

Buharlı makinelerin icadı ilk çözülme için ne idiyse, bilgi ve iletişim teknolojilerindeki devrim de ikinci için oydu. Bilginin küresel dağıtımındaki engin dengesizliklerin temeli olmuş kısıtlamaları gevşeten BİT devrimi, Büyük Yakınsama olarak da adlandırılabilecek tarihi bir dönüşümü tetikledi. Kuzey endüstrisizleşirken Güney'deki bazı uluslar endüstrileşti. Dünya, GSYH oranlarında şok edici değişmelere tanık olurken Büyük Iraksama'dan geri dönülmesi yolunda büyük bir adım atılmış oldu.

1. Kısım'ın devamında bu dört küreselleşme evresi daha detaylı işlenmiştir. 1. Bölüm'de ilk iki evre; 2 ve 3. Bölüm'lerde ise sırasıyla üç ve dördüncü evreler ele alınmıştır.

1. BÖLÜM

Kürenin İnsanlaşması ve İlk Gruplanma

Modern insan 200 bin yıl önce Afrika'da ortaya çıktı. Nüfus artıp düştükçe besin arayışı da insanlığın coğrafi alanını genişletti ve daralttı. Yaklaşık 75 bin yıl boyunca, tüketimin üretime taşınması sadece Afrika'da gerçekleşti.

Bu bölüm ilk olarak, insanların nasıl avcılık-toplayıcılık yaparak Birinci Evre'de dünyaya yayıldıklarını anlatmaktadır. Sonrasında ise küreselleşmenin doğasının, tarımın keşfi üzerine insanlığın belirli yörelerde 'takılması'nın ardından geçirdiği kökten değişim açıklanmıştır.

Birinci Evre: Kürenin İnsanlaşması

Modern insanın Afrika'nın ötesine ilerleyişinin ayrıntılı zamanlaması tam olarak anlaşılmış değil ancak bu geçişin doğrusal olmadığı kesin. İklim, besin ve nüfus arasındaki yakın ilişki —ve bu periyotta meydana gelmiş büyük iklim değişikliği (Şekil 4)— hesaba katıldığında, insanlığın yayılması oldukça değişken aralıklarda düzensiz gerçekleşti.

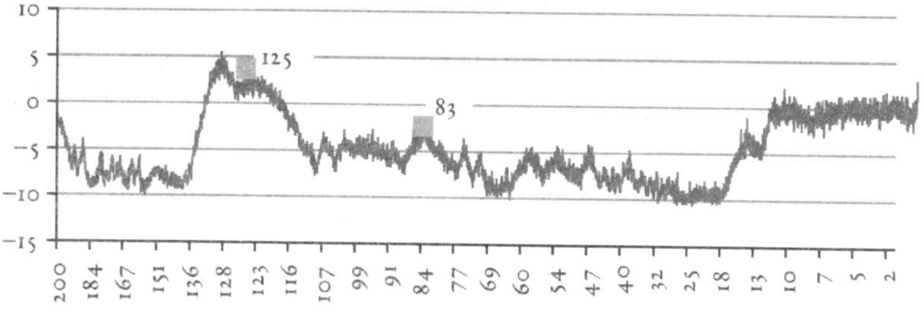

ŞEKİL 4: İlk *Homo Sapiens'ten* bu yana oluşan iklim değişiklikleri (Santigrat birimiyle günümüzdeki sıcaklıklar arasında farkı)

İnsan, iklim koşullarının günümüzle benzerlik gösterdiği 200 bin yıl önce evrim geçirdi. Sıcaklık 128.000 yıl önce yükselmeden önce gezegen 70.000

yıl boyunca soğudu. Bunu takip eden yüz bin yıllık süreçte, M.Ö 20.000'den sonra tersine dönen sert bir düşüş yaşandı; ardından önce ısındı, sonra MÖ 10.000 civarında istikrar kazandı.

Küreselleşmenin Birinci Evre'sini, (kürenin insanlaşması) modern insanların, gezegenin ortalama sıcaklığının bin yıl süren ani yükselişinin ardından MÖ 83.000'de Afrika'yı terk etmesi tetikledi. İkinci Evre, iklimin ısınıp istikrar kazandığı 12 bin yıl önce başladı. İklim göreceli olarak ılık ve istikarlı hâle gelince, insanlar da besin üretiminde ustalaştı. Yerel besin üretimi, yerel nüfus artışıyla uyumlu çoğaltılabiliyordu. Tarım Devrimi olarak bilinen bu değişim, medeniyetin doğuşuna zemin hazırladı.

Modern "küresel ısınma" şeklin en sağındaki yükseliş eğrisinde gösterilmiştir.

KAYNAK: J.Jouzel et al., "Orbitan and Millennial Antarctic Climate Variability over the Past 800.000 Years," *Science 317, no. 5389 (2008): 793 – 797;* based on Arctic Dome C ice cores. "Son 800.000 Yılda Orbitan ve Milenyum Antarktika İklimi Değişkenliği"

Arkeolojik kanıtlar, bir grubun Afrika'yı 125 bin yıl kadar önceki son sıcak dönemde terk ettiğini gösteriyor. Mısır üzerinden Bereketli Hilâl bölgesine vardılar. Ancak güncel DNA kayıtlarından anlaşılıyor ki hayatta kalamadılar.

Vincent Macaulay önderliğindeki bir grup bilim insanı, mitokondriyal DNA örneğini kullanarak Afrika kökenli olmayan tüm insanların, bundan elli beş binyıl ilâ seksen beş binyıl arası bir zaman dilimi öncesinde, yine iklimin sıcaklaştığı bir periyotta Kızıl Deniz üzerinden Afrika'yı terk etmiş bir grupla ilişkili olduğunu kanıtladı. Akabinde ise insanlık hızla yayıldı (tarih öncesi zaman cetveline göre).[1]

DNA ve arkeoloji çalışmalarından elde edilen verilere göre yaklaşık 40 bin yıl önce, Afrika'da, Asya'da ve Avustralya'da insanoğlu varlığını kesintisiz sürdürdü (Şekil 5). Kuzey Avrupa ise çok sonraları, 35 bin yıl kadar önce, kurulmuştu. 15 bin yıl önce Amerika'ya vardılar; 12 bin yıl önce ise Patagonya'ya (Arjantin) ulaşmışlardı. Küreselleşmenin bu evresi, Afrika içinde ve dışında yaklaşık 185 bin yıl sürdü.

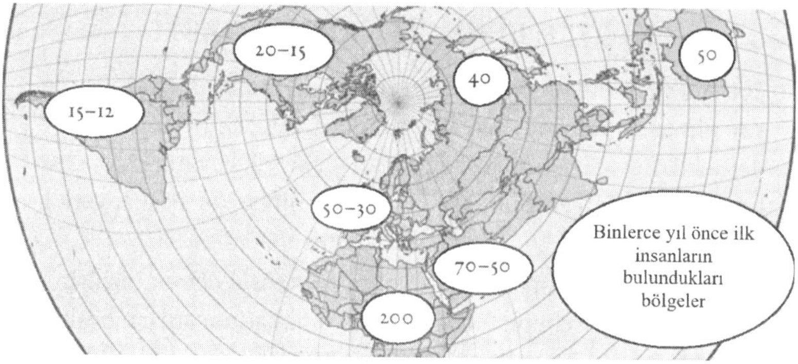

ŞEKİL 5: İnsan ırkının küreselleşmesi.

İnsan ırkı Orta Doğu, Asya ve Avustralya'ya on binlerce yıla yayılan bir süre boyunca yayıldı. O dönemde insan yaşamına daha az elverişli olan Avrupa'da, insan nüfusu on binlerce yıl sonra, yaklaşık 30.000 yıl önce ortaya çıktı. Modern insanlar, Asya ve Kuzey Amerika'yı birbirine bağlayan buzul köprüyü geçerek Amerika'ya çok sonraları ulaştı. Yaklaşık M.Ö10.000'de küre tamamen insanlaşmıştı.

KAYNAK: (mitomap.org, Mart 2014 itibariyle) Güncel DNA verilerine dayalı en erken sürekli yerleşim tarihleri (mitomap.org, Mart 2014 itibariyle)

Bu tarihler kabaca olsa da birkaç yüzyıl öncesine kadar kabul edilmiş tarihi bir gerçeği betimlemeye yarar. Doğu, Güney ve Batı Asya insan yaşamı için özellikle elverişlidir, ayrıca kara ve deniz bağlantıları görece daha iyidir.

Bu dönemde uzun-mesafeli ticaret yapıldığına dair su götürmez arkeolojik kanıtlar mevcuttur. Bunun bir örneği, tarih öncesi çağlarda Bereketli Hilal civarında avcı-toplayıcı gruplar arasında ticareti yapılmış Güneydoğu Türkiye'de çıkarılmış obsidyendir (siyah volkan camı). Yük hayvanları henüz evcilleştirilmemişti dolayısıyla obsidyenin uzun mesafe ticareti, kelimenin tam anlamıyla insanların kaya taşıması anlamına geliyordu. Doğal olarak bu durum ticaret hacimlerini büyük ölçüde sınırlamıştı.

KUTU 1: BİRİNCİ EVRE'NİN ÖZETİ

200 bin yılın büyük çoğunluğunda modern insanlar gezegende var olmuştu, üretim, hayatta kalmaya yetecek besini bulmak demekti. Besin üretimi tesadüfî olan bir şeydi, hayatta kalmaksa besini bol bir yer bulmak, orası tükenince de başka yerler aramak demekti.

Başka bir deyişle, üretim ve tüketim mekânsal olarak birbirine bağlıydı —bu sebeple ticaret azdı— fakat insanları besine taşımak, besini insanları taşımaya göre daha mantıklı olduğu için üretim ve tüketim birlikteliği, medeniyetin gelişimini önleyecek biçimde sürekli değişkenlik gösteriyordu.

Sonuç

Bu çağda küreselleşme, kürenin "insanlaşması" anlamına geliyordu. Artan dünya nüfusu, 15 bin yıl kadar önce insanları gezegenin yaşanabilen her köşesine yerleşmeye sevk etti. Tarım Devrimi Birinci Evre'yi sonlandırdı ve İkinci Evre'nin kapılarını açtı.

İkinci Evre: Tarım ve İlk Gruplanma

Hâlâ bilinemeyen bazı bilimsel sebepler yüzünden, iklim yirmi bin yıl önce ısındı ve 12.000 yıl önce sabitleşti (Şekil 4). Tarih öncesi nüfus yoğunluğu besin kapasitesiyle sınırlıydı, besin ise iklimle sınırlıydı; bu sebeple bu "cömert" iklim değişikliği insan toplumunda bir dönüşümü tetikledi. Bu da ardından küreselleşmeyi dönüştürdü.

Uzun yeşerme mevsimleri ve güvenilir su kaynakları olan bölgelerde nüfus yoğunlaştı. Çok sayıda insan ve çok miktarda besin yan yana kümelenince, insanlar aşama aşama bu taşınırlık dengesini nasıl tersine çevireceklerini öğrendi. Bu, Tarım Devrimi'ydi (Neolitik Devrim olarak da geçer). Jared Diamond'un *Guns, Germs and Steel (Tüfek, Mikrop ve Çelik)* adlı kitabı bunun nasıl meydana gelmiş olabileceğine dair büyüleyici hipotezler içermektedir.[2]

İklim ve nüfus yoğunluğu birbirine çok yakından bağlı olunca Avrasya'daki ilk üretim/tüketim kümelenmeleri çok dar bir enlem aralığında —yaklaşık 20 ve 35 derece Kuzey enlemleri arasında— konumlandı (Şekil 6). Yıllık taşmalardan kalan akıntılar —insanlığın çoğunu göçebeliğe zorlayarak toplulaşmayı ve büyük ölçekli medeniyetleri önleyen bir sorun olan— toprak yorgunluğu sorununu çözdüğünden nehir yatakları revaçtaydı. (Birkaç yıldan fazla süre boyunca ekim yapılan arazi verimliliğini kaybeder, bu yüzden çiftçiler yeni arazilere gitmek zorunda kalırlardı.)

İkinci Evre on iki bin yılı, hatta fazlasını kapsamakta olup kentlerin, medeniyetlerin, sanayinin doğuşuna ve dünya çapında seyahatlere tanıklık etmiştir.

Üç Aşamada İkinci Evre

Birkaç bin yılın tarihini düzene sokmak zor iş. Tarih dediğimiz ne de olsa birbiri ardına yaşanmış olaylar silsilesi. Burada Eski Roma'nın *omne trium perfectum* (üçe ayırma kuralı) imdadımıza yetişiyor. Kurala göre, karmaşık bir konunun üçe bölünmesinin üç yararı vardır: Konuyu açıklanması, anlaması ve hatırlaması daha kolay hâle getirir. Bu sebeple biz de İkinci Evre'yi üçe ayırdık: Asya'nın Yükselişi, Avrasya'nın Bütünleşmesi ve Avrupa'nın Yükselişi. İlk iki aşamayı birbirinden ayıran olay İpek Yolu'nun yükselişidir. Son iki aşamayı birbirinden ayıran olaysa Kara Veba'dır.

İkinci Evre'nin düzenlenmesine, tarihçi Ian Morris'in *Why the West Rules - For Now (Dünyaya Neden Batı Hükmediyor—Şimdilik)* adlı kitabı esin vermiştir.[3] Ancak, Morris'in dünya görüşüne göre Orta Doğu (ve Mısır) Batı'nın değil de Asya'nın bir parçası olarak sınıflandırılmış. Bu demektir ki ilk yükselişe geçen Asya'dır; Avrupa ise ancak İkinci Evre'nin sonlarında arayı kapatır.

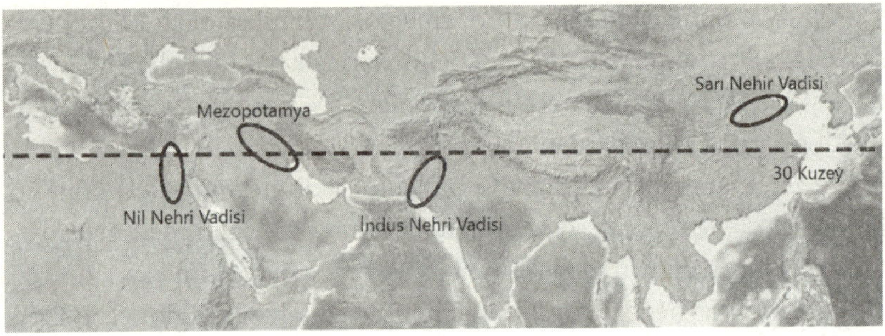

ŞEKİL 6: İlk tüketim/üretim kümeleri

Mevsimsel taşmalar toprağı verimli tuttuğu için, ilk medeniyetler tarıma elverişli enlemlerde ve nehir vadilerinde ortaya çıkmıştır. Mezoamerika medeniyeti de benzer enlem aralığında ve nehir vadileri yakınında kümelenmişti ancak ortaya çıkışı Orta Doğu kümelerinin doğuşundan birkaç bin yıl sonra olmuştur.

KAYNAK: Arka plan harita Wikicommons'tan alınmıştır.

1. Aşama: Asya'nın Yükselişi, M.Ö 10.000'den M.Ö 200'e

Örgütlenme çerçevesi açısından, Tarım Devrimi, üretim ve tüketimin hâlâ birlikte gruplanmış olduğu anlamına geliyordu, tek bir belirleyici farkla. Üretim/tüketim kümeleri artık sabit bölgelerdeydi. Bu ekonomik "yerelleşme" üç önemli anlam yüklendi.

Tarım, Ürün fazlası ve Medeniyetlerin Yükselişi

Diyelim ki dokuz işçi çalışıp on kişiye yetecek besini üretebiliyorsa, onuncu kişi "medeniyet hizmetlerine" (anıt inşa etmek, dinler yaratmak, yazarlık, vergi tahsilatı vb.) ve hatta ordu hizmetlerine (ürün fazlalığını ve ürün fazlasını çalınmaya karşı korunması) yönelebilir. Pratik nedenlerden dolayı bu gibi hizmetler kentlerde yoğunlaşmıştır. Zaten, kent ve medeniyet arası anlamsal bağ eskiye dayanır ve kaçınılmazdır (İngilizce "medeniyet" anlamındaki "civilization", Latince kent anlamına gelen "civitas" kelimesinden türemiştir).

Yenilik, tek yerde toplulaşma ve nüfus artışının yarattığı kartopu etkisi sayesinde kentler birkaç yüzyıl içinde nicelik ve nitelik açısından yavaşça gelişti. Yani, aynı buluştan çok sayıda insan yararlanabildiği için, insanların fiziksel olarak tek yerde yoğunlaşması, inovasyonun değerini artırdı. Bununla birlikte, insanların daha yoğun kümelenmesi, yeniliklerin de maliyetini düşürdü, zira inovasyon, çok sayıda insanın bir problemin çözümüne ilişkin fikirleri paylaşmasıyla kolaylaşmış olur. Yapılan yeniliklerin çoğu besin üretimi odaklı olduğu için (sulama sistemleri ile tahılların, meyvenin, hayvanların evcilleştirilmesi gibi), yenilikler nüfus yoğunluğunu artırdı. Yüzyıllarca devam eden bu sürecin neticesinde, kentler yavaş yavaş medeniyetleri doğurdu.

Bereketli Hilâl ve Mezopotamya, kentlerin ve medeniyetlerin yükselişine ilk tanıklık eden bölgeler oldu, daha sonra bunu Nil Nehri vadisi, İndus Nehri vadisi, Sarı Nehir vadisi ve Mezoamerika takip etti.

Tarım ve Hızlı Nüfus Artışı

Besin daha bol ve sürekli olunca, M.Ö 10.000 ve 8000 yılları arasında insan nüfusunda patlama yaşandı. M.Ö 3500 yıllarında Tunç çağının başlangıcıyla birlikte nüfus tekrar fırladı.

Tunç müthiş bir metaldir fakat içerdiği bileşimlerden biri olan kalay, medeniyetlerin yükseldiği nehir vadilerinde ender bulunur. Ender bulunmasının kısıtlayıcı özelliği, demir yapımının yaygınlaşmasıyla ortadan kalkmış oldu. Dünyada en yaygın rastlanan metal olan demir, genelde "halkın metali" olarak bilinir. Maliyeti yüksek olan tunç, daha çok elit kesim için silah ve ziynet eşyası yapımına ayrılmıştı. Demirin bol bulunması, ucuz olduğu için tarım ve günlük iş aletlerinin yapımında kullanmaya daha elverişli olması demekti. Böylelikle hem mevcut tarım arazilerinin verimliliği arttı, hem de az elverişli arazilerde tarım yapmak mümkün oldu. Her iki eğilim de nüfus artışını besledi.

Demir Çağı başlangıcından hemen sonra ortaya çıkan dünya manzarası, insanlığın ilerleyişinin otomatik ve doğrusal bir izleği olmadığını gösterdi. Tarihçi Eric Cline *1177 B.C: The Year Civilization Collapsed (M.Ö 1177: Medeniyetin Çöktüğü Yıl)* adlı kitabında, Doğu Akdeniz'deki kentlerin birkaç on yıl içinde —tüm bölgeyi yüzlerce yıl süren karanlık çağa sürükleyerek— nasıl hunharca harap edildiğini anlatmıştır. Örneğin Yunanistan'da yazı yüzlerce yıl gözden kaybolmuştur. M.Ö 8. yüzyılda Yunanistan'a geri döndüğünde ise Orta Doğu'dan ithal harflerden türemiş yeni bir alfabeye dayanıyordu. Tunç Çağı Yunan yazılarıyla bağlantısı öyle kopmuş durumdaydı ki bazı Minos ve Miken yazıları bugün bile deşifre edilemiyor. Erken İndüs Vadisi medeniyeti ise başka nedenlerden, MÖ 2 bin yıllarında çöktü ve alt kıta, yazının olmadığı on yüz yıllık bir döneme girdi.

Medeniyet çöküşlerinin, dünya nüfus artışının yavaşlamasında zerre kadar etkisi olmadı. Sonradan anlaşıldığı gibi, demir yüksek seviyede örgütlenmiş bir medeniyet olsun olmasın, artan bir nüfusun beslenmesini sağlayabiliyordu.

M.Ö 500'e gelindiğinde medeniyet, Asya'daki kalbinin ötesinde batıya doğru Yunanistan, İtalya ve Kuzey Afrika'ya yayılmıştı (Şekil 8). Hint alt kıtası bağımsız bir medeniyet olarak tekrar sahneye çıkmış ve ekonomik faaliyetlerinin merkezi, bu kez Ganj Nehri ovasına doğru kaymıştı. Çin medeniyeti Yangtze nehir yatağını içine alacak kadar güneye, Hengduan Shan Dağları'nı alacak kadar batıya ve Kore Yarımadası'nı alacak kadar kuzeye yayılmıştı.

Asya'nın siyasi coğrafyası sayısız iniş çıkış yaşarken, ekonomik coğrafyası şaşırtıcı şekilde istikrarlıydı. Asya medeniyetinin dört merkezi de, devam eden bin yıl boyunca ekonominin kalbi olmayı kesintisiz sürdürdüler. Üretim ve tüketimin sabit yörelerde ilk gruplanışının üçüncü önemli belirtisi ticaretti.

ŞEKİL 7: Eski dünya nüfusuna dair tahminler, M.Ö 10.000 ve M.S 1 yılı arası.

İnsan nüfusu eski çağlarda üç artış evresinden geçti. İlki insanlar tarımda (MÖ 10.000 ve 8.500 arasındaki artış), ikincisi tunçta (M.Ö 5000 ve 2000 arasında) üçüncüsü ise demirde ustalaştığında (MÖ 1000'den sonra) yaşandı.

Tunç insanların çevrelerine şekil vermelerine imkan sağladı fakat tunç için kalay gerekiyordu, o da ender bulunuyordu. Demir çok daha yaygındı fakat onu da araç ve silahlara dönüştürmek daha ileri metalürji becerileri gerektiriyordu. Bu beceriler büyük olasılıkla ilk kez bugün Türkiye'nin olduğu yerde gelişti.

İki grafik arası dikey eğrideki (milyon nüfus sayısı) büyük değişime dikkat ediniz.

VERİ KAYNAĞI: Amerikan Nüfus Sayım İdaresi resmi verileri (www.census.gov).

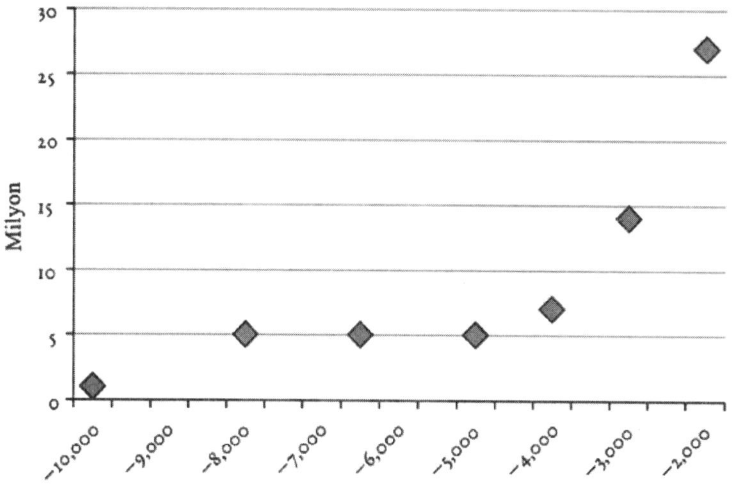
30
25
20
15
10
5
0
Milyon
−10,000
−9,000
−8,000
−7,000
−6,000
−5,000
−4,000
−3,000
−2,000

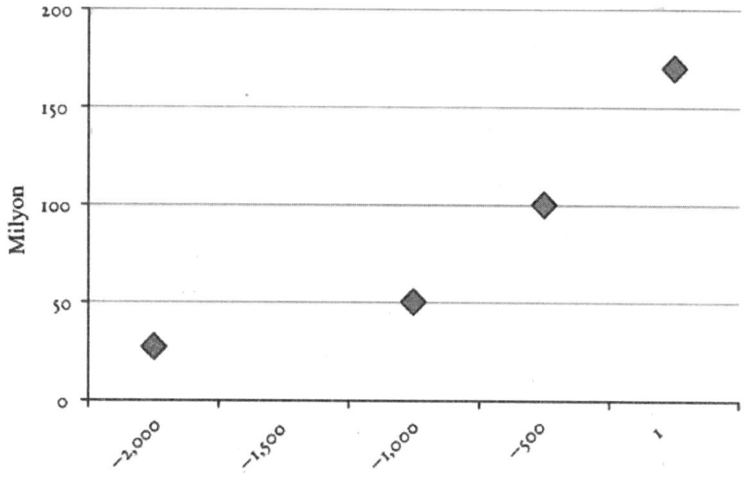
200
150
100
50
0
Milyon
−2,000
−1,500
−1,000
−500
1

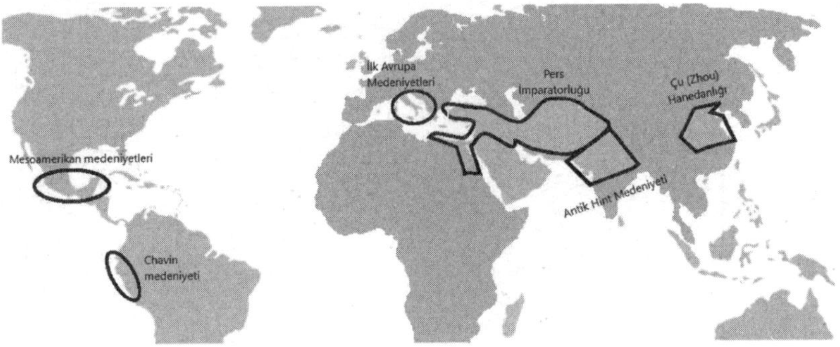

ŞEKİL 8: Üretim/Tüketim kümeleri, yaklaşık MÖ 500.

İkinci Evre'de ortaya çıkan küresel ekonomiye Orta Doğu, Mısır, Hint/Pakistan ve Çin'de bulunan üretim ve tüketim kümeleri egemen oldu. Politik düzen sık sık değişmekteyken ekonomik düzen en az M.Ö 2000'e dek istikrarlıydı ancak M.Ö 500'e gelindiğinde genişleme nedeniyle merkezlerin üçü de (Mısır, Orta Doğu ve Hindistan/Pakistan) doğrudan temasa girmişti.

Latin Amerika'da da başka merkezler ortaya çıktı fakat on beşinci yüzyıla kadar izole yaşadılar.

VERİ KAYNAKLARI: Ian Morris, *Dünyaya Neden Batı Hükmediyor—Şimdilik* (Londra: Farrar, Straus ve Grioux, 2010); Ronald Findlay ve Kevin O'Rourke, *Güç ve Refah* (Princeton, NJ: Princeton Üniversitesi Yayınları, 2007).

Sabit Üretim/Tüketim Kümeleri arası Ticaret

Bugün anlaşıldığı şekliyle ticaret —yani bir yerde üretilip başka yerde satılan ürünlerin sabit bölgeler arası taşınması— bu aşamada ortaya çıktı. Devenin evcilleştirilmesi (M.Ö 1000 yılları), yelken teknolojisinin ilerlemesi ve denizciliğin gelişmesi çığır açan yeniliklerdendi. Arkeolojik bulgular ve edebi kaynaklar hangi ürünlerin ticaretinin yapıldığı sorusuna biraz olsun ışık tutabildi. Örneğin Türkiye'nin batı kıyısında bulunan, M.Ö 14. yüzyıla ait bir gemi enkazında, bakır ve kalay külçeleri (tunç bileşimleri), cam boncuklar, abanoz ahşap, fildişi, kaplumbağa kabukları, devekuşu yumurtası kabukları, çam sakızı dolu seramik kavanozlar, birkaç araç gereç, silah ve de Mısır'a ait mücevherlere rastlanmıştı. Başka bir deyişle ticaret, gerekli ham maddeler ve lüks malzemeler gibi yerel olarak mevcut olmayan şeylerin alım satımıyla sınırlıydı.

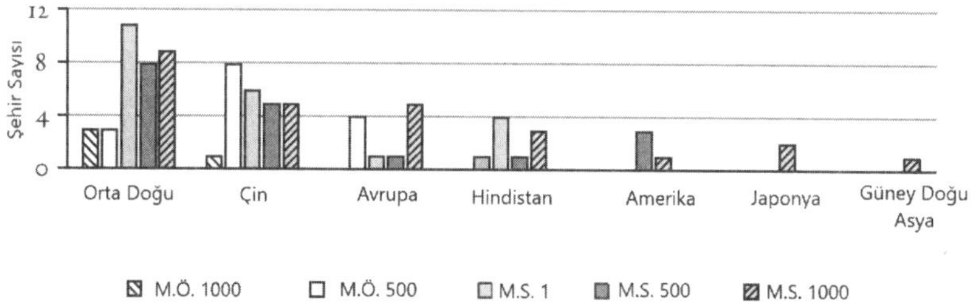

ŞEKİL 9: Asya egemenliği: Nüfusu 100.000'i aşan kentlere ait veriler.

Kent nüfusunun tahminini yapmak, genel nüfus veya ekonomik verilere kıyasla daha kolaydır. Asya ve Orta Doğu kentlerinin dünya geneline göre nüfusça ezici şekilde üstün olması, Üçüncü Evre küresel ekonomisinin yükselen bölgeleri olduklarını doğrudan kanıtlamaktadır. Şekilde Mısır'ın Orta Doğu bölgesine dâhil edildiğini unutmayalım.

KAYNAK: George Modelski, *Dünya Kentleri: -3000'den 2000'e* (Washington, DC: FAROS, 2003).

Coğrafi açıdan, Mezopotamya merkez noktaydı. Denizden İndüs Nehri vadisine, karadan Nil Nehri vadisine yakındı. Geniş sıradağlar, çöller, denizler ve ormanlarla çevrili Çin ise diğerlerinden ayrılmış olduğu için, Demir Çağ'da Batı Asya ticaretine dâhil olmadı. Amerika'daki ilk kümeler de diğerlerinden yalıtılmıştı ve iki bin beş yüz yıl daha öyle kalmaya devam edeceklerdi.

Şekil 8'deki gibi haritalara bakarak Asya'nın Üçüncü Evre'nin tamamına yayılmış hâkimiyeti anlaşılamaz. Demir Çağ'da bölgesel nüfusa veya gelire ait güvenilir veri kaynağı olmasa da kentlerin boyutu ve nüfusuna ilişkin arkeolojik veri kaynakları mevcuttur (Şekil 9).

Üstelik, arkeolojik kazıyla çıkarılabilen fiziksel kanıt da bırakmışlar. Büyük kentler, kültürler arasında yazılı kayıtlar bırakma eğilimindedir, bu nedenle bazı bilgilerin günümüze ulaşma olasılığını artırırlar. Kazıyla çıkarılabilen fiziksel kanıtlar da bırakırlar. Örneğin Siyaset bilimci

George Modelski kent alanlarının tahminlerini kullanır ve kent sakinlerinin sayısını tahmin etmek için çeşitli nüfus yoğunluğu katsayıları uygular. Şekil 9'da gösterilen rakamlar, Asya'nın üstün olduğu noktayı ortaya koymaktadır. Çin ve Orta Doğu, antik kent manzaralarının tarih sahnesine çıktığı bölgelerdi. M.Ö 500'de bile, Hindistan ve Çin'de, Avrupa'dakinden iki kat fazla büyük kent bulunuyordu.

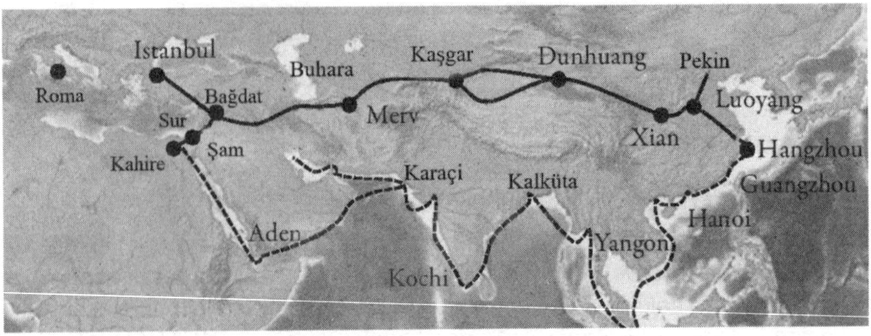

ŞEKİL 10: Dört kümenin ticaret bağlantısı: Kara ve denizden İpek Yolu, yaklaşık yıl 1.

İpek Yolu, Asya'nın doğu ve batı uçları arasındaki ekonomik kümeler arasındaki ilk kesintisiz bağlantıydı. Karadan ve denizden ticaret akışı sağlanmıştı. M.Ö 200 yıllarında açıldı, M.S 1300 yıllarında zirvesine ulaştı, Konstantinopolis'in 1453'te düşüşü ile kapandı.

KAYNAK: Arka plan harita Wikicommons'tan alınmıştır, güzergahlar yazar tarafından çeşitli kaynaklara dayanarak eklenmiştir. Not: Haritada, olabildiğince modern kent isimleri kullanılmıştır.

2. Aşama: Avrupa'nın Bütünleşmesi, M.Ö 200'den M.S 1350'ye

Uzak batıda bulunan üç medeniyet beşiği, ilk çağlardan beri düzenli olarak irtibattayken, Çin, M.Ö 200'lü yıllarda İpek Yolu açılana kadar çok daha az entegre olabilmiş bir medeniyetti. Tibet Platosu'nun kuzeyinden geçen kara güzergahı, Han Hanedanlığı'nı Roma İmparatorluğu'na bağlıyordu. Bu yol, Çin ve Güneydoğu Asya'dan başlayıp Hindistan, Orta Doğu ve Güney Avrupa'da biten deniz güzergahı ile tamamlanıyordu (Şekil 10).

Küreselleşmenin uzun yolculuğundaki bir sonraki aşamayı, Avrupa medeniyetlerinin bütünleşmesi oluşturur. Batı Roma İmparatorluğu'nun M.S 450 civarında yıkılmasıyla son derece iyi örgütlenmiş medeniyetlerin batı ucu Türkiye ve Mısır'a kadar gerilediyse de, takip eden 17 yüzyıl boyunca İpek Yolu aynı basit üretim/tüketim kümelerini birbirine bağlamayı sürdürdü.

Dünya ekonomik coğrafyası bu çağda dikkat çekici bir biçimde istikrarlı olduğu hâlde, üretim/tüketim kümelerinin siyasi örgütlenmesi, krallıklar, hanlıklar ve imparatorluklar arasında sürekli kabuk değiştirdi. Bu dönemin iki göze çarpan siyasi yapılanması, İslam'ın Altın Çağına girmesi ve Moğol İmparatorluğu'nun yükselişiyle ortaya çıktı.

Dünyanın en geniş kara imparatorluğu rekorunu hâlâ elinde bulunduran Moğol İmparatorluğu, M.S 1200'lerden itibaren 160 yıl boyunca İpek Yolu'nun kara güzergahının tamamına tek başına hükmetti. Bu dönem Pax Mongolica (Moğol Barışı) olarak bilinir. İslam'ın yedinci yüzyıldan on üçüncü yüzyıla kadar süren yayılışı, İpek Yolu'nun denizle bağlantılı güney kısmının çoğunu entegre ederek ticareti ilerletti. Bu da Güneydoğu Asya'dan İspanya'nın güneyine uzanan alanda ticaret maliyetlerini düşürdü.

İpek Yolu'nun belli kentlerde ve çoğu ülkenin elit kesiminde önemli etkiler bıraktığına dair fazlaca kanıt var. Ancak, ulaşım metodu ilkel olduğu için, ticaretin ortalama bir insanın tüketimi üzerinde büyük bir etki bırakması fiziksel anlamda imkânsızdı.

Bir takım kaba hesaplar, İpek Yolu ticaretinin gerçeklerine dair fikir verecektir. M.S 1000 yılında Orta Doğu ve Avrupa'da yaşayan 45 milyon insanın her birinin şu kadar kiloluk Çin malı talebini karşılamak için gerekmiş olan deve kervanı uzunluğunu düşünün. Bir deve yaklaşık 400 kilo kadar yük taşıyabilir ve üç metre uzunluğundadır; bu durumda bir Batılıya yılda bir kilo mal teslim edebilmek için bir kilometre uzunluğunda bir kervan olmak zorundadır. Haftada kişi başına bir kilo, günlük 52 kilometre uzunluğunda bir deve kervanı demektir. Develer bir günde yaklaşık 25 km yol alabildiğinden, İpek Yolu'nun gerçekte olduğu gibi tozlu bir patika değil de, çift yönlü bir otoban gibi olmuş olması gerekir.

Şüphesiz pek çok ürün deniz yolu üzerinden gelmekte idiyse de, bu türden aydınlatıcı bir hesaplama İpek Yolu ticaretinin hayatı, kitleler için maddi yönden değiştiremeyecek olduğunu ortaya koyuyor. İpek Yolu, Kuzey'de Moğol İmparatorluğu'na, Güney'de İslam dünyasına entegre olduğunda bile, bir insanın tüketim ortalamasını değiştirmeye yetecek bir ticaret hacmi düşünmek olanaksızdı. Örneğin, M.S 220 yıllarında tahtta bulunan Roma İmparatoru Elagabalus, tamamen ipek kumaştan elbiselere ilk merak saldığı zamanlarda ipek, Çin'deki değerine kıyasla Roma'da yüz kat daha değerliydi. William Bernstein'in *A Splendid Exchange (Müthiş Bir Alışveriş)*[4] kitabında geçen ilgi çekici İpek Yolu rivayetlerine göre, gram cinsinden değeri bakımından altına denkti.

Eski deniz taşımacılığının iyi bir örneği de, Romalılar için Sardinya, Sicilya ve Mısır'dan tahıl getiren "buğday filosu"ydu. İncil'de bununla ilgili ayrıntılı bir hikaye var. Havariler Kitabı 27. Bölüm'de, Havari Paul'un, 67 yılında, Mısır'dan Roma'ya bir buğday filosunda yaptığı yolculuk anlatılır. Ticaretin tehlikesi ve zorluğu gemisinin, en sonunda bütün yükünü kaybetmesine yol açarak haşat olduğu korkunç bir fırtınaya günlerce yakalandığını anlattığı hikayeden anlaşılmaktadır. Ancak Paul hayatta kalır.

Tarihçiler açısından önemli olsa da bu çağda ticaret, çoğu insanın yüzleştiği temel gerçekliği çok değiştiremedi. Açlık sınırından çok uzakta sayılmayan ortalama insan, ticaret yapmak zor olduğu için yerel ürün tüketmek zorundaydı. Doğu–Batı ticaretine ilişkin istatistikî veri bulunmamasına rağmen taşınan mallar, görünen o ki genellikle elit kesime hitap eden mallar ve ender ham maddelerdi. Endonezya açıklarında bulunan M.S 9. yüzyıla ait bir Arap gemisinin enkazından çıkanlar, işin iç yüzüne ilişkin görüş sağlayabilir. Arkeologlar, bu enkazdan, Çin seramikleri, demir-döküm tencereler, bakır alaşımı kâseler, değirmen taşları, kireç, süslü gümüş çatal bıçak takımı, gümüş kaplama kutular, büyük bir gümüş matara, tunçtan Çin aynaları ve baharatlar çıkarmıştır.

1700'lü yıllara gelindiğinde bile ithalat hâlâ zor, yavaş ve istisnaiydi. Angus Maddison'un *Contours of the World Economy, 1-2030 AD (Dünya Ekonomisinin Hatları, M.S. 1–2030)* adlı tesirli kitabında yazdıklarına göre, 1500 ve 1800 yılları arasındaki Avrupa – Asya arası ticaretin yarısını

Hollandalı *East India* Şirketi oluşturuyordu. Şirketin yüz gemilik daimî filosu vardı ve her bir gemi on yıllık ömründe dört kez gidiş-dönüş sefer yapabiliyordu. Her bir seferde Avrupa'ya getirilen yük bin tondan azdı. On yedinci yüzyılın tamamı boyunca, sadece 3.000 Avrupa gemisi Asya seferine çıktı. On sekizinci yüzyılda ise bu sayının iki katından biraz fazlası kadar gemi sefere çıkmıştı.[5]

3.Aşama: Avrupa'nın Yükselişi, 1350 - 1820

Pax Mongolica (Moğol Barışı) ile canlanan ticaretin, hıyarcıklı vebanın küreselleşmesi gibi beklenmedik bir etkisi oldu. Bu hastalık tarihte birçok kez yıkıma sebep olurken, 1350'den itibaren yayılan salgının etkisi gerçekten dönüştürücü oldu. Doğu'dan Batı'ya İpek Yolu boyunca yolculuk eden Kara Ölüm, 1347 yılına gelindiğinde Avrupa'ya ulaşmıştı.

Hastalık sadece üç yılda, tüm Avrupa'nın yarısına yakınını yok etti. *In the Wake of the Plague (Vebanın İzinde)* adlı kitabında Norman Cantor, İslam Dünyası'nın da en az aynı şiddette etkilendiğini söyler. Buna karşın Çin ve Hindistan, salgından daha az etkilenmiş görünmektedir.[6]

Kara Ölüm: Eski Dünya'nın Yeniden İnşası

Kara Ölüm, bir dizi tarihi dönüşümü başlatan bir dönüm noktası olarak görülebilir. Kitlesel nüfus kayıpları, Avrupa'yı ilerlemeyi teşvik edecek biçimde dönüştürdü ancak İslam dünyasında tam tersi bir etki yarattı.

Ekonomi tarihçileri, bu farklı etkilere dair çeşitli teoriler ortaya atmıştır. Ron Findlay ve Kevin O'Rourke, yazdıkları *Power and Plenty (Güç ve Refah)* adlı kitabında, böyle bir şokun Batı'ya nasıl yarayıp da Orta Doğu'yu engellediğine ilişkin dikkat çekici argümanlar sunmaktadır Bir açıklama, Batı Avrupa kırsal soyluların egemen olduğu bir dengede yerinde saymışken, İslam medeniyetinin kent merkezleri aracılığıyla gelişmekte olduğu gerçeğine dayanmaktadır. Salgın daha çok kentleri vurduğu için şok, İslam dünyasında ters yönde bir etki yaratmakla beraber Avrupa'yı kötü bir dengeden iyi bir dengeye taşımış olabilir.[7]

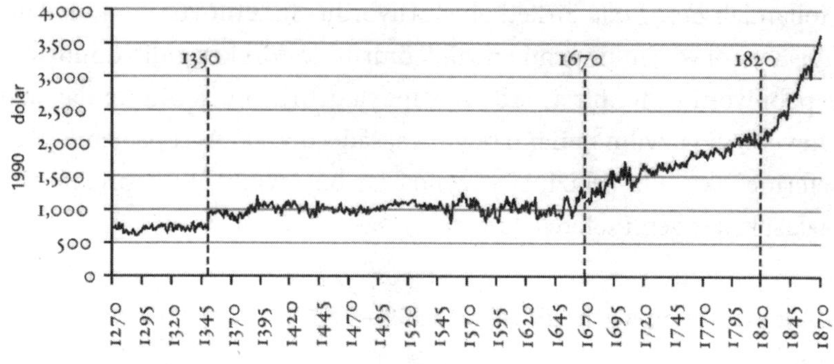

ŞEKİL 11: Kara Ölüm'ün İngiltere milli gelir payına etkisi.

İngiltere'de binlerce yıl asgari geçim düzeylerinde seyreden kişi başına milli gelir, Kara Ölüm'le bir defaya özgü bir artış yaşadı. Büyüme oranı istikrarsız ve sık sık gerileyen İngiltere'de hayat standartları, 1370'ten 1670'e kadarki üç yüzyıllık dönemde %26 artarak orta çaplı bir yükseliş yaşadı. 1670'ten sonraki 150 yıl boyunca, yıllık büyüme yüzde 0.2 oranla iki katına çıktı, yani milli gelir 1820'de, 1670'e göre yüzde 13 daha yüksekti. Günümüzde çok önemli bir oran sayılmayacak bu büyüme, on dokuzuncu yüzyılda hayat standartlarını kökten değiştirecek kalıcı büyümenin başlangıcıydı.

VERİ KAYNAĞI: Kişi başına GSYH verileri, Stephen Broadberry, "Accounting for the Great Divergence," Economic History of Working Papers 184-2013, Londra Ekonomi Okulu, Kasım 2013.

Ekonomi tarihçisi Stephen Broadberry, 2013'te yazdığı "Accounting for the Great Divergence (Büyük Iraksamanın Sebepleri)" başlıklı makalesinde, ıraksatıcı etkilere sebep olarak, tarım yöntemlerinde, kadınların ilk evlenme yaşında, esnek iş gücü arzında ve devlet kurumları yapısındaki farklılıkları gösterir.[8]

Ardında yatan sebep ekonomik mekanizma ne olursa olsun söz konusu etki, Şekil 11'de İngiltere gelirine bakınca net bir şekilde görülmektedir. Kişi başına düşen gayri safi yurtiçi hasılada (GSYİH) bir sıçrama ve 1350 civarı sonrasında daha hızlı bir büyüme emaresi var ancak bariz hızlanma on yedinci yüzyılın sonlarına kadar gerçekleşmiyor.

On beşinci yüzyılda İslam dünyasının parçalanması, Ming Hanedanlığı'nın Çin üzerinde hâkimiyetini kurması ve Konstantinopolis'in düşmesi (Osmanlılar bu sayede ticaret yolunu kesmişti) sonucu İpek Yolu'nun kapanması ile ikinci dönüm noktası başladı.

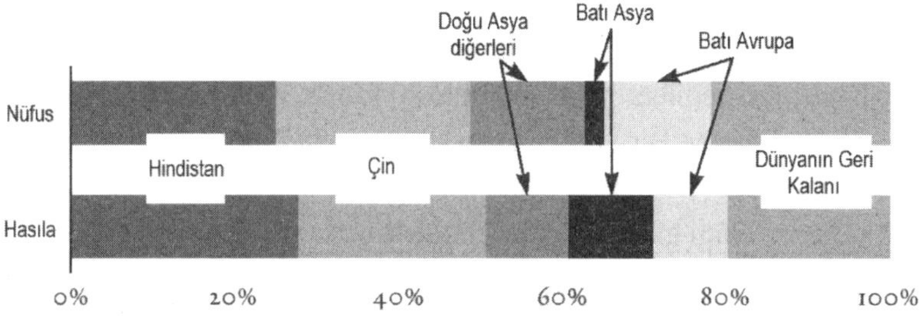

ŞEKİL 12: Dünya gelir ve nüfus payları: M.S 1500'de Asya'nın Hakimiyeti.

M.S 1500'de kişi başına düşen gelir, dünya genelinde çok farklı değildi. Nüfus ve GSYH dağılım payları birbirine yakındı; Asya, özellikle de Hindistan ve Çin, 1500'de dünya ekonomisine hâkimdi. Batı Avrupa'nın tüm dünyada ekonomik gelir ve nüfus payı, sırasıyla yalnız yüzde 18 ve yüzde 13 kadardı.

Batı Asya'nın gelir oranı, nüfus oranına göre çok daha büyüktü çünkü "İslam'ın Altın Çağı" olarak bilinen bu dönemde kişi başına gelirleri yüksekti.

VERİ TABANI: Maddison veritabanı (2013 versiyonu).

Çin medeniyeti bu yüzyıllarda parladı; Yuan ve Ming hanedanlıkları altında sanat, bilim ve üretimde çıtayı hep yükseltti. Çin gemileri yine bu dönemde açık denizlerde seyretmeye başladı. *Zheng He: China and the Oceans in the Early Ming Dynasty (Zheng He: Ming Hanedanlığının İlk Yıllarında Çin ve Okyanuslar)* adlı kitabında Edward Dreyer, Çin donanma komutanı Zheng'in, Avrupa gemilerini boyut ve teknik yönden solda sıfır bırakan gemilerle Çin'den Güneydoğu Asya'ya, Hindistan'a, İran'a ve Afrika'ya açıldığını anlatır.[9]

İpek yolunun kapanışı, Avrupa ve Ortadoğu'yu Çin'deki gelişmelerden yoksun bıraktı.

Orta Doğu ve Asya'nın Ekonomik Hakimiyeti

On beşinci yüzyılda İpek Yolu ticareti sona erince, dünya ekonomisini Asya yönetti. Angus Maddison, 1 yılına kadar giden GSYH ve nüfus paylarına ilişkin tahminde bulunmuştur, 1500 yılına ait tahminleri Şekil 12'de verilmiştir.

İşin kilit noktası şu ki Asya bu çağda, insan medeniyetinin merkez noktasıydı, bu da küreselleşmeye ilişkin Kuzey Atlanta tartışmalarında sıklıkla göz ardı edilen bir gerçektir. Ekonomik ve coğrafi yönden Avrupa, Tarihçi Felipe Fernandez-Arnesto'nun 1995 tarihli *Millennium: A History of the Last Thousand Years (Milenyum: Son Bin Yılın Tarihi)* adlı kitabında söylediği gibi "Asya'nın küçük bir uzantısı" idi.[10]

Ön Küreselleşme, 1450 - 1776

İpek Yolu'nun açılışı, küreselleşmenin uzun tarihinde kilit bir aşama olurken, kapanışı da aynı derecede anahtar rol oynadı. Tarihçi Anthony Hopkins'in deyimiyle bu kapanış ön-küreselleşme dönemini başlattı—bu dönem, Üçüncü Evre'de yaşanacak olan büyük değişime hazırlık aşamasıydı.

Ön küreselleşme üç temele dayanıyordu: Rönesans ve Aydınlanma, Coğrafi Keşif Çağı ve de Kolomb Takası.

Rönesans ve Aydınlanma

On dördüncü yüzyılda Avrupa, Asya medeniyetinin batısındaki taşra konumundan sıyrılıp dünyanın öncü ekonomik ve askeri gücü olma yolundaki dönüşümüne başladı. John Hubson, Ferdinand Braudel ve Ian Morris, Avrupa'nın yeniden uyanışının, Uzak ve Orta Doğu'dan ödünç fikirlerle, kurumlarla ve teknolojilerle ilişkili olduğunu öne sürer—ki bunların çoğu İslam'ın Altın Çağı esnasında İslam bilginleri tarafından saklanmış, entegre edilmiş ve yaygınlaştırılmıştı. Avrupa, özellikle İslam ticaret uygulamaları, matematiği ve harita biliminin yanı sıra demir ve çelik üretim yöntemleri, matbaa, yeni tarım teknikleri, denizcilik teknolojisi, barut ve benzeri Çin inovasyonlarından beslenmiştir.

Rönesans (1300 - 1600'lü yıllar arası), Michelangelo, Galileo, Luther, da Vinci, Machiavelli, Copernicus ve nicesinin katkılarıyla hız kazandı. Aydınlanma (1600 - 1700'lü yıllar) çağında, Descartes, Locke, Voltaire, Hobbes, Hume, Kant, Newton, Smith, Rousseau gibi aydınların dünya görüşleri ile birlikte, Avrupa'nın yükselişi hızlandı. Bankacılık, finans ve pazar alanındaki önemli gelişmeler de Avrupa'da yaşandı.

Ticarette iktisadi düşüncenin temelleri, sonradan küreselleşme adını alacak olan bu dönemde atıldı. Adam Smith'in fizyokrasi ekolü Fransız yazarlarının görüşlerine dayanarak yazdığı 1776 tarihli kitabı *Ulusların Zenginliği*, kilit önem taşıyordu.

Avrupa Keşifler Çağı: Kürenin Küreselleşmeye dâhil edilmesi

1400'lerin başlarında, dünya ekonomisi ve üretiminin ağırlık merkezi hâlâ Asya'daydı. İpek Yolu'nun tarihten silinmesiyle Avrupa, Orta Doğu'daki blokajın etrafından Doğu'nun zenginliğine giden bir yol ararken, büyük kazanç kapısına rastladı. Bu arayış ciddi anlamda Portekiz Kraliyeti'nin, hedefi Afrika'dan Asya'ya bir rota bulmak olan bir dizi geziyi finanse etmesiyle başladı. Küreselleşmeye "küreyi" dahil eden, bu seferler oldu.

Portekizliler, Batı Afrika sahilini keşfe çıkarak işe koyuldu. Çok geçmeden, hâkim rüzgârlar (Kuzey Atlantik Akıntısı) sayesinde gitmenin güneye ulaşmayı kolaylaştırdığını fark ettiler. Rüzgâr ve akıntılar onları Batı'da öyle uzağa sürükledi ki Güney Amerika gözlerine iliştiyse de bu keşiflerini takip etme zahmetine girmediler.

Küreselleşme konusundaki ilk önemli atılım, Portekiz gemilerinin 1488'de Ümit Burnu'nu dolaşmasıyla gerçekleşti. Dört yıl sonra Kolomb, Asya'ya batıdan bir geçiş yolu ararken Orta Amerika'ya ayak bastı. On yıl sonra Portekiz gemileri Afrika'dan dolanıp Hindistan'a vardı ve geri dönüp gördüklerini anlattılar. Bundan yalnızca iki yıl sonra Brezilya'ya, Portekiz Krallığı adına el koyulmuştu.

1500'lerin sonuna doğru, Portekiz, Lizbon'u batı ve güney Afrika kıyıları, Orta Doğu, Hindistan ve Güneydoğu Asya üzerinden Nagazaki'ye bağlayan ticaret merkezlerine sahipti. İspanya'nın ise, boylu boyunca Orta Amerika'da ve Güney Amerika'nın batı kıyısında kolonileri vardı—en önemli ikisi Peru ve Bolivya idi.

On altıncı yüzyılın başından itibaren Avrupalılar, kendi aralarında "en büyük kim" oyununu oynayarak Avrupa'dan Asya yönündeki ticarete hâkim oldular. Hollanda Portekiz'i devirdi ve İngilizler tarafından da devrildi.

Coğrafi Keşifler Çağı denen bu dönemde, Asya-Avrupa ticaret yolu değişmekle kalmadı; Kuzey ve Güney Amerika'nın Avrupalılarca kolonileştirilmesinin yolu açıldı ki bu sayede Avrasya medeniyetlerinin on bin yıllık ekonomik egemenliği el değiştirecekti.

Kolomb Takası: Besin Ürünlerine Karşılık Salgın

Dünya ekonomisinin ağırlık merkezinin Kuzey Atlantik'e kayması, kısmen sözde Kolomb Takası nedeniyleydi. Özellikle patates ve mısır olmak üzere Amerika'dan besin ürünü ithali, Avrupa'nın nüfus yoğunluğunu kritik seviyeye çıkarabilmesi açısından olmazsa olmazdı. Karşılılığında ise Avrupa, Yeni Dünya'ya hastalık götürerek Mezoamerika ve And dağlarının kadim medeniyetlerini neredeyse yeryüzünden sildi. Şekil 13'te bu iki etki gösterilmiştir.

Endüstriyel Devrim Başlıyor

Ön küreselleşme ve Üçüncü Evre arasındaki gri alan, Endüstriyel Devrim'in İngiltere'de başlamasıyla netleşmiş oldu. "Devrim", bu sürecin hızıyla değil, sonuçlarıyla ilgili bir nitelemeydi. Teknik, yapısal, toplumsal ve kurumsal anlamda yaşanan kademeli değişimler neticesinde insan hayatını dönüşüme uğratmış yüzyıllık bir süreçti.

Ekonomi tarihçisi Nick Crafts, kademeli gerçekleşmiş bir sürece dair kesin bir tarih vermek yanıltıcı olabilir, der; yine de 1776 yılını baz almak belki de en doğrusu çünkü İngiltere, endüstriyel büyüme çizgisindeki değişimin bu tarihte başladığını fark etmişti. Diğer yandan, Adam Smith'in *Ulusların Zenginliği* kitabı yine bu tarihte yayınlanmıştı. Ekonomi tarihçisi Nick Crafts, kesin bir yıl vermenin, sürecin zaman içinde büyüyen doğası nedeniyle yanıltıcı fakat 1776 yılının, İngiliz endüstri tarihinin gelişimindeki yapısal bir kırılmadan dolayı isabetli bir dönüm noktası olduğunu ileri sürer. Öte yandan bu, aynı zamanda Adam Smith'in *Ulusların Zenginliği*'ni yayımladığı yıldır.

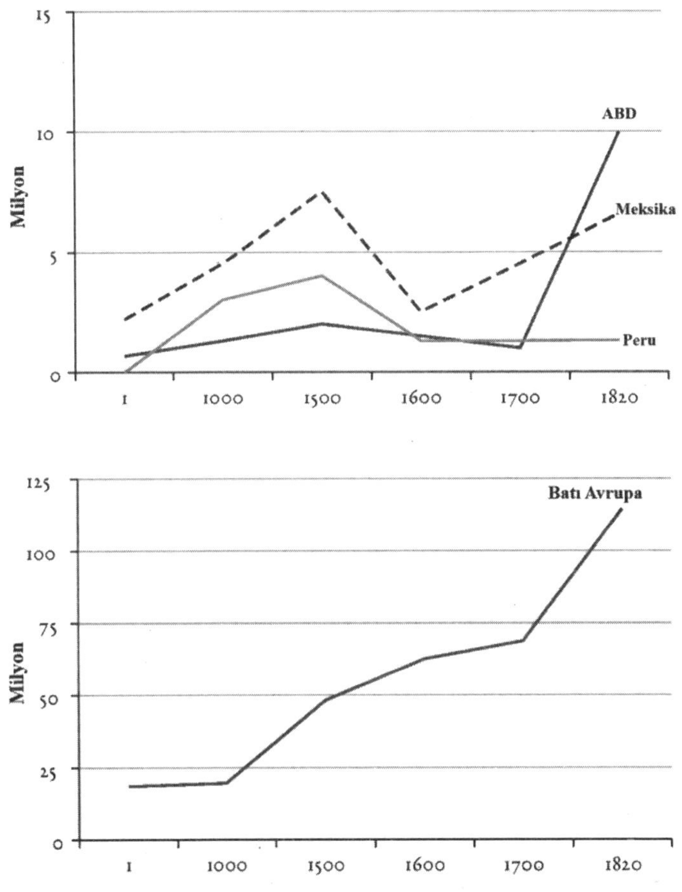

ŞEKİL 13: Avrupa ve Amerika nüfusları, 1 ve 1820 yılları arası.

Kolomb Takası, Avrupa'yı temel besin ürünleriyle tanıştırdı ve nüfusunu artırdı. Diğer yandan, Eski Dünyaya ait çiçek, kızamık ve karahumma gibi hastalıkları da götürerek Yeni Dünya nüfusunu kırdı. Kolomb Takası, yeni besinler aracılığıyla Avrupa nüfusunu artırdı ancak aynı zamanda çiçek hastalığı, kızamık ve karahumma gibi Eski Dünya hastalıklarıyla aracılığıyla Yeni Dünya nüfusunu kırdı. Böylece, Eski Dünya'da nüfusun çok fazla, toprağınsa az olduğu —Yeni Dünya'daki karşı-dengesizlikte yansımasını bulan— dengesiz bir durum belirdi. Yeni Dünya grafiğinde kullanılan değerlerin Eski Dünya'dan on kat fazla olduğunu hatırlatalım.

VERİ KAYNAĞI: Maddison veritabanı (2013 versiyonu).

Endüstriyel Devrim ile gelişmiş ulaşım arasında doğrudan bağlantı vardı. Ülke içi su ve kara taşıma ağları, on sekizinci yüzyılın sonlarında yaygınlaştı. Yeni model gemiler, yeni gemi yapım teknikleri ve yön bulma metotlarındaki gelişmeler sayesinde su yolu taşımacılığı gelişti. 1700'lere gelindiğinde Avrupalılar, dünyanın haritasını çıkarmış, denizlerde kolaylıkla seyrediyorlardı. Diğer yandan kolonicilik; özellikle İngiliz, Fransız ve Hollandalılar tarafından, ilerlemesini sürdürdü. Kuzey ve Güney Amerika'daki bağımsızlık hareketleri, Atlantik'in ticari ve ekonomik gelişimini asla yavaşlatmadı.

Tüm bu süreç, (Londra merkezli) finansal aracılığın hızla gelişmesiyle beslendi. Sonuç olarak İngiliz ekonomisinin merkezi, tarımdan üretime kaydı; kırsal nüfus ise kentsel nüfusa dönüştü.

1789 Fransız devrimi ve on yıllarca süren Napolyon Savaşları, Endüstriyel Devrim'in kıtaya yayılmasını engellediği için büyük değişimler ilk başlarda, genellikle İngiltere ile sınırlı kaldı. David Landes'in 1969'da yazılmış meşhur *The Unbound Prometheus* kitabında bahsettiği gibi teknolojik gelişmeler, "sermayenin yıkımı ve işgücü kaybı; siyasi istikrarsızlık ve yaygın sosyal anksiyete; zengin girişimci çevrelerin yok edilmesi; ticarete her türlü müdahaleler; şiddetli enflasyonlar ve paraya müdahaleler"[11] içinde can çekişen bir kıtada engellere takılmıştı. Napolyon Savaşları esnasında, Fransa ve İngiltere tarafından karşılıklı dayatılmış birbirine rakip ticari blokajlar yüzünden, özellikle ticaret darbe yemişti.

Durgunlaşan Asya Ekonomisi ve Yükselen Atlantik Ekonomisi

Doğu-Batı ticareti üzerindeki bin beş yüz yıllık Orta Doğu tekeline son vermenin, ekonomik, politik ve askeri iktidarın küresel dağılımına can alıcı etkileri oldu. Şekil 14'te (üst grafik) görüleceği üzere, milattan önceki ilk bin yılda antik medeniyetler ilerideydi. Kişi başına gelir oranı sadece Mısır, Hint, İran, Irak, Çin, Türkiye, Yunanistan, İtalya gibi antik medeniyetlerde ve Portekiz, Fransa ve İspanya gibi Roma kolonilerinde açlık sınırının üstündeydi. Kuzey Atlantik ekonomileri ve Japonya hâlâ açlık seviyesi sınırına yakındı.

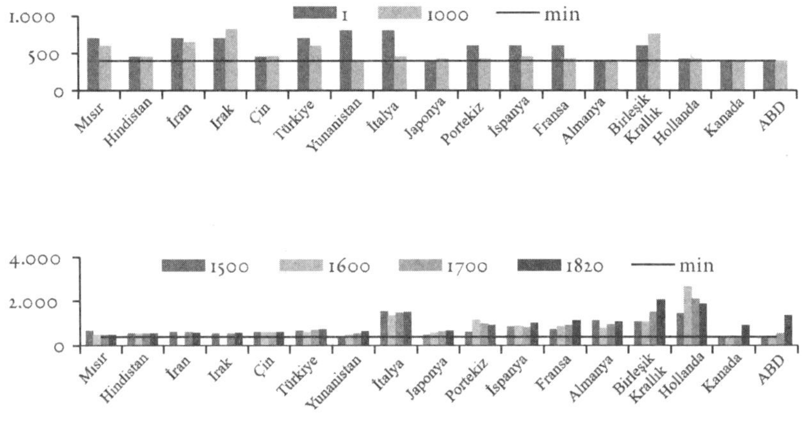

ŞEKİL 14: Kişi başına gelir, 1 ve 1820 yılları arası (1990 dolar kuru).

Dünyanın genelinde gelirler, Angus Maddison'un günümüz fiyatları üzerinden yaptığı tahminlerine göre yılda 400 dolarlık Malthus seviyesi denilen açlık sınırı seviyesine yakındı. MS. 1000'den önce, yalnız antik medeniyetler bu seviyenin üzerine çıkabilmişlerdi fakat çok üzerine de değil. Ön küreselleşme evresinde Batı Avrupa ve onun Yeni Dünya'daki uzantılarının gelirleri, antik medeniyetlerinki yerinde sayarken tırmanışa geçti.

VERİ KAYNAĞI: Maddison veritabanı (2009 versiyonu).

İlk bin yılın sonuna gelindiğinde, Roma ve kolonileri fena hâlde tökezlemiş; İslam medeniyetleri ise Bizans İmparatorluğu ile birlikte yükseliyordu.

1500'lerden sonra farklı görünmeye başladı (Şekil 14, alt grafik). Rönesans'ın başladığı İtalya dışındaki tüm antik medeniyetler durgunlaşırken, Batı Avrupa'nın gelirleri yükseldi. Bu yükseliş özellikle Birleşik Krallık, Hollanda, İspanya ve Portekiz gibi büyük Avrupalı kolonicilerde gözlendi. Yükselen Avrupa gelirleri, feodalizmin kırsal/tarımsal odaklı ekonomisinin kent ve pazar-odaklı ekonomiye doğru evrilmesiyle—ticari devrim olarak bilinir— büyük bir ekonomik ve siyasi dönüşüme sebep oldu.

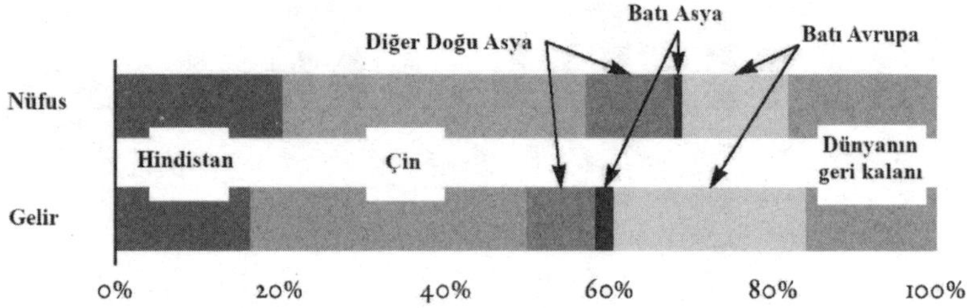

ŞEKİL 15: Asya'nın 1820 itibariyle dünya ekonomisindeki egemenliği (dünya gelir payı).

1820 yılında, Atlantik gelirleri, Asya'ya göre çok daha üstteydi, ancak Asya'nın nüfusça üstünlüğü açısından ele alınca, Asya'nın hâlâ dünyanın ekonomik ağırlık merkezi olduğu sonucu çıkıyordu. Çin, Çing Hanedanlığı sırasında, yeni besin ürünlerinin ekilmesi sonucu nüfus patlaması yaşadı. Böylece de dünya nüfusuna oranı, 1500'de %25'ten, modern küreselleşmenin başladığı 1820 yılında %40'a çıktı.

VERİ TABANI: Maddison veritabanı (2013 versiyonu).

Nüfus Karşısında Kişi Başına Gelir

İkinci Evre'de, Asya ve Atlantik ekonomileri arasında bir 'kişi başına gelirde uçurum' oluşmuşken Asya, küresel ekonomi üzerindeki hâkimiyetini sürdürdü. Şekil 15'in de ortaya koyduğu gibi, Atlantik ekonomilerinin sahip olduğu gelir avantajı, Asya'nın muazzam nüfusu karşısında hafif kalıyordu.

Değişime Yaklaşan Dünya

İkinci Evre, dünya nüfus dağılımını belirledi. 1 yılına gelindiğinde, insanlığın üçte ikisi Doğu ve Güney Asya'da yaşıyordu. Asya'nın insan yaşamına çok elverişli oluşu gibi çok basit bir nedenden ötürü, bu oran günümüzde de aşağı yukarı aynıdır. Fakat büyük değişimler yoldaydı. İkinci Evre'nin ancak sonlarında kendini göstermeye başlayan kişi başına hâsıla dağılımındaki kayma, en nihayetinde dünya ekonomisini ters yüz edecekti. Bir sonraki bölüm, Üçüncü Evre'nin hikâyesini konu almaktadır.

KUTU 2: İKİNCİ EVRE'NİN ÖZETİ

Başlangıçtan beri insan olarak biz, bugünün küresel ısınmasının yanında bahar yağmuru gibi kaldığı iklim değişiklikleri karşısında çaresizdik (bkz: Şekil 4). İkinci Evre, yeryüzü yaklaşık 12 bin yıl önce daha 'medeni' bir iklime girdiğinde, başladı. Üretim ve tüketim önceden olduğu gibi iç içeydi ancak Tarım Devrimi sayesinde, tüketim üretime ilişeceğine, üretim tüketime ilişti. Bu Evre'de bahsi geçen küreselleşme, dünya ekonomisini 'yerelleştirme' anlamına geliyordu.

Sonuç

Modern dünya bir ev olsaydı eğer, İkinci Evre evin temelleri olurdu. Medeniyetin —yazıdan ve ibadetten, devletlere ve kuvvet diplomasisine kadar— tüm unsurları bu evrede modern şekillerini aldı. Bu temeller üç aşamada inşa edilmişti.

Asya'nın yükselişi (M.Ö 10.000 - 200) iklim değişikliğiyle oldu.

İklim ısındıktan ve istikrar kazandıktan sonra, üretimin tüketimle birlikte yerelleştiği ilk yerler, yaklaşık 30 derece kuzeyde, verimli ürün yetiştirme kuşağında yer alan ve antik tarımın baş belası toprak yorgunluğu sorununu çözen yıllık taşmalara tabi, dört ırmak vadisiydi. Birçok insan ve birçok besinin, aynı yerde binlerce yıl boyunca var olması sonucu Mısır, Mezopotamya, Hint/Pakistan ve Çin'de antik medeniyetlerin yeşermesine yol açtı. Batı'nın üç kümesinde bir miktar ticaret yapılmıştı ancak bu ticaret olmayan ham maddeler ve elit ürünlerle sınırlıydı.

Avrasya'nın bütünleşmesi (M.Ö 200 - M.S 1350) İpek Yolu'nun yükselişiyle başladı.

Düzenli ticaret yüksek taşıma maliyetileriyle oldukça sınırlanmış olsa da, dört kümenin tamamında ortaya çıkabilmişti.

Avrupa'nın Yükselişi (1350 - 1820) Kara Ölüm'ün neden olduğu travmatik kesintilerle başladı.

üstlenecekti. Rönesans ve Aydınlanma, Coğrafi Keşifler Çağı ve Kolomb Takası tarihte kilit rol oynamış ve talih tersine dönmüştü. İkinci Evre sonunda ilk olarak İngiltere'de bir otlak yangını misali ortaya çıkan Endüstriyel Devrim, Üçüncü Evre'de yayılarak küresel bir yangına dönüşecekti. Birkaç görkemli yüzyıl süren Greko-Romen medeniyeti dışında, daima ilkelliğin hüküm sürdüğü Batı Avrupa kendisini, çok geçmeden dünyaya ekonomik, askeri ve kültürel anlamda hükmedecek bir ekonomik oluşuma dönüştürdü. Talihin bu manevrasının ardında Rönesans, Aydınlanma, Keşifler Çağı ve Kolomb Takası vardı. İkinci Evre'nin sonunda İngiltere'de kıvılcımlanmış bir yangın olan Endüstri Devrimi, Üçüncü Evre'de küresel bir ateş fırtınasına dönüştü.

2. BÖLÜM

Buhar Gücü ve Küreselleşmenin Birinci Çözülmesi

İnsanlık tarihinin en büyük dramlardan biri, Üçüncü Evre'de yaşanmıştı. Talihin hayret verici manevralarından biriydi.

Medeniyet gün yüzü gördüğünden bu yana, Asya ve Orta Doğu'daki üretim/tüketim kümeleri kelimenin her anlamında dünya gündeminin başını çekmişti. Yazı, kentler, organize din, hükümet, yasalar, tam zamanlı ordular, etik kurallar, aritmetik, edebiyat ve şiir ile birlikte insan toplumunun tüm veçheleri, Tibet Platosu'nun doğusu, güneyi ve batısında bulunan üretim/tüketim kümelerinde ortaya çıkmıştı. Antik medeniyetler gezegenin ekonomik faaliyetlerine de egemen oldular. Bunların dışındaki bölgelerin toplamı bile, dünya ekonomik gelirinin üçte birinden azını oluşturuyordu. Üçüncü Evre'nin sonunda durum tersine döndü.

Dünyayı değiştirmiş bu dram, üç perdelik bir oyun gibi anlatılabilir.

1. Perde: 1820 - 1913.

1. Perde'de, "hikâyenin kahramanı" (düşen ticaret maliyetleri) ve diğer ana karakterlerin (ticaret, endüstrileşme, kentleşme ve büyüme) izleyicilere tanıtıldığı "serim" kısmıdır. 1. Perde neredeyse yüzyıl sürmüştür.

2. Perde: 1914 - 1945.

Klasik dram kuralları gereği 2. Perde'de sahnelenen yüzleşmede kahraman, tiyatroseverlerde küreselleşmenin kaderine terk edileceği endişesi uyandıran ürkütücü aksamalara tanık olur. Yalnızca 30 yıl süren bu perde, kahramanımız iki dünya savaşı ve Büyük Bunalım'la kışkırtır. Himayecilik çirkin başını her kaldırdığında ve savaş üretim/tüketimi yeniden gruplanmaya zorlandığında seyircilerin de nefesi kesilir.

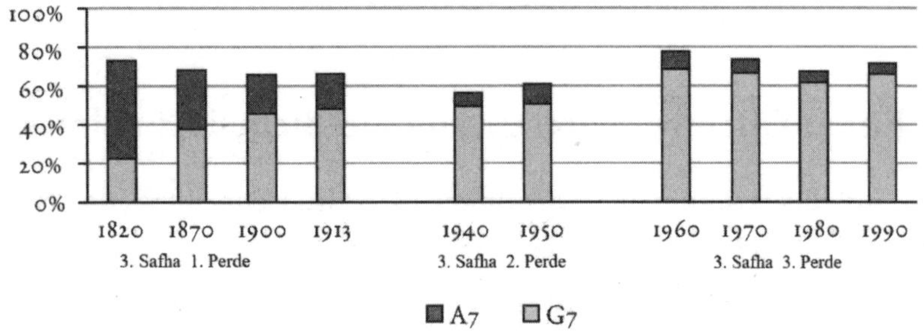

ŞEKİL 16: Antik Yedi ve Gelişmiş Yedinin dünya GSYH'sindeki payları, 1820 – 1990.

Dünya GSYH paylarındaki kaymalar, Üçüncü Evre'deki talihin tersine dönüşünü resmetmektedir. Üç perdeli anlatım, iki ülke grubu karşılaştırıldığında belirginleşir: Kısaca A7 olarak adlandırılmış yedi antik medeniyet (Çin, Hint/Pakistan, Irak, İran, Türkiye, İtalya/Yunanistan ve Mısır) ve Yediler Grubu olarak bilinen yedi sanayileşmiş ülke (G7) —ABD, Japonya, Almanya, Fransa, İtalya, İngiltere ve Kanada. (İtalya 1500'lerde A7'den G7'ye geçmiştir, yani bu grafikte İtalya G7'ye dahil edilmiştir).

1. Perde'de GSYH payları A7'den G7'ye doğru oldukça ani kayıp; 2. Perde'de yerinde saysa da 3. Perde'de daha da artmaya başladı. Bu arada, A7 ve G7 toplam paylarının üç perde boyunca toplamda %80'ini geçmediğini hatırlatalım.

VERİ KAYNAĞI: Maddison veritabanı (2009 versiyonu).

3. Perde: 1946 - 1990.

düşük seyreder. Üretim ve tüketim, hiç olmadığı kadar çözülmesini sürdürür. "Çözüm", kahramanımız ticaret-maliyetinin özgüvenini yeniden kazanıp talihsizliğini yendiği 3. Perde'de gelir. Ticaret maliyetleri, 40 yıldır ticaret serbestisi ve ulaşım inovasyonları sayesinde küçülmektedir. Üretim ve tüketimin çözülüşü, hiç olmadığı kadar hızlanmıştır.

Bu üç perdelik anlatım, uygun olsun diye başvurulan bir kurgu değildir; Şekil 16'nın da gösterdiği gibi verilerde de açıktır.

Bu tersine dönüşü başlatan teknolojik dönüm noktası, buhar devrimi oldu. Buhar gücü, insanlara kıtalararası mesafeleri fethetme ve dünyayı at, rüzgar ve su gücüyle hayal edilemeyecek şekillerde yeniden biçimlendirme olanağı verdi. Tarihteki yolculuğumuza devam etmeden önce, İkinci ve Üçüncü Evre arasındaki geçişe damgasını vurmuş bu şoke edici olayın derinlerine inmek gerek.

Dönüm Noktası: Buhar Devrimi

Üçüncü Evre'de ticaret maliyetleri, 2. Dünya Savaşı sonrasında devrimci olarak nitelendirilegelen düşüşleri devede kulak gibi gösteren bir oranda düştü. Şekil 17 (üst grafik), ticaret maliyetlerinin yüz yıl boyunca yokuş aşağı yuvarlanmaya başlayacakları 19. yy'a kadar büyük farklılıklar gösterdiğini ortaya koymaktadır. Başlangıçtaki bu düşüş, 1 ve 2. Dünya Savaşları arasında tersine dönmüştü fakat sonrasında kaldığı yerden düşmeye başladı. Ticaret hacimlerinin akıbeti ise alt grafikte görülmektedir.

Ticaret maliyetlerini on sekizinci ve on dokuzuncu yüzyıl başlarında düşüren başlıca faktör, sevkiyat maliyetlerinde yaşanan olağanüstü düşüş oldu. Fakat maliyeti azaltan sadece gelişmiş sevkiyat araçları değildi. Ekonomi tarihçileri Alan Taylor, Antoni Estevadeordal ve Brian Frantz'a göre, altın standardının yaygınlaşması uluslararası ticareti büyük oranda kolaylaştırmıştı.

İlk kıvılcım buhar gücüydü. İlk buhar motorunun ticari kullanımı 1712'de oldu. Newcomen motoru devasa boyuttaydı; aşırı yakıt tüketiyordu ve de çok güçlü değildi. Yine de kömür madenlerinden dışarı su pompalama işini yerine getiriyordu ki bu iş, önceden 500 atlık bir sürü gerektiriyordu. Takip eden yüz elli yıl, buharlı makineleri pek çok endüstriyel alan için ekonomik kılan tasarımları beraberinde getirdi.

Tek noktada yoğunlaştırılmış enerji endüstrileşmeyi ilerletti, bu da gelirleri artırdı ve ulaştırmaya talebi canlandırdı. Daha iyi ulaşım seçeneklerine yönelik patlayan talepler, öncelikle yelkenliler, yurtiçi sular ve kara yolu sevkiyatında— köklü inovasyonların yolunu açtı—On dokuzuncu yüzyıl başlarında. buharlı ticari motorlar tekne ve tekerlere takılmıştı.

Demiryolları, dökme malların taşınma maliyetini ciddi ölçüde düşürdü ve bu gelişme, kıtaların iç kesimlerini küresel ekonomiye açtı. Büyük gelişmeler 1840'ta başladı. Birkaç on yıl sonra demiryolları tüm kara ulaşımını sıfırdan biçimlendirmişti. Yarışa İngiltere önde başladı, ancak çok geçmeden ABD ve Almanya kişi başına kilometre bakımından arayı açmıştı. Japonya yarışa on dokuzuncu yüzyıl sonlarında katıldı fakat o da tıpkı Britanya gibi yurtiçi sevkiyat için daha çok denizyoluna bel bağlayabiliyordu.

Buharlı gemiler de aynı şekilde okyanus seyahatlerinde devrim yarattı ancak geçiş o denli ani olmadı (Tablo 1). İlk buharlı gemi Atlantik'i geçtiğinde, yıl 1819'du. Hem rüzgâr hem buhar gücüyle çalışan ahşap bir gemiydi; yakıt problemi, on yıllar boyunca sırf buhar gücüne dayalı ulaşım düşüncesini masadan kaldırdı. Tıpkı günümüzde elektrikli arabalar için yeterli şarj istasyonu olmayışı gibi, kömür kaynaklarının azlığı da, 1800'lerin sonlarında kömür istasyonları kurulana kadar, buharlı gemi kullanımını kısıtlıyordu.

ŞEKİL 17: Dünya ticaret maliyetleri ve ticaret hacmi, 1745 – 1990.

Şekil 16'da dünya GSYH paylarındaki Üçüncü Evre'nin Üç-perdeli anlatımındaki yapıyı, ticaret maliyetlerinin (üst grafik) ve ticaret hacminin (alt grafik) geçirdiği evrime bakarak burada da görebiliriz. Buhar devrimi ile Pax Britannica'ya bağlı olarak ticarette bariyerler olağanüstü şekilde azaltılmış, bu sayede 1. Dünya Savaşı'na kadar olan dönemde ticaret hızlı artış göstermişti.

Gelir büyümesi çok güçlü bir ticaret motivasyonu olduğu için Avrupa, Japonya ve Birleşik Devletler gibi Avrupa kolonilerinde yaşanan Endüstriyel Devrim'e eşlik eden büyümeler, ticaret furyasını körükledi. Dünya savaşlarında kısa molalar verdikten sonra ticaret hacimleri yükselişini sürdürdü.

VERİ KAYNAKLARI: Ticaret hacimleri (ihracatlar): David S. Jacks, Christopher M. Meissner ve Dennis Novy, "Trade Booms, Trade Busts, and Trade Costs," *Journal of International Economics 83,* no. 2 (2011: 185 – 201, 1870 öncesine ait veriler, kitabın yazarlarından bizzat sağlanmıştır.

1870 öncesi ticaret maliyetleri: Knick Harley, "Ocean Freight Rates and Productivity, 1740 – 1913: The Primacy of Mechanical Invention Reaffirmed," *Journal of Economic History 48,* no. 4 (1988): 851-876.

Diğer veriler: Saif I. Shah Mohammed ve Jeffrey G. Williamson, "Freight Rates and Productivity Gains in British Tranp Shipping 1869 – 1950," *Explorations in Economic History* 41, no. 2 (2004): 172 – 203.

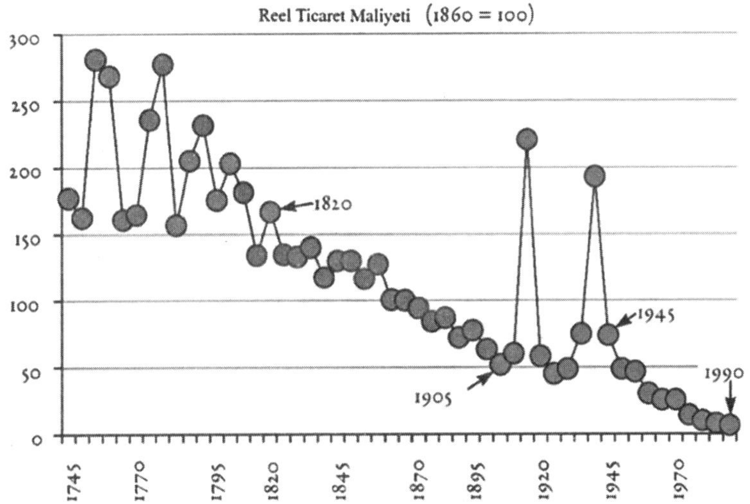
Reel Ticaret Maliyeti (1860 = 100)
300
250
200
150
100
50
0
1820
1905
1945
1990
1745
1770
1795
1820
1845
1870
1895
1920
1945
1970

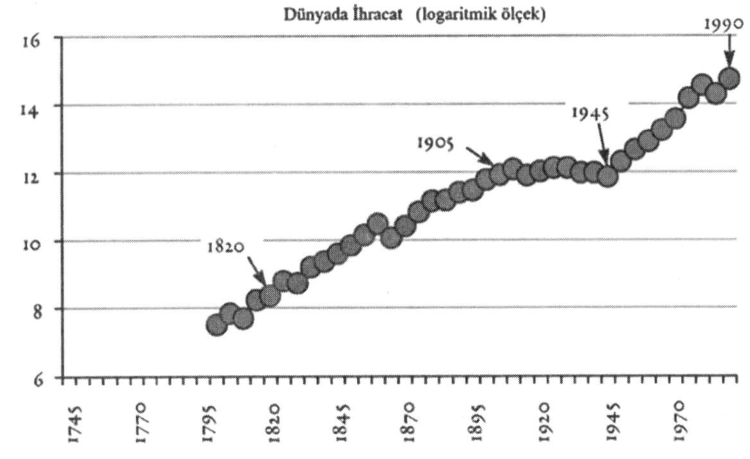
Dünyada İhracat (logaritmik ölçek)
16
14
12
10
8
6
1820
1905
1945
1990
1745
1770
1795
1820
1845
1870
1895
1920
1945
1970

TABLO 1

İngiliz buharlı gemilerinin tonaj kapasitesi, 1825 – 1860.

	Buharlı Demir Gemiler	Buharlı Ahşap Gemiler	Toplam
1825	0	4.013	4.013
1830	0	3.908	3.908
1835	3.275	22.192	25.467
1840	20.872	30.337	51.209
1845	33.699	8.268	41.967
1850	70.441	52.248	122.689
1855	478.685	34.414	513.099
1860	389.066	12.174	401.240

Buharlı gemiler okyanus yolculuğunda devrim yaptı, fakat bu devrim on yıllar sürdü. Gelişmelerin izini sürmek için İngiliz verilerini kullanan tablo, değişimin 1800'lerin başlarında mütevazı bir şekilde başladığını gösteriyor. 1830'ların birinci, 1840'larınsa ikinci yarısında büyük sıçramalar oldu. Ne var ki en büyük sıçrama, buharlı gemi sayısının, beş yıl içinde beş kat arttığı 1850'lerin sonlarında yaşandı.

19.yy ortalarından sonra, 1930'larda dizel motorlu gemilerle yer değiştirene kadar denizlere buharlı gemiler hâkim oldu. Örneğin 1. Dünya Savaşı'n-da savaş gemilerinin çoğu buhar, 2. Dünya Savaşı'nda ise çoğunluğu dizel motorluydu.

VERİ KAYNAĞI: Jonathan Hughes ve Stanley Reiter, "The First 1.945 British Steamships," *Journal of the American Statistical Association 53,* no. 282 (1958) : 360 – 381, table 367.

Buharlı gemilerin yarattığı etki çok önemliydi. 1830'ların sonlarında üst sınıf bir yelken gemisi, Liverpool'dan New York'a yaklaşık kırk sekiz günde varabiliyordu. Rüzgâr elverişliyse dönüş yolu daha kısa, yaklaşık otuz altı gün sürüyordu. 1840'lara gelindiğinde buharlı gemiler, bu yolculuğu, iki yönde de on dört güne indirmişti.

1870'lerde daha hafif, güçlü ve yakıt-verimli çelik gemi gövdelerinin boy göstermesiyle daha ileri gelişmeler kaydedildi. 1870'e gelindiğinde gemi, motor, yakıt ve pervane teknolojilerinin birleşimi, buharlı gemileri, denizlerin kralı ve kıtalararası mesafelerin efendisi hâline getirdi. Üçüncü Evre sonunda dizel motorların icadıyla, buharlı motorlar arka plana itildi.

Tıpkı buharın ürün ticaretini dönüştürdüğü gibi, telgraf da iletişimi dönüşüme uğrattı. Atlantik ötesi ilk telgraf hattı 1866'da kuruldu; takip eden birkaç on yıl içinde tüm büyük ülkeler kendi telgraf hatlarını kurmuşlardı. İletilen bilgi kapasitesi günümüz standartlarına oranla çok cüzi olsa da telgraf, haberleşmede devrim yaratmıştı. Bunun öncesinde kıtalar arası mesajlaşma haftalar, belki aylar sürüyordu. Telgraf bu süreyi birkaç dakikaya indirdi.

Şimdi bu gerçekleri de sunduğumuza göre, tarih yolculuğumuza devam edebiliriz.

Küreselleşmenin İlk Çözülmesi Ne Zaman Başladı?

"*When Did Globalization Begin?* (Küreselleşme Ne Zaman Başladı?) başlıklı hayli etkili makalelerinde Kevin O'Rourke ve Jeff Williamson, ekonomik küreselleşmeyi tanımlamanın en iyi yolunun, özellikle uluslararası fiyat yakınsamasıyla ölçüldüğü üzere, uzak piyasaların entegrasyonu olduğunu ileri sürerler. İstatistikî bulgularını baz alarak, modern küreselleşmenin başlangıcını 1820 yıllarıyla ilişkilendirirler. Bunun, yerel fiyatların —en azından Büyük Britanya'da— yerel arz ve talepler yerine uluslararası arz ve taleplerin etkileşimi tarafından belirlendiği zaman olduğunu iddia ederler.[1]

Fiyatların bu uluslararası çapta yakınsaması, yerel tüketim yerel üretimin kölesi olmaktan çıktığından ulusal üretim profillerinde bir ıraksama yarattı. Artık ülkeler en iyi yaptığı şeyde uzmanlaşmaya, olmayanı ithal etmeye başlamışlardı. Küreselleşmede ilk çözülmenin başlangıcı olan bu olay üç perdede gelişti. Artık ülkeler en iyi oldukları alanlarda uzmanlaşmaya, geri kalanı ise ithal etmeye başlamışlardı. Bu, küreselleşmenin üç perdede sergilenecek ilk çözülüşüydü.

1. Perde: 1. Dünya Savaşı Öncesi Çözülme

1820 yılı, herhangi bir teknolojik şarsıntıyla eş zamanlı değildir. Daha çok Napolyon Savaşları sonrasında (1815) imzalanan Viyana Kongresi dönemine tekabül eder. Bu düzenleme, dünyanın rakipsiz donanma gücü Britanya'nın Pax Britannica'yı yarattığı ve ticaretin küresel olarak geliştiği bir yüzyıllık barışı başlattı.

Ticaret Hacimlerinde Patlama

Sözü edilen ulaşım maliyetlerinin yanı sıra, ithalat vergileri de (gümrük tarifeleri) ticaret üzerinde ayrı bir caydırıcı etkiye yol açtı. Hatta ulaşımdaki kısıtlar ortadan kalktıkça, ticaret politikası daha kısıtlayıcı olmaya başlamıştı. Bu sebeple ticaret politikası, Üçüncü Evre küreselleşmesinde geniş yer tutmaktadır.

Eskilerin en önemli ekonomi tarihçilerinden Paul Bairoch, gümrük tarifeleri belirlenmesini üç periyoda ayırmıştır.[2] İlk periyotta İngiltere, 1815'ten itibaren tarifelerin düşürülmesi yoluna gitmiş, 1846'da Tahıl Yasası'nın Feshi olarak bilinen unutulmaz mevzuatla nihayet ticareti serbestleştirme yolunda adım attı. Kıta Avrupa'sındaki diğer ülkeler serbest ticareti benimseyerek İngiltere'nin sanayideki bu başarısını taklit etmeye çalıştı. 30 yıl boyunca serbest ticaret politikası hüküm sürdü (1846 - 1879); bu, Bairoch'un söz ettiği ikinci periyottu. Modern anlamda korumacılık politikası, üçüncü periyotta ortaya çıktı (1879 - 1914); korumacılık kol geziyordu ve başrolde Bismarck vardı.

Almanya'yı birleştirme hayalini gerçekleştirmiş ve iç ticaret engellerini kaldırmış olan Bismarck, "Başka toprakların üretim fazlasıyla Almanya'nın tıka basa semirtilmesi... kendi fiyatlarımızı baskılamakta ve sanayimizin gelişimini frenlemektedir"[3] diyerek, dış ticarette gümrük tarifelerini tekrar yükseltti. 1870'ten 1914'e dış tarifeler ikiye, hatta üçe katlandı. Modern deyimle bu tarifeler, Kıta Avrupası üreticilerini İngiliz sanayi rekabetinden korumayı amaçladıkları için "yavru endüstri koruması" idi.

Avrupa'nın ötesinde, kendi ticaret politikalarını kontrol eden ülkeler (ki bunlar koloni olmayan ülkelerdi) tarifelerini daima yüksek tuttular.

Mesela ABD tarifeleri, çekirdek Avrupa ülkelerindekinden sekiz on kat yüksekti. Yönetimi başkasının elinde olan kolonilere, en azından "ana" ülkelerinden ithalatlar için hâliyle serbest ticaret politikası dayatılmıştı. Tablo 2, bu eğilimi rakamlarla ortaya koymaktadır.

Kuzeyin Endüstrileşmesi ve Güneyin Endüstrisizleşmesi

Napolyon'un yenilmesi, Avrupa'nın endüstrileşmesine giden yolu açtı. Büyük Britanya'nın izinden giden ilk ülke Belçika, 1820 ve 1870 yılları arası hızla gelişti. Ardından bunu 1830 ve 1840'larda Fransa, İsviçre, Prusya ve ABD takip etti. 1800'lerin sonuna gelindiğinde endüstrileşme; Kanada, Rusya, Avusturya-Macaristan İmparatorluğu, İtalya, İsveç ve Avrupa'nın kalanının çoğuna yayılmıştı.

On dokuzuncu yüzyılın ilk yarısı başladığında kimya, elektrik ve içten yanmalı motorlarda yaşanan gelişmeler, yeni endüstri ve üretim metotlarını doğurdu. İkinci Endüstriyel Devrim denen bu dönemde Birleşik Devletler, endüstriyel beceri bakımından Birleşik Krallığı sollamıştı. Kuzey'in endüstrileşmesiyle, fabrikaların belli yerlerde toplulaştığı sanayi bölgeleri oluştu. Bu toplulaşma, maliyet etkin inovasyonları besledi, böylece endüstrileşmeye ilk başlamış ülkelerde (Kuzey Atlanta ekonomileri ve Japonya) toplulaşma hepten arttı. Madalyonun diğer yüzünde, antik üretim/tüketim kümeleri artık düşüşe geçmişti. Kuzey'in endüstrileşmesi ve Güney'in endüstrisizleşmesi, Üçüncü Evre'de talihin tersine dönmesine yol açan en çarpıcı olaylardan biri oldu.

TABLO 2

Sanayi ürünlerinde ithalat tarifeleri, 1820, 1875 ve 1913 (yüzde)

	1820ler	1875	1913
Avusturya-Macaristan	İthalat yasağı	15-20	13-20
Belçika	-	9-10	9
Danimarka	30	15-20	14
Fransa	İthalat yasağı	12-15	20-21
Almanya	-	4-6	13
İtalya	-	8-10	18-20
Portekiz	15	20-25	-
Rusya	İthalat yasağı	15-20	84
İspanya	İthalat yasağı	15-20	34-41
İsveç(Norveç)	İthalat yasağı	3-5	20-25
İsviçre	10	4-6	8-9
Hollanda	7	3-5	4
Birleşik Krallık	50	0	0
Birleşik Devletler	45	40-50	44

İngiltere, 1846 tarihli serbestleştirme politikasıyla serbest ticaret anlayışını ilan ettiğinde, korumacılık önce parladı, ardından söndü. Diğer Avrupa güçleri, 1860'tan sonra bu akımı izlediyse de, Avrupa içi serbest ticaret dönemi kısa sürdü. Çoğu Avrupa ulusu 1880'lerde serbestleştirmeden geri döndü. Belçika ve Hollanda gibi istisnalarsa epeydir deniz aşırı ticaret gelenekleri olan uluslardı.

Avrupalı olmayıp (tabloda gösterilmemektedir) kendi ticaret politikalarını yöneten ülkeler, endüstrilerini İngiliz rekabetinden korumak için çoğunlukla tarifelerini yüksek tuttular. Birleşik Devletler ise 1850'lerde serbest tarifeyle flört ettiyse de çok geçmeden Kıta Avrupası'yla birlikte alışılmış korumacı tutumuna geri döndü.

NOT: "İthalat yasağı" üretim malları kastetmektedir; "-ibaresi mevcut veri yok" demektir; Belçika'nın 1820'de Hollanda'nın bir parçası olduğuna dikkat çekelim; 1820 Almanya'sı için Prusya verileri kullanılmıştır (Almanya ancak 1871'de ülke oldu).

KAYNAK: Richard Baldwin and Philippe Martin, "Two Waves of Globalization: Superficial Similarities, Fundamental Differences," NBER Working Paper 6904, National Bureau of Economic Research, January 1999, table 8.

Simon Kuznets'in *Economic Growth and Structure (Ekonomik Büyüme ve Yapılanma)* kitabında söylediği gibi "Avrupalılar, on dokuzuncu yüzyıl öncesinde ve o sıralarda halen az gelişmiş olan ülkelerin, özellikle de Çin ve Hindistan'ın bazı bölgelerinin, Avrupa'dan daha gelişmiş olduklarına inanıyordu."[4] On sekizinci yüzyılda Hint pamuk tekstil sanayisi kalite, üretim ve ihracat bakımından dünya lideriydi. On sekizinci yüzyıl Hindistan'ı ve Çin'inde, dünyanın en üst kalite ipek ve porseleni de üretiliyordu. On sekizinci yüzyıldan önce Avrupalı üreticilerin Doğu'da rekabet gücü düşük olduğu için bu mallar, Avrupa'ya gümüş karşılığı ihraç ediliyordu.

On dokuzuncu yüzyıl sonlarında, tekstil tüketimini %70 ithalattan karşılayan Hindistan, ham pamuk ihracatçısı olmak için değer zincirinde aşağıya indi. Bununla birlikte on dokuzuncu yüzyılın sonuna gelindiğinde, Hint tekstil tüketiminin %70'inden fazlası ithal edildi ve Hindistan, ham pamuk ihracatçısı olmak için değer zincirinde aşağı indi. Benzer ama daha az çarpıcı bir örnek de Hint gemi yapımı ve demir sanayisi için verilebilir.

Şekil 18'de kişi başına endüstrileşme ve endüstrisizleşmenin evrimi gösterilmektedir. Tüm ülke ve bölgelerin benzer seviyelerden başlangıç yaptığına dikkat çekelim. İngiltere'nin 1900'da kişi başına endüstrileşme seviyesine rakam olarak yüz dersek, Avrupa ülkelerinin seviyesi 1750'de altı ilâ on arasındaydı. Çin ve Hindistan yedi veya sekiz, ABD ise dört seviyesindeydi.

1860'a gelindiğinde İngiltere'nin diğer ülkeler arasındaki endüstriyel liderliği öyle baskındır ki, bu küçük adanın Pax Britannica'yı nasıl gezegen çapında yürürlüğe koyduğunu anlamak kolaydır. En yakın rakipleri Birleşik Devletler ve Fransa'dan üç kat, Almanya'dan altı kat, Japonya'dan ise dokuz kat daha fazla endüstrileşmişti. 1860'da kişi başına endüstrileşmede İngiltere'nin Çin karşısındaki üstünlüğü devasa boyuttaydı.

Kişi başına veriler, küresel dağıtımın anlaşılmasında her zaman yanıltıcı olmuştur. Ülke ekonomilerinin kişi başına benzerlik gösteren endüstrileşme seviyelerine bakınca, bir de üstüne Asya'nın nüfus üstünlüğünü ekleyince, on sekizinci yüzyılda dünya üretimine sanki Asya hâkimmiş sonucu çıkmaktadır. Dünya nüfus rakamlarını kullanarak, kişi başına rakamlar üzerinden toplamı bulmaya çalışırsak, Çin ve Hindistan/Pakistan'ın 1750'de dünya üretiminin %73' ünü oluşturduğu sonucu çıkar. Hatta 1830'da bile küresel üretimin yarısından fazlasını oluşturmaya devam ettiler. Ne var ki üretimdeki payları 1913'te %7.5'ler seviyesine düşmüştü.

"Fena" bir Iraksama

G7 ekonomilerinde büyümenin on dokuzuncu yüzyılda yükselişe geçmesiyle, Lant Pritchett'in deyimiyle "fena bir gelir ıraksaması" ve Ken Pomeranz'ın aynı zamanda kitabının ismi olan "Büyük Iraksama" (Great Divergence)[5] yaşandı. Endüstriyel Devrim antik medeniyetleri tamamen pas geçmemişti ama büyüme oranları Kuzey'deki büyüme oranının yarısından azdı (Şekil 19).

Bileşik büyümenin büyüsü nedeniyle, küçük büyüme oranı farklılıkları bile birkaç on yıl içinde şaşırtıcı derecede büyük farklılıklar üretir. Örneğin, 1820'de Çin'in yaklaşık üç katı olan ABD geliri, 1914'te Çin'inkinden neredeyse on kat daha yükseğe fırladı. Eski Güney ile geri kalan "gelişmiş endüstrileşmiş ülkeler" arasındaki uçurum hemen hemen aynı büyüklükteydi..

Kuzey'in hızlı endüstrileşmesi, iki sebepten dolayı kişi başına gelir artışıyla yakından ilgilidir. Birincisi, işçileri tarımdan imalata kaydırmak, tarım işinin büyük miktarlarda görece verimsiz zaman (ekim ve hasat arasında) içermesi gibi basit bir nedenden ötürü, işçi başına üretkenlikte büyük artışlar yaratır. Bu kayma sürekli yaşandığı sürece ulusal büyümeyi artırır. Bir geçiş süreci olmasına rağmen bu büyüme artışı, onlarca yıl devam edebilir. İkincisi imalatın, çalışanların üretkenliğini yıldan yıla artıran aşamalı iyileştirmelere daha uygun oluşudur. İşçilerin üretimdeki paylarını artırmak, böylece ekonomi genelindeki ortalama yenilik ve verimlilik artış oranını ve dolayısıyla gelir artışını yükseltir.

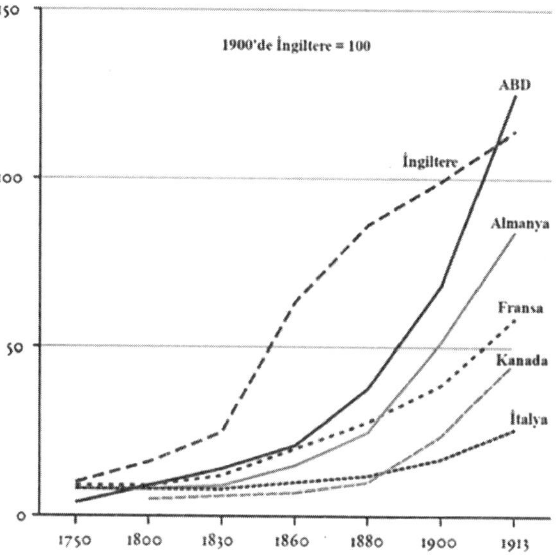

150
100
50
0
1900'de İngiltere = 100
ABD
İngiltere
Almanya
Fransa
Kanada
İtalya
1750
1800
1830
1860
1880
1900
1913

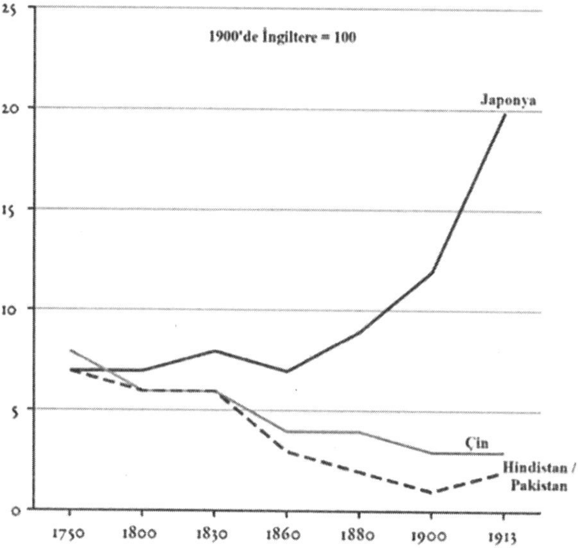

25
20
15
10
5
0
1900'de İngiltere = 100
Japonya
Çin
Hindistan / Pakistan
1750
1800
1830
1860
1880
1900
1913

ŞEKİL 18: Kişi başına endüstrileşme seviyeleri, 1750 – 1913.

İlk sanayileşen İngiltere oldu ve 1900'e kadar açık ara liderliğini korudu, 1900'den sonra Birleşik Devletler öne geçti. Diğer Avrupa G7 ülkelere 1800 ortalarından sonuna kadar olan dönemde yükselişe geçti. Japon endüstrisinin yükselişi 1860'larda gerçekleşti.

Şekilde görüldüğü gibi G7'nin endüstrileşmesine, Çin ve bulunduğu alt kıtanın endüstrisizleşmesi eşlik etti. Şuna dikkat edelim ki üst grafikte dikey eğri 150'ye, alt grafikte ise sadece 25'e kadar gitmektedir.

VERİ KAYNAĞI: Paul Bairoch, "International Industrialization Levels from 1750 to 1980," *Journal of European Economic History 2* (1982): 268 – 333, table 9.

Şu var ki Kuzey Atlantik'teki büyüme okyanusun bir kıyısında başka, karşı kıyısında başka yaşandı. Avrupa'nın nüfus artışı ve ekilir arazilerin sınırlı oluşu tarımda işçi üretkenliğini düşürdü. Avrupa tarımı verim kaybıyla karşı karşıyaydı; gelir büyümesi daha çok endüstrileşme ile geldi.

Bunun aksine Yeni Dünya için tarım demek keşfedilmemiş önemli fırsatlar demekti. Göz alabildiğince işlenmemiş toprak vardı ve bu toprakların çoğu, Avrupa'nın tarım topraklarıyla aynıydı. İşçi başına düşen arazi fazla olunca, tarımda işgücü verimliliği yükseldi. Bu sayede 1880 ve 1914 arasındaki dönemde (Tablo 3) Avrupa'dan Amerika'ya yaşanan işçi göçü her iki tarafa da; hem işçi alana hem de gönderene, yaramış oldu.

ŞEKİL 19: On dokuzuncu yüzyılda büyümede yaşanan yükselişler, G7 ve Antik Yedi Medeniyet, karşılaştırmalı (yıllık büyüme, %)

G7 Ülkelerinde gelir büyüme oranı, bin yıl boyunca dünyaya egemen olmuş Antik Yedi (A7) ekonomilerine oranla daha erken ve hızlı oldu. Avrupa ve Japonya'da büyümeyi tetikleyen, Şekil 18'de açıkça görüldüğü gibi endüstrileşme idi. Birleşik Devletler ve Kanada'da durum biraz farklıydı. Yeni Dünya'nın görece daha yüksek tarım verimliliği (çiftçi başına düşen çok arazi), kıtaya gelen göçmenlerin ekilir arazileri çoğaltarak Kuzey Amerika gelir ortalamasını yükseltmesi anlamına geliyordu.

1. Dünya Savaşı patlak verdiğinde tüm G7 ülkeleri—on dokuzuncu yüzyılın "yükselen piyasaları" olarak da düşünülebilir— o zamanlara göre iyi bir oran sayılan %1 – 2'lik bir büyüme oranını yakalamıştı.

1820'li yıllarda, A7'nin çoğunun büyüme oranlarında ani değişimler yaşandı. A7'nin Akdeniz ülkelerinde büyüme pozitif yönlü yaşandı. Özellikle Yunanistan iyi performans gösteriyordu. 1914'te, hızlı büyüyenler kulübüne Yunanistan da katılmış, A7'yle arasındaki mesafesini gitgide açıyordu (İtalya'nın, ikinci binyıl ortalarında A7'den çıktığı söylenebilir). A7 Asya ülkeleri için ise durum iç açıcı değildi. Çin ekonomisi gerilemiş, Hindistan duraklamıştı.

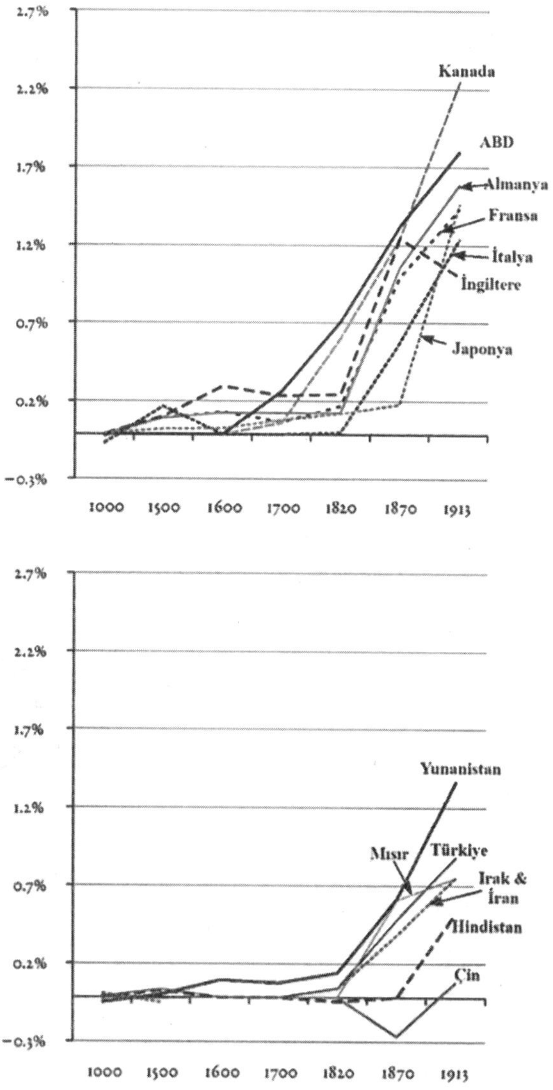

Direk karşılaştırma yapılabilmesi için alt ve üst grafiklerde aynı ölçü kullanılmıştır. Büyüme oranındaki farklılıklar günümüz standartlarına göre küçük olsa da G7'nin büyüme oranının yüzde 1 üzerinde antik ekonomilerinse yüzde 1'in altında olması çok şeyi değiştiriyordu. Bu büyüme farkları, sadece birkaç on yıl içinde devasa farklara dönüşecekti.

VERİ KAYNAĞI: Maddison Veritabanı (2009 versiyonu).

TABLO 3

On dokuzuncu yüzyılda Avrupa'dan Yeni Dünya'ya Toplu Göçler

Nüfus %		1880'ler	1890'lar	1990'lar
Gönderenler:	İngiltere	-3,1	-5,2	-2,0
	İtalya	-1,7	-3,4	-4,9
	İspanya	-1,5	-6,0	-5,2
	İsveç	-2,9	-7,2	-3,5
	Portekiz	-3,5	-4,2	-5,9
Alanlar:	ABD	5,7	8,9	4,0
	Kanada	2,3	4,9	3,7

On dokuzuncu yüzyılda Avrupa'da nüfus fazlalığı varken, Yeni Dünya'da nüfus azlığı vardı. Bu durumu kısmen dengeleyen göçler, Üçüncü Evre'de küreselleşme ekonomisinin 3. Perdesi'nde yaşanan en kayda değer olaylardan biri oldu. Tabloda belirtildiği gibi, 1880'lerden itibaren Atlantik'ten büyük bir nüfus kayması yaşandı.

Günümüz standartlarına göre bunlar çarpıcı rakamlardır. On yılda yüzde 2 – 5 arası göç hareketi o dönem için tamamen olağan bir durumdu. ABD toplumuna etkisi çok daha önemliydi. Bilimden şiire, siyasetten orduya çeşitli alanlardaki 20.yy ABD liderlerinin büyük bir bölümü, ya göçmendi, ya da göçmen aileden geliyorlardı.

VERİ TABANI: Alan Green ve Malcolm Urguhart'ın "Factor and Commodity Flows in the International Economy of 1870 – 1914," *Journal of Economic History 36* (1976): 217 – 252, tablo 2'ye dayanarak düzenlenen: Baldwin and Martin, "Two Waves of Globalization," table 16,

Bu, "Kuznet döngüsü" olarak tabir edilen döngüyü tetikledi. Ulaşım maliyetlerindeki—özellikle demiryolu ve kanal inşaatlarında— düşüş ile, ABD'nin uzak bölgelerinin temel ihtiyaç üretimine açılması sağlandı ve böylece Birleşik Devletler, yeni açılan topraklara yapılan işçi göçleri ve sermaye akışları sayesinde on beş, hatta yirmi yıl süren hızlı bir yükselişe tanık oldu.

Kentselleşme

Üçüncü Evre'de kentselleşenler ağırlıklı olarak Atlantik ekonomileri oldu (bir milyondan fazla nüfuslu kentler baz alınmıştır, Şekil 20). 1800'de büyük kent sayısında Avrupa, Çin'in arkasında ve Japonya'yla aynıydı. 1900'e gelindiğinde ise Avrupa'nın büyük kent sayısı, dünyanın toplamından fazlaydı. Amerika kıtaları ise ikinci sıradaydı.

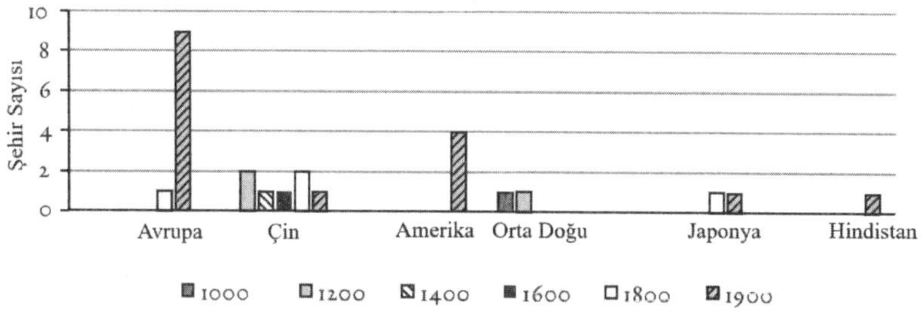

ŞEKİL 20: Talihin Tersine Dönüşü: bir milyondan fazla nüfuslu kent sayısı

İkinci bin yılın başından 1800'lere kadar dünyadaki tüm büyük bir milyondan fazla nüfuslu kentleri, antik Asya ve Orta Doğu'da konumlanmıştı. Bu kentlerin sayısı ilk bin yılda yaşanan olaylara göre arttı veya düştü, fakat somut ilk artış dünya ekonomisi ağırlık merkezinin Kuzey Atlanta ekonomilerine kaymasıyla oldu.

1900'e gelindiğinde milyon nüfuslu kentlerin ikisi hariç hepsi, ya Avrupa'da ya da Amerika'daydı, kalan ikisinden biri veya ikisi ise Japonya'daydı —bu veri Üçüncü Evre'nin çarpıcı "talihin tersine dönüşünü" bize kanıtlar niteliktedir. Basitçe söylemek gerekirse, dünyada kentselleşme bir zamanların galibi A7'den, şimdinin galibi G7'ye geçti.

Bu "nöbetçi değişimi" ardında yatan neden Şekil 19'da gösterilen gelir uçurumundaki artış idi (bir ülkede kentleşme ve kişi başına gelir arasında güçlü bağlantı vardır).

VERİ KAYNAĞI: George Modelski, *World Cities, -3000 to 2000* (Washington, DC: FAROS, 2003).

1950 yıllarında bu eğilim iyice güçlendi. Ortalama bir G7 ülkesinin nüfusunun %60'ı kentteyken, antik medeniyetlerde bu oran %30'un altındaydı. Buradan anlıyoruz ki üretim/tüketim kümelerinin ilk çözülmesi, dünya çapında kentselleşmeyi tetiklemişti ve en çok etkilenen, uzak ara farkla Kuzey Atlanta ekonomileri olmuştu. Bu durum, Kuzey Atlantik'in devasa gelir avantajını göz önünde bulundurursak, kentselleşme ve gelir arasındaki güçlü bağlantıyı göz önüne sermektedir.

2. Perde: Tekrar Kümelenme, 1914 - 1945

Küreselleşme açısından, ilk çözülmenin 1. Perde'si kötü sonuçlandı; son, önce bir düş kırıklığı, ardından tam bir hüsrandı. Bu, 2001 tarihli kitabına da aynı ismi veren ekonomi tarihçisi Harold James'in 'küreselleşmenin sonu' dediği şeydi. Savaş en yakın sebepti.

Savaş ticarete her zaman zararlıdır, 1. ve 2. Dünya Savaşları da farklı değildi. Bu savaşlar, ticari gemileri risk altına soktu ve sevkiyatı pahalılaştırdı. Şekil 17'de, iki savaş dönemine ait ticaret maliyeti artışlarında açıkça görülen sonuç, üretim ve tüketimi yeniden kümelenmeye zorladı.

Sevkiyat maliyetlerinin, savaş yüzünden çıktıkları zirvelerden indiği sırada, gümrük tarifelerindeki artışlar da üretim ve tüketimin yüzyıllık çözülmesini sekteye uğrattı. Şekil 21'de görüldüğü gibi tarifeler savaşlar esnasında düşmüş, iki savaş arasında yükselmişti. Savaş dönemi tarife indirimleri büyük ölçüde kasıtsızdı. Bu dönemlerde tarifeler sembolik belirleniyordu (mesela bir ton muz başına 100$), yani savaş-dönemi çıkan enflasyon, tüketici fiyatı üzerinden yüzde olarak hesaplanan tarifeleri aşağı çekti. Durum ne olursa olsun, çoğu ülke ithalatını sıkı bir biçimde denetliyordu, bu nedenle ticaretin önündeki ana engel, tarifeler değildi.

Bunun aksine, —küreselleşmeye karşı politik bir tepkiden beslenen— savaşlar arasındaki tarife artışları, oldukça kasıtlıydı. I. Dünya Savaşı anlaşmaları, özellikle de Versailles Antlaşması, —ABD Başkanı Woodrow Wilson, serbest ticareti mehşur on dört ilkesinden biri olarak saydığı hâlde— genel olarak dünya ticaret sisteminin sağlığını hiçe saydı. Korumacılık, 1910'ların sonları ve 1920'lerde, Avrupa ve diğer yerlerde, dağınık ve istikrarsız bir biçimde güç kazanıyordu.

Asıl sorun —1. Perde'de olanın aksine (1820 - 1913)— şuydu ki İngiltere, dünya ticaret sistemine tek taraflı bir biçimde destek olmaya isteksizdi ve buna gücü de yetmiyordu. Massachusetts Teknoloji Enstitüsü'nden ekonomist Charles Kindleberger'in 1989 tarihli "Commercial

Policy between the Wars (İki Savaş arası Ticaret Politikası)" başlıklı makalesinde söylediği gibi, "İngiliz hegemonyası kaybedilip yerine koyacak bir şey olmadığında, uluslar arası ilişler de anarşiye teslim oldu". Dünya ticaret sisteminin sırtına vurulan son darbeyse, ABD tarifelerinde Smoot-Hawley Yasası olarak bilinen meşhur 1930 zammıydı.

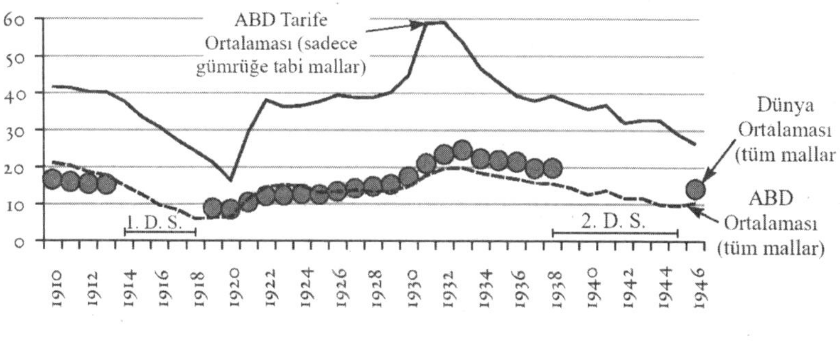

ŞEKİL 21: Dünya ve ABD'de tarife ortalamaları, 1910 – 1946.

2. Perde, tarifelerde büyük değişimlere tanık oldu. Savaş zamanı enflasyonu tarife yüzdelerini aşağı çekti ama iki savaş arası tarifeleri yüksek tutma siyaseti ticareti engellemeye devam etti. En önemlisi Smoot-Hawley Tarife Yasası ve buna dünya çapında verilen tepkiler oldu.

Berkeley'den ekonomist Barry Eichgreen'e göre, altın standardında diretildiği için korumacılık görüşüne sığınılıyordu. Ünlü kitabı *Golden Fetters: The Gold Standard and the Great Depression (Altın Standardı ve Büyük Buhran)* (Oxford Yayınevi, 1992) kitabında, döviz kuru ayarlama mekanizmasındaki eksikliğin hükümetleri nasıl tarifeleri değiştirmeye zorladığından bahsetmektedir.

Not: Ortalama tarife oranları, ithalat parasal değerine göre belirlenmiştir. Alt eğride ABD tarife ortalaması gösterilmiş ama gümrüğe tabi olmayan mallar dahil edilmemiştir (bazı ham maddeler vs.).

VERİ KAYNAKLARI: ABD Tarifeleri Birleşik Devletler Uluslararası Ticaret Komisyonu; dünya tarifeleri: Michael Clemens ve Jeffrey G. Williamson, "Why Did the Tariff-Growth Correlation Reverse after 1950?" *Journal of Economic Growth 9,* no. 1 (2004): 5 – 46.

Resmi ismiyle 1930 Tarife Yasası dayanağını, başkan adayı Herbert Hoover'in, 1928 sonbaharında ABD çiftçilerine verdiği korumacı politika vaatlerinden alıyordu. Kanun tasarısının görüşülmesi için 1929 yılı başında toplanan kongrede, yalnızlık/korumacı taraflısı sesler yükselmeye başlamıştı. Tarifelerin kapsamı genişletilerek sanayi ürünleri de dâhil edilmişti, Demokratlar Cumhuriyetçilerle birlik olmuş, oturumun sonlarına doğru, Kindleberger'in tabiriyle, "hem Cumhuriyetçiler hem Demokratlar komite salonundan dışarı sürülmüş, tarifelerin belirlenmesi işini lobiciler devralmıştı."[6]

Yabancı ülkeler, karşılık vermek için tasarının yasalaşacağı 1930 Haziranı'nı bile beklemediler. İtalya, Fransa ve diğerleri 1929 sonları ve 1930 yılı başında sert tepki gösterdi. Büyük Britanya sonunda serbest ticareti kaldırdı, sterlinin değerini düşürdü ve birkaç yıl sonra ise Britanya İmparatorluğu sınırları dâhilinde ticarete ağırlık verecek bir Emperyalist Öncelik sistemini kurdu.

Bu sonuç verilerde açıkça görülüyor. Şekil 21 biri ABD, diğeri dünyaya ait iki tarife ortalamasını gösterir. Daha düşük olan ABD tarifesi tam ortalamadır, yani tüm ürünleri hesaba katmıştır. Yüksek olan rakamlarsa "gümrüğe tabi" mallardır, yani tarifesi sıfır olmayan ürünler. Burası önemlidir çünkü ABD'de bulunmayan maden ve madeni ürünlerin ithaline ilişkin bir koruma yoktu. Gümrüğe tabi tutulanlar, sanayi ürünleri ve gıdaydı. Yeterli veri olmadığı için, şekilde tüm ürünlerin dünya tarife ortalaması verilmiş, karşılaştırma yapılabilmesi için ABD'nin "tüm ürünleri" ortalaması dâhil edilmiştir.

1930'ların sonuna gelindiğinde dünya, ticaret bloklarına ayrılmıştı. Almanya, İtalya ve Sovyet Rusya, bariz otarşik emelleri ve küresel egemenlik hayalleriyle ikili ticaret anlaşmaları sistemini sürdürüyordu. İngiltere, kolonileri ve sömürgeciyi birbirine bağlayan Emperyalist Öncelik sistemini benimsemişti. Japonya ise, Büyük Doğu Asya Ortak Refah Alanı olarak bilinen ticaret bloğunda kendine yer edinmişti.

Ticaret sisteminin çökmesi, hiç kuşkusuz 2. Dünya Savaşı'na doğru sürüklenen dünyayı hepten bu yola itmişti. Almanya, İtalya ve Japonya'daki faşist zihniyetin ürünü otarşik ticaret felsefisinin dünya çapında kabul görmesine zemin hazırladı. Örneğin tarihçi Gerhard Weinberg, "The World through Hitler's Eyes (Hitler'in Gözünden Dünya)" adlı makalesinde ticaretin kapanmasının, Hitler'in *lebensraum* ya da yaşam alanı olarak adlandırılan toprak hırsına güçlü bir meşruiyet kazandırdığını öne sürer. Hitler, Almanya dışında üretilen ürünlere ihtiyacı olduğunu biliyordu ama çözümü, Nazi Almanya'sının sınırlarını Atlantik'ten Moskova'ya Arktik Denizi'nden Karadeniz'e kadar genişletmek suretiyle uluslararası ticareti yerel ticarete çevirmekte buldu.[7]

Modern zamanlarda ticaretin gördüğü en karanlık dönemdi bu—korumacılık ve art niyetli düşüncelerin siyasetçilerin kafalarında ilk defa kök saldığı zamanlardı. Ancak şafağın sökmesine az kalmıştı.

3. Perde: 2. Dünya Savaşı Sonrası Çözülme

2. Dünya Savaşı sonrası ticaretin serbestleştirilmesi, birçok tarihi olayda olduğu gibi daha öncesine dayanıyordu. 1920'lerin sonunda çaktığı korumacılık kıvılcımından pişmanlık duyan Birleşik Devletler Meclisi, 1934 Karşılıklı Ticaret Anlaşmaları Yasası'na onay verdi. Artık Birleşik Devletler tarifelerini tek taraflı belirlemiyor, karşılıklı tarife indirimleri uyguluyordu. Tarife listelerinin çorbaya dönmemesi için ABD, "en çok kayrılan ulus" kavramını hayata geçirdi (gümrük uzmanlarınca İngilizce'de MFN olarak tabir edilir). 2. Dünya Savaşı sonrası Dünya ticaret yönetişiminde dönüm noktası olmuş bu prensip, ikili ilişki kapsamında bir üye ülkeye yapılmış tarife indiriminin tüm üye ülkelere de uygulanması anlamına geliyordu.

Şekil 21'de bu durum gösterilmiştir. 1930 ortalarından 2. Dünya Savaşı sonuna kadar olan süreçte ABD tarifeleri, tüm dünya tarifeleri gibi düşmüştür—ki bu, 1945'ten başlatıldıkları için birçok modern küreselleşme hikayesinin göz ardı ettiği bir gerçektir.

Tarife indirimleri 2. Perde'de başlarken, küresel bir ticaret sistemi yönetişiminin kurulması için savaşın bitmesini beklemek gerekiyordu. Bu gerçekten kayda değer bir yenilikti. Küresel ticaret tarihinde ilk kez, silahın üstünlüğü ile değil de hukukun üstünlüğü ile yönetilecekti.

GATT ile Uluslararası Ticaret Kurallarının Belirlenmesi

1. Perde'nin sonunda dünya ticaret sistemine kurumsal destek neredeyse yoktu. Mevcut bir "sistem" olmaktan çok Pax Britannica'nın

kalıntılarından ibaretti. Bir anlamda, uluslararası finansal sistemini (o dönemde altın standardı), günümüzdeki Uluslararası Para Fonu gibi İngiltere Bankası üstlenmişti. Birleşmiş Milletler, Uluslararası Adalet Divanı ve Dünya Ticaret Örgütü'nün (DTÖ) bugün oynadığı rolü, o sırada İngiliz donanması hayli İngiliz-vari bir şekilde oynuyordu.

3. Perde çok farklı başladı. 2. Dünya Savaşın'dan kimin galip çıkacağı belli olunca Müttefikler—özellikle Birleşik Devletler ve Birleşik Krallık— savaş sonrası mimarinin dizaynına koyulmuşlar ve 1. Dünya Savaşı sonrası çıkan uluslararası yönetişim boşluğunu bu defa önlemeyi kafalarına koymuşlardı. Bunu önlemek üzere kurdukları kilit kuruluşlardan biri, Gümrük Tarifeleri ve Ticaret Genel Anlaşması (evrensel olarak bilinen adıyla GATT) idi.

GATT'ın misyonu, yükselen hayat standartlarını ve sürdürülebilir kalkınmayı teşvik etmekti. Üyeleri bu misyonu gerçekleştirmek için uluslararası ticarette bazı "yol kuralları" belirlediler. Karşılıklı yarar sağlamak adına tarifelerin indirilmesine yönelik görüşmeler yapacakları taahhüdünü de verdiler.

GATT'ın kuralları karmaşık olsa da modern küreselleşmenin teşvik edilmesi bakımından zaruri idi, bu açıdan GATT kurallarını bir genel ve beş özel ilke olarak ayırmakta fayda var. (GATT kurallarının, 1995'te DTÖ kurallarına dönüştüğünü unutmayalım). GTO/DTÖ'nün anayasal prensibi olarak da adlandırılabileceği genel ilke, dünya ticaret sisteminin *sonuca-dayalı* değil de *kurala-dayalı* olması gerektiğidir. İşte bu yüzden GATT ve DTÖ, bağlı ihracat büyümesi veya pazar payı gibi niceliksel sonuçlardan ziyade tasarım, uygulama, güncelleme ve kural, usul ve ilkelerin yürütülmesi gibi şeylere ağırlık verir.

İlk özel ilke *ayrımcılık yapmamadır*. Bunun iki yönü vardır. İlki, sınırlarda ayrımcılık yapılmamasıdır, daha önce bahsedilen MFN prensibiyle temelde aynıdır. MFN birine uygulanan tarifenin herkese uygulanması demektir. Pratik olan GATT/DTÖ kuralları, özellikle serbest ticaret anlaşmaları gibi istisnalara olanak tanımaktadır. İkinci yönü, GATT jargonunda "ulusal muamele" olarak geçen sınır ötesi ayrımcılık yapmamadır. Ulusal muamele, ithal ürünlerin de tıpkı yerel ürünler gibi yerel vergilendirme ve yönetmeliklere tabi tutulmaları demektir.

İkinci özel ilke, ticaret kısıtlamalarının yazılı ve halka açık olması anlamına gelen şeffaflıktır. Üçüncüsü *karşılıklılık* ilkesidir. Bunun hem pozitif hem negatif yönü vardır. Pozitif olana göre, bir GATT ticaret görüşmesi kapsamında, tarifesinde indirim yapan ülke, diğer taraftan da benzer şekilde karşılıklı tavizde bulunmasını bekleyebilir. Ne var ki GATT'da, gelişmekte olan ülkeler lehine boşluklar mevcuttur. Tarife indirme görüşmeleri esnasında gelişmekte olan ülke, kendi gümrük tarifelerinden taviz vermek zorunda değildir. Bu ilkenin negatif yönü ise tarife anlaşmasına sadık kalmayan ülkeye diğer ülkenin benzer karşılık verebilmesidir.

Dördüncü ilke *esnekliktir.* GATT'ın kurucuları, üyelerin zaman zaman yeni ticaret bariyerleri koyulmasına yönelik iç baskıya maruz kalabileceklerini biliyorlardı, bu yüzden yeni tarifelerin kısıtlanabilmesinin önünü açan bazı "güvenlik değerleri" eklediler. Son ilkemiz ise *oy birliği ile karar alınmasıdır.* GATT/DTÖ kararlarının çoğu oybirliğine esas alınır.

GATT'ın Başarısını Anlamak

GATT —özellikle gelişmiş ülkeler arasındaki— gümrük tarifelerinde indirim sağlanmasında çok başarılı oldu. Tarihi kronolojiye devam etmeden önce GATT'ın başarısının ardında yatan iki siyasi-ekonomik mekanizmaya ya da ince beceriye değinmekte fayda var. İlk mekanizma—başka deyişle *ezici etki*— her ulusun tarife politikasını, kendi kendini sürdüren bir serbestleştirme döngüsüne sokacak şekilde değişime uğratmaktadır. Burada kilit nokta—kitabın devamında daha net anlaşılacağı üzere—GATT'da mevcut karşılıklılık ilkesidir.

Bu konuyu anlamak için, tarifelerin kimin işine gelip gelmediği üzerine bir durup düşünelim. İthal mala karşı rekabet eden yurt içi şirketler, ithalatı kısıtlayıp yerel fiyatları artırarak kendi ülkelerindeki kazançlarını yükselten (ya da en azından kayıplarını azaltan) yüksek tarifeleri severler. Buna karşın ihracat kazançlarını azaltan yüksek tarifeler, ihracat yapan yurt içi şirketlerin işine gelmez.

Aslında bir tarifenin ithalat ve ihracat yönü birbiriyle bağlantılı değildir. Ne de olsa tarifeyi belirleyen yine o ülkenin kendisidir. Ama tarifenin bu iki yönü, GATT/DTÖ görüşmelerinde karşılıklılık ilkesi nedeniyle iç içe geçer. Yani, olaya tek bir ülke tarafından bakacak olursak, karşı ülkeye yapılacak ihracatın tarifesi düşerse karşı ülkeden yapılacak ithalatın tarifesi de karşılıklılık ilkesi gereği düşer. Bu durum her ülkede politik bir çatışma yaratır. İthalatı kısıtlayacak tarifeden çok etkilenmeyecek olan ihracatçılar, karşılıklı tarife indirimini kazanabilmek için ithalatla rekabet etmekte olan yurt içi şirketlere karşı mücadele etmeleri gerektiğini bilirler.

Politik açıdan ezici etkinin temelinde, karşılıklılık ilkesinin, taraf hükümetleri, korumacı lobiler ile serbestleştirme yanlısı lobiler arası denge sağlamaya teşvik etmesi yatar. Karşılıklı görüşmelere başlamadan önce hükümet daha çok, kolay ithalata karşı çıkan baskı gruplarını dinler. Görüşmeler esnasında hükümet, serbestleştirme yanlısı baskı gruplarını da (örneğin ihracatçıları) dinler. Sonuç olarak, GATT/DTÖ karşılıklı tarife indirimi görüşmeleri, her ulusun içindeki politik-ekonomik kuvvetlerini, tarife indirimi yanlısı yönde şekillendirmiş olur.

Bununla birlikte tüketici çıkarlarının bu politik denklemе prensipte dâhil edilmesi gerektiğine dikkat edin. Ancak tüketiciler politik açıdan tarife seçimlerine nadiren ilgi gösterir dolayısıyla da çoğu ülkede tarife konularında sesleri çıkmaz.

Bir GATT oturumundan kaynaklanan tarife indirimi, ezici tarife indirimi etkisinin sona erişi değildir, zira indirimler, bir "kartopu" etkisi yaratır. Düşen tarifeler ithalatı artırır, bu da ithal ürünle rekabet hâlinde olan endüstrilerin küçültmeye gitmesine sebep olur. Diğer yandan, karşı ülkenin eş-zamanlı tarife indirimi, ihracatçıların üretimini, istihdamını ve kazancını artırır. Politik rüzgar, ekonomik hedeflerden yana estikçe ihracatçıların çıkarları büyürken ithalat rekabetinde olanların küçülmesi, gelecek politik hesapları da daha fazla tarife indirimine sevk ediyor.

Kısacası, tek bir GATT oturumunda karara bağlanan karşılıklı tarife indirimleri, ulusal ekonomi-politik manzaraları, serbestleştirmenin sürdürülmesini teşvik edecek biçimde değiştirir. "Ezici etki" tabiri yerindedir çünkü tarife indirimi, kartopu misali yuvarlanmaya başladı mı, kazandığı ekonomi-politik momentum ile yoluna çıkan tüm tarifeleri ezene kadar durmaz.[8]

İkinci kurnazlıksa, bir avuç zengin ulusun, oy birliği ilkesine rağmen GATT'ı devreye sokmasına izin veren şeydir. Buradaki püf nokta karşılıklılık ilkesinde mevcut olan devasa yasal boşluktur: İhracatçıları, zengin-ülke tarife indirimlerinden fayda görecek dahi olsa, gelişmekte olan ülkelerin kendi tariflerinde indirim yapma zorunluluğu yoktu. Zengin ülkeler tarifelerini indirdiğinde, MFN ilkesi gereğince, indirimlerini tüm GATT/DTÖ üyelerine —karşılık vermeyenlere bile— uygulamak zorundaydı.

Bu boşluk gelişmekte olan ülkeleri, tarife indirimi görüşmelerinde hazırcılara dönüştürdü fakat özel türden hazırcılara. MFN ilkesi nedeniyle, görüşmelerin başarılı geçmesinde çıkarları vardı böylelikle ihracatçıları, zengin ülkelerin tarife indiriminden yararlanabilecekti.

Bu da, gelişmekte olan ülkeler için üyeliği, bir 'itaat etme, itiraz da etme' pozisyonuna dönüştürerek oy birliği sorununu çözmekten çok geçiştirmiş oldu. Hatta birçok gelişmekte olan ulus, GATT görüşmelerine katılmadı bile. Niye katılsınlardı ki? Bu boşluk yüzünden savunacak bir şeyleri yoktu. Dahası, pazarlık masasına koyacak bir tarife indirimi kozları olmadığı için zengin ülkelerin hangi tarifelerde indirimde gideceğine dair söz hakları yoktu.

Ekonomi-politiğin mantığından sıyrılıp yaşanmış olaylara geçecek olursak Şekil 22, anlatıların temellendirilmesine yarayacaktır. Üst grafik, bir dizi yoksul ve zengin ülkenin 1950-1994 arasındaki tarife ortalamalarını göstermektedir. 1950 öncesi dört yıl GATT tarife indirimini anlamak açısından gereklidir fakat sistematik bir uluslararası veri mevcut olmadığından alt grafikte, zengin uluslarda olup bitenlerin bir temsili olarak Birleşik Devletler istatistikleri kullanılmıştır.

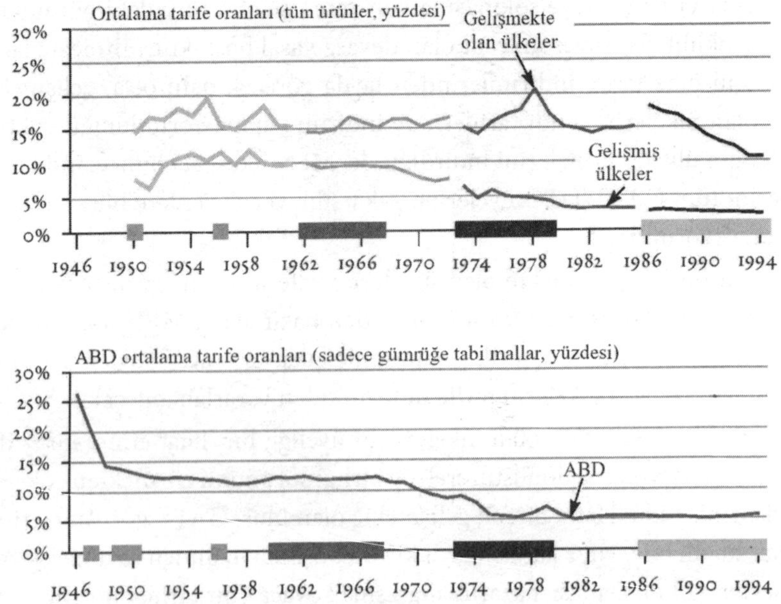

ŞEKİL 22: Ortalama tarife oranları, gelişmiş ve gelişmekte olan ülkeler, 1950 – 1944.

GATT'ın ilk T'si tarifenin T'sidir, GATT'ın önemli başarılarından biri 2. Dünya Savaşı sonrası hayli yüksek olan tarifeleri 1990'lara doğru hayli aşağı çekmiş olmasıdır. Bu indirimler, "rounds" tabir edilen çok taraflı müzakereler ile yapılırdı (grafiklerin alt yatay çizgisindeki bantlar birden fazla yapılan görüşmeleri (rounds) ifade etmektedir, detaylar için bkz: Tablo 4). Üst grafikte görüleceği üzere, yoksul ülkeler yüksek tarife ile başlamış, görüşmeler sonucu bir indirimde bulunmamışlardır. Sonuç olarak gelişmekte olan ülkelerin tarifeleri, Üçüncü Evre boyunca yüksek kalmıştır.

Gelişmiş ülkelerin tarife indirimi üç ana evrede gerçekleşti. İlki 1947 GATT açılış görüşmeleriyle aynı zamana rastladı ki burada tarifeler hayli aşağı inmişti (alt grafikte sadece ABD verisi mevcuttur). Diğer iki aşama Kennedy görüşmeleri (1963-1967) ve Tokyo görüşmeleri (1973-1979) sonucunda oldu.

NOT: Şekilde "gelişmiş ülkeler" tabiri, AB ülkelerini ve İsviçre, Norveç, Japonya ve Avustralya'yı ifade etmektedir; "gelişmekte olan ülkeler" ise Arjantin, Brezilya, Çin, Mısır, Endonezya, Hindistan, Kenya, Kore, Meksika,

Malezya, Nijerya, Pakistan, Filipinler, Tayland ve Türkiye'yi ifade etmektedir. Ortalama tarife geliri, tarife gelirinin dolar cinsinden değerinin, ithalat ürünün dolar cinsinden değerine bölünmesiyle hesaplanmıştır. Alt grafik Birleşik Devletler ortalamasını göstermekte ve gümrüğe tabi olmayan "duty-free" mallar (örneğin birçok ham madde) hesaba dâhil edilmemiştir; böylece GATT görüşmelerinde indirimi yapılabilecek tarifelerin durumu daha iyi anlaşılabilir.

VERİ KAYNAKLARI: Üst grafik: Clemens and Williamson, "Why Did the Tariff-Growth Correlation Reverse after 1950?", alt grafik: "U.S. Imports for Consumption, Duties Collected, and Ratio of Duties to Value, 1891 – 2014," Office of Analysis and Research Services, Office of Operations, U.S. International Trade Commission, http:\\dataweb.usitc.gov.

ABD'nin 1934'den beri sürdürdüğü çok-taraflılaşma ve genişletme çabalarının da etkisiyle GATT, tarifeleri düşürmeye girişerek hızlı bir başlangıç yaptı. 1947'de gerçekleşen ilk GATT görüşmesiyle tarifeler önemli ölçüde düştü (Tablo 4). Sonraki dört görüşmede tarife indirim oranı düşük kaldı. Bunun yerine görüşmeler yeni kurallarla, Almanya'yı 1951'de, Japonya'yı ise 1955'te GATT üyeliğine taşıyan zorlu müzakerelere odaklandı.

Kennedy Görüşmesi'yle (1963 - 1967) GATT, tekrar tarife indirimine yöneldi. Şekil 22'de görüldüğü gibi, beş ilâ on yıl süren müzakereler ardından, zengin ülkelerin tarifeleri, büyük ölçüde düştü. Fakat yoksul ülkelerin tarifeleri, "itaat etme, itiraz da etme" mekanizması yüzünden düşmemişti.

Ezici etki, 1973 Tokyo Görüşmesi'nin başlamasıyla kendini yine hissettirecekti. Tarife indiriminin (Tablo 4) yanı sıra bu görüşmede devlet desteği, devlet tedariki ve yasal düzenleme gibi önemli konular ele alındı. Gelişmekte olan uluslar daha önce olduğu gibi yine hazırcı bir tavır takınmıştı. Gelişmekte olan ülkeler GATT yıllarında kafalarına eseni yapabildiğinden, yoksul ülkelerin tarifeleri 1973 ve 1979 ekonomik krizleri sırasında aniden fırladı.

Birkaç yıl sonra ezici etki daha fazla tarife indirimine zemin hazırladı. Çoğu ülkede serbestleştirme-karşıtı sesler zayıflamış, serbestleştirme-yanlısı sesler güçlenmişti, yani ticareti—çok taraflı ve bölgesel seviyede— daha da açmak politik açıdan ideal olmuştu. GATT üyeleri

Uruguay Görüşmeleri'ni, kimi önde gelenlerinin geniş çaplı bölgesel ticaret serbestleştirme uygulamalarını devreye soktuğu 1986'da başlattı.

TABLO 4

GATT görüşmeleri tarife indirimleri ve GATT üyeliği, 1947 - 1994.

Görüşme (Round) adı	Başlangıcı	Tarife indirim oranı %	Üye sayısı	Gelişmekte olan ülke sayısı
Cenevre 1. Görüşmesi	1947	26	19	7
Annecy Görüşmesi	1949	3	20	8
Torquay Görüşmesi	1950	4	33	13
Cenevre 2. Görüşmesi	1955	3	35	14
Dillon Görüşmesi	1960	4	40	19
Kennedy Görüşmesi	1963	37	74	44
Tokyo Görüşmesi	1973	33	84	51
Uruguay Görüşmesi	1986	38	125	88

GATT'ın ilk kurulduğu yıllarda çok taraflı müzakereler (jargonda "rounds" olarak geçer), sıklıkla—on üç yılda beş görüşme şeklinde— yapılırdı. 1. Cenevre görüşmesi hariç tüm ilk görüşmeler daha çok kural belirleme ve üyelik kabulü üzerineydi. Kennedy Görüşmesi'nden sonra, görüşmeler tarife indirimine ağırlık vermeye ve —teknik bariyerler, yatırım kuralları, hükümet alımları gibi—karmaşık ticari bariyerlere değinmeye başladı.

GATT, Japonya, Avrupa ve Kuzey Amerika'da tarifelerin indirilmesinde gayet başarılı oldu fakat gelişmekte olan ülkelerin, "Özel ve Farklı Muamele" hükmüne göre, tarifelerini yüksek tutmalarına, böylelikle bir tarife duvarı arkasında endüstrileşmelerine müsaade edilmişti (gelişmiş birçok ülkenin 2. Dünya Savaşı sonrası yaptığı gibi).

Uruguay Görüşmesi nihai anlaşması ile, 1995'te GATT'ın yerini DTÖ aldı. İsminin değişmesine ek olarak bu anlaşmayla, GATT'ın anlaşmazlık çözümündeki hukuki rolü kurumsallaştırıldı ve uluslararası yatırım, yasal düzenleme, fikri mülkiyet ve hizmet hususları için bazı "yol kuralları" eklendi.

VERİ KAYNAĞI: Will Martin and Patrick Messerlin, "Why Is It So Diffcult? Trade Liberalization Under the Doha Agenda," *Oxford Review of Economic Policy 23,* no. 3 (2007): 347 - 366.

1986'da üç serbestleştirme girişimi başlatıldı. Birleşik Devletler ve Kanada'nın serbest ticaret anlaşması üzerine 1989'da bitecek görüşmelere başladı (bu da sonradan NAFTA olarak bilinen Kuzey Amerika Serbest Ticaret Anlaşması'na dönüştü). 1986 ayrıca Avrupa'nın, daha o sırada Avrupa Birliği adını alan ticari serbestleştirme kulübünü genişlettiği ve derinleştirdiği yıl oldu. İspanya ve Portekiz'e üyelik verildi ve Avrupa, Tek Pazar programı adı altında birçok ekonomik bariyerin serbestleştirilmesine giden yolculuğuna başladı.

Uruguay Görüşmesi 1986'dan 1994'e kadar sürdü. Şekil 22'de görüleceği gibi bu evrede kayda değer tek olay, yoksul ülkelerin tarifelerini hızla indirmesi oldu. Ancak burada önemli bir noktayı atlamamak gerek, gelişmekte olan ülkelerin takındığı bu serbestleştirme tavrının GATT ile bir ilgisi yoktu, çünkü "itaat etme, itiraz da etme" mekanizması aynen devam etmekteydi. Bu indirimler gerçekte, gelişmekte olan ülkelerin tavrında oluşacak devrimin başlangıcıydı ki bu konu aslen Dördüncü Evre'nin konusu olup yoksul ülkelerin deniz aşırı fabrikaları ve işleri kendine çekme girişimlerinin bir parçasıdır (3. Bölüm'de değinilecektir).

Uruguay Görüşmesi 1994'te sonlandı ve alınan nihai kararlar kapsamında GATT, DTÖ'ye dönüştürüldü ve önemli yargısal sorumluluklar elde etti. DTÖ'nün kurulması gerçekten tarihi bir andı ama 3. Perde'de gerçekleşen sevkiyat maliyetlerinde yaşanan sürekli düşüşler ondan da önemliydi çünkü dünya ticaret hacimlerinin yüksek seviyelerde kalmasını sağlayacaktı.

Konteynırlaştırma ile Sevkiyat Maliyetinin Düşmesi

Gemi, tren ve kamyonlarda sürekli yaşanan teknolojik gelişmeler, ürün taşıma maliyetini düşürdü, ancak asırlık yükleme-boşaltma sorununu çözememişti. Bu soruna yönelik büyük yenilik "konteynırlaştırma" 1960'larda geldi ve 1970 ve 80'lerde hızla yaygınlaştı.

Konteynırlaştırmadan önce, kargoların yüklemesi elle yapılıyordu ve bu, ithal malın haftalarca limanda kalması demekti. Uluslararası üretim ağları için durum daha beterdi; malın limanda kalma süresine dair büyük belirsizlik vardı ve bu belirsizlik yüzünden sevkiyat tarihleri güvenilir değildi.

Konteynırlaştırma, en çok ticareti yapılan malları standart çelik konteynırlara koyarak sevkiyatta devrim yaptı. Marc Levinson'un 2006 tarihli kitabı *The Box (Kutu)*'da dediği gibi yarattığı etki birçok yönden önemliydi. İlk olarak, konteynırlar sevkiyatı daha ucuz ve güvenilir kıldı. Konteynırlar genelde malın göndericisi tarafından doldurulur ve müşterisi tarafından boşaltılır. Bu daha hızlı ve ucuza gelir çünkü yetkililer "kutuda" ne olduğu ve kutuyla nasıl ilgileneceklerini bilir. Malı gemiye bindirip gemiden indirilmek daha ucuz, kolay ve öngörülebilir olur çünkü dev vinçlerle yapılabilir. Konteynırların gelişi gerekli işgücü miktarını da düşürmüş ve —tersane işçi sendikalarını bir nevi bozguna uğratarak— geçmişte grevlerin yaşattığı gecikmeleri en aza indirmiştir.[9]

Dahası, konteynırların standartlaşması, dünyanın her noktasında liman ve tren garlarındaki vinç ve diğer düzeneklerin bu standart kutulara göre optimize edilebileceği anlamına geliyordu. Bu ayrıca ulaştırma ağlarının işi kolay anlamasını sağladı. Diyelim ki yüksek teknoloji donanımları, Kaliforniya'daki fabrikasından kamyonla yola çıkarak Los Angeles limanında bir konteynır gemisine yüklenebiliyor, ardından Japonya, Nagoya'dan bir kamyon ya da trenle son müşterisine —insan eli değmeden—ulaşacak şekilde nakledilebiliyordu.

Sonuç olarak malların taşınma maliyetinde mucizevi bir düşüş yaşandı. Ekonomistlerin tahminlerine göre konteynırlaştırma, ticareti Şekil 22'deki tarife indiriminden çok daha fazla canlandırdı.

KUTU 3: ÜÇÜNCÜ EVRE'NİN ÖZETİ

İkinci Evre'nin, insan toplumunun temellerini attığını söylersek, Üçüncü Evre'nin de sonraları adı "modern dünya" koyulan evi inşa ettiğini söyleyebiliriz.

İnsan varoluşunun büyük çoğunluğunda mesafe kısıtı, çoğu insanın tüketimini yürüme mesafesindeki ürünlerle sınırladı. Mesafenin diktatörlüğü devrilince Üçüncü Evre başladı. Darbenin anahtarı buhar gücü oldu.

Buhar devrimi, tıpkı kendisinden önceki Tarım Devrimi gibi "evre geçişini" tetikledi ve nihayetinde modern küreselleşmeyi (ya da daha kesin tabirle, kitapta ifade ettiğimiz şekliyle Eski Küreselleşmeyi, ya da ilk çözülmeyi) başlattı. On dokuzuncu yüzyıl ilerledikçe, rüzgâr ve hayvan gücünün yerini buhar aldı; sonra da yerini, içten yanmalı ve elektrikli motorlara bıraktı. Ancak süreci başlatan buhar gücünün icadı oldu.

Ulaştırma teknolojilerindeki bu yenilikler, uzaklarda yapılan ürünlerin tüketimini ekonomik kıldı. Küreselleşmenin bu evresi, tüketim ve üretimin coğrafi olarak büyük çapta çözülmesi anlamına geliyordu.

Kıtalararası mesafelerin fethedilmesiyle birbirine bağlı üç fenomen —ticaret, toplulaşma ve inovasyon— ortaya çıktı ve bunlar dünya ekonomik düzenini ters yüz etti. Tarihin bu en dramatik talihin tersine dönüşü ile merkez Asya taşralaşırken, taşra olan Kuzey Atlantik merkezleşti.

Bu dram üç perdede sahnelendi; 1. Dünya Savaşı öncesi küreselleşme ilerliyordu, sonra savaş arası geri çekildi, 2. Dünya Savaşı sonrası ise ilerleyişini hepten hızlandırdı.

Sonuç

İlk çözülmenin kilit etkileri:

- Atlantik ekonomileri ve Japonya (Kuzey) sanayileşirken Asya ve Orta Doğu antik medeniyetleri (Güney) sanayisizleşti (özellikle Hindistan ve Çin).
- Büyümede yükselişler her yerde yaşandı ama Kuzey'de, Güney'de olduğundan daha erken ve hızlı yaşandı.
- Büyük Iraksama ortaya çıktı.
- Uluslararası ticarette patlama yaşandı.
- Kentleşme, özellikle Kuzey'de hızlandı

Bu devasa değişimlerin ardında yatan neden üretim uzmanlığı bilgisindeki orantısız dağılımdı. Kuzey'de gelişen inovasyon Kuzey'de kaldı, böylece Kuzey'de ücretler ve yaşam standardı Güney'e nazaran çok daha fazla yükseldi. 3. Bölüm, bilgi teknolojileri sayesinde uzmanlık bilgisinin küresel dağıtımındaki orantısızlığın dengelenmesi sonucu yaşanan Dördüncü Evre'deki büyük dönüşümleri anlatmaktadır.

3. BÖLÜM

Bilgi ve İletişim Teknolojileri ve Küreselleşmenin İkinci Çözülmesi

Yeni Küreselleşme babanızın neslinin küreselleşmesi değildir; gerçekten ondan oldukça farklı bir şeydir. Kimine lütuf, kiminin ise felaketi olmuş yirmi-birinci-yüzyıl küreselleşmesi, insanları yepyeni açılardan etkilemektedir. Meksika'nın, kuzey iç kesimlerinde kolonicilik döneminden kalma bir kent olan Santiago de Queretaro için ise mucizevi denebilecek bir lütuf olmuştur.

Deniz aşırı üretim tesislerinin ilgi odağı Santiago de Queretaro ve civarı, veri merkezinden uçak üretimine kadar birçok faaliyeti kendine çekmiştir. Mesela 2006 yılında, toplamda 700 personeli olan sadece iki hava uzay şirketi mevcut idi. Paul Gallant'ın *Canadian Business* dergisindeki bir makalesine göre, bundan sekiz yıl sonra otuz üç hava uzay şirketi ve 5.000'den fazla iş mevcuttu.[1]

Gallant'ın 2014 tarihli "How Bombardier's Experiment Became Ground Zero for Mexico's Economic Revolution (Bombardier'in Deneyi Meksika'nın Ekonomik Devriminde Nasıl Sıfır Noktası Oldu?" başlıklı makalesinde anlatılana göre, tüm bunlarda kilit rol oynayan şirket Kanadalı Bombardier'di. Şirket ilk olarak teknolojik yönden basit, yoğun-işgücü gerekmeyen üretim aşamalarını Querétaro'ya taşır. Uçağın kablo tesisat montajı gibi işler Querétaro'da yapılır, sonra bu alt parçalar uçaklara monte edilmek üzere Quebec'e kargolanır. Ardından kablo tesisat montajı yanında daha karmaşık aşamalar da deniz aşırı taşınmaya başlanır. Örneğin, bugün Bombardier şirketinin Querétaro tesisinde business jetleri için kuyruk yapılmaktadır.

Daha günümüze gelirsek, Sea-Doo gibi deniz araçları da üreten Bombardier Recreational Products (BRP), gelişmiş alaşım gövdelerin yapıldığı bir tesis açmıştır. Bu gibi ileri seviye üretim aşamalarının Meksika'ya taşınması görülmemiş şeydi. Gallant, bu soruyu BRP Querétaro direktörü Thomas Wieners'ın şu sözünü alıntılayarak cevaplar:

"Normalde, yapmasını tamamen bildiğiniz ama dışarı yaptırmak istediğiniz bir şeyi götürürsünüz. Ancak görünen o ki sağlam bir yetenek havuzu keşfettik burada."

Querétaro'nun başarısı büyük oranda Bombardier'in uzmanlık bilgisini Kanada'dan Meksika'ya taşımasıyla alakalıdır. Bu kolay bir iş değildi. Gallant'ın dediği gibi, "Bombardier, uzmanlık bilgisini Fransızca-konuşan uzmanlardan İspanyolca-konuşan amatörlere nasıl aktaracağı ikilemiyle karşı karşıya kalmıştı." Bu zorluğu aşmak için şirket, Meksikalı operatörlerin tek kelime Fransızca bilmeden anlayabileceği bir resimli diyagram sistemi tasarlamıştı.

Querétaro'nun "İspanyolca konuşan amatörleri"ne yarayan bu mucize, Quebec'in "Fransızca konuşan uzmanları"nda daha az coşku yaşattı. Artık Bombardier, saatte 35$ kazanan Kanadalı mühendisler yerine, günde 60$ kazanan Meksikalı imalat mühendisleriyle uçak kuyruğu üretiyordu.

Bireysel düzeyde yaşanan bu değişim, Yeni Küreselleşme etkisinin sadece küçük bir kısmıdır. Dünya açısından bakarsak, değişimin devrimsel nitelikte olduğunu söylesek abartmış olmayız. Ulus bazında gelirlerin yaşadığı evrime bakınca durum daha net anlaşılabilir (Bkz: Şekil 23).

Bu bölümde ilk olarak Üçüncü Evre'den (Eski Küreselleşme veya küreselleşmede ilk çözülme) Dördüncü Evre'ye geçişi sağlamış bilgi ve iletişim teknolojileri (BİT) devrimi mercek altına alınmıştır. Ayrıca bu bölüm BİT gibi, karmaşık faaliyetlerin uluslararası yönetim maliyetini düşüren hava kargosunun gelişimiyle ilgili olgulara değinmektedir.

Bu bölüm daha sonra Yeni Küreselleşme'nin etkisinin Eski Küreselleşme'ninkinden ne bakımdan farklı olduğunu belgelemeye girişir. Dördüncü Evre, tarihi anlatımdan ziyade ekonomik faaliyet, ticaret ve yoksulluk gibi konular üzerine kurgulanmıştır.

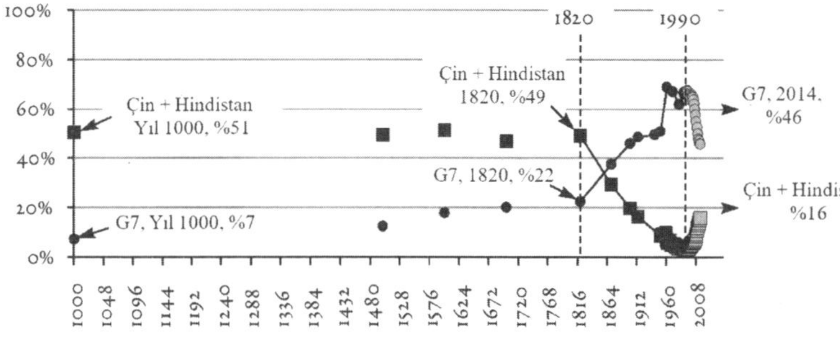

ŞEKİL 23: Evre geçişleri: Dünya GSYH payları, 1000 – 2014 yılları.

Endüstri Devrimi'nden önce, insanlığın çok küçük bir kesimi geçim seviyesi üzerindeydi, yani ülke GSYH'leri ve nüfusları birbirine yakın çizgideydi. Hindistan ve Çin, Üçüncü Evre'nin başladığı on dokuzuncu yüzyıl başlarına kadar üstünlük sağlamış, takip eden 170 yıl boyunca ise Şekil 23'te gösterilen ani düşüşe tanık olmuştu.

1990'larda Yeni Küreselleşme'nin başlamasıyla bu düşüş tırmanışa dönmüştür. O yıldan beri, iki Asya devinin dünya GSYH'sindeki oranı—geçmiş yüzyıllardaki düşüş oranından çok daha fazla olan— bir ani yükseliş yaşamıştır. Bugünkü payları tarihteki gibi %50 olmasa da, hâlâ yükselmektedir. Büyük Yakınsama işte budur.

VERİ KAYNAKLARI: World Bank DataBank (GDP in U.S. dollars) ve Maddison database (2009 version), yazarın tahminlerine göre, 1960 öncesi.

Dönüm Noktası: BİT Devrimi

Devrim, çoğu yerde abartılı kullanılan bir kelime. Ancak BİT'de yaşanan şey devrim tabirini hak ediyor. Tabiidir ki elli yaş üzeri okurlara bilgi ve iletişim teknolojilerinin nasıl devrim yarattığını hatırlatmaya gerek yok. Ne de olsa konferans davetiyelerinin uçak postasıyla gönderildiği, uluslararası konuşmanın dakikada beş dolar yazdığı ve gece kuryesine tek bir evrak vermenin elli dolar ve hatta üzerinde tuttuğu bir dünyada büyüdüler. Faks daha hızlıydı ama kalite bakımından berbattı.

Daha genç okurlar bile gelecekte, kökten değişimleri bizzat yaşamış olacaklar. Hızlı haberleşmeye ve grup iletişimine daha uygun olan Facebook (2004'ten beri), Twitter (2006'dan beri) ve Snapchat (2011'den beri) gibi uygulamaların yanında, e-posta, sadece belli durumlarda iş gören kullanışsız, demode bir teknoloji onlara göre.

İstatistik verilere bakarak da devrimi görebiliriz. 1986 ve 2007 arasında dünya bilgi depolama kapasitesi her yıl %23, telekomünikasyon gücü %28 ve bilgisayım gücü %58 oranında artmıştır. Bu büyüme oranlarının dönüşümsel olabilmesi için on yıl bile yeterlidir. Mesela tüm 1986 yılı boyunca telekomünikasyon aracılığıyla iletilmiş toplam veri miktarı, 1996'da sadece saniyenin binde ikisi içinde iletilebilmekteydi. 2006 - 2007 yılı arası gerçekleşen bilgi hacmi ise bir önceki on yılda iletilmiş bilginin toplamından oldukça yüksekti (kesin olmak gerekirse, bu artış toplamın $1.06x10^{36}$ katı olarak gerçekleşmişti).

Bilgisayım gücünde artan büyüme oranı daha da olağanüstüdür. Yaklaşık 50 yıllık bu büyümeyi Excel'e dökmeye çalışsanız yapamazdınız. Excel, bilimsel formüllerle bile bu derece büyük rakamların içinden çıkamaz. Bilginin toplanması, işlenmesi ve iletilmesi becerisindeki değişimlerin büyüklüğünü tarif edecek kelime bulmakta zorlanıyor insan, belki de tek söylenebilecek bunun ne kadar *dönüşümsel, devrimsel ve yıkıcı* olduğu.

BİT Devrimine Zemin Hazırlamış Kanunlar

BİT devrimi, birbiriyle ilgili üç hattan oluşmaktadır. Bilgiyi temsil eden "B", bilgisayım ve veri depolama maliyetleriyle ilgilidir. İletişimi temsil eden "İ", veri aktarımındaki gelişmelerle ilgilidir. "T", teknolojinin "T'sidir, yerine aslında yeniden yapılandırmanın "Y" sini kullanmak da mantıklı olurdu çünkü yeni çalışma yöntemleri ve işyerlerindeki yeniden yapılandırmalar "B" ve "İ"'nin ekonomiye etkisini büyük oranda artırmıştır.

BİT'in B'sini harekete geçiren, ismini fikir babası Gordon Moore'dan almış Moore Yasası'dır. Bu yasa, bilgisayım gücünün katlanarak büyüdüğünü ileri sürer—örneğin bilgisayar yonga performansı her 18 ayda bir ikiye katlanacaktır. "T" kısmında harekete geçirici güç iki yasayla tanımlanır: Gilder Yasası ve Metcalfe Yasası. George Gilder, bant genişliğinin bilgisayar gücüne (altı ayda bir ikiye katlanarak) oranla üç kat hızlı arttığını gözlemlemiştir. Böylece veri iletimindeki gelişmeler bilgisayım ve depolama kısıtlarını rahatlatmıştır. Verinin iletimi, işlenmesi ve depolanmasına dair gelişmeler, birbirlerinin gücünü artırır. "Bulut" denen olgunun ve çeşitli kullanımlarının ekonomik temeli budur.

Rober Metcalfe, bir ağın kullanışlılığının oradaki kullanıcı sayısı yoğunluğuna göre arttığını öne sürer. Diyelim 100.000 kullanıcısı olan bir ağa bir kullanıcı daha eklenince, bu fazladan 100.000 daha muhtemel bağlantı yaratmış olur. 200.000 kullanıcı varsa, bir kullanıcı daha eklenmesi 200.000 yeni bağlantı yaratır. Başka bir deyişle, artış düz şekilde değil katmerlenerek olmaktadır. Her bir artmayla artış oranı daha da artmakta, büyüme büyümeyi beslemektedir.

Uzak mesafe bilgi paylaşımı, bilgisayım gücü ve telekomünikasyondaki bu gelişmeler, İnternet'in —önce e-posta, ardından da web-temelli platformların— yükselişiyle tamamlandıkça devrim yaratmıştı. Ama iş bu kadarla kalmadı.

Audre Lorde'den meâlen alıntılarsak, devrim asla oldu bitti bir şey değildir. Fikirlerin neredeyse yok maliyetine dünyanın herhangi bir yerine kablolar aracılığıyla gönderilebilmesi çalışma düzeninde, idari uygulamada ve şirketler ile tedarikçi-müşteriler arası ilişkilerde yeniden-yapılanmaların önünü açtı. Çalışma yöntemleri ve üretim dizaynları, üretimi daha modüler ve böylece uzaktan koordine edilmesi kolay hâle getirdi. Telekom ve Internet devrimleri, bilgi yönetime ilişkin yenilikleri tetikledi ve karmaşık faaliyetlerin uzaktan koordinasyonunu daha kolay, ucuz, hızlı ve güvenli hâle getirdi. E-posta, değiştirilebilen dosyalar (*.xls, *.doc vb.) ve web-tabanlı koordinasyon yazılımları, çok yönlü prosedürlerin uzak mesafelerden yönetilebilmesinde devrim yarattı.

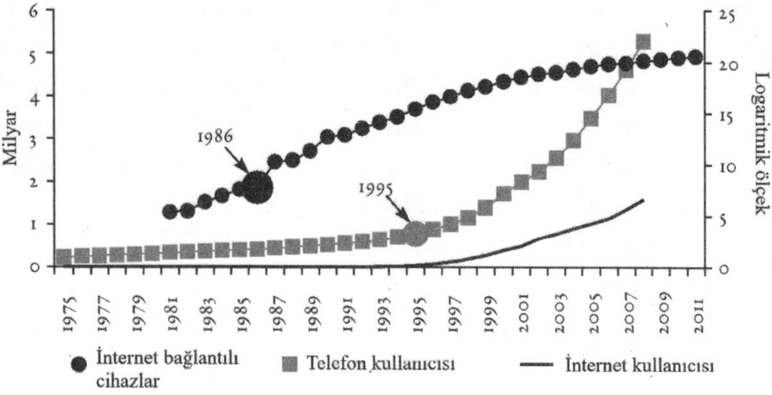

ŞEKİL 24: İnternet cihazlarında ve telefon hatlarındaki artış, 1975 – 2011.

Tüm olayı sayısallaştırma üzerine kurulu bilgi ve iletişim teknolojilerine hakkında, Yeni Küreselleşme'nin başladığı 1990 yılı öncesine uzanan bir istatistiki veri bulmak şaşırtıcı şekilde zor. Mesela, Daniel Cohen, Pietro Garibaldi ve Stefano Scarpetta tarafından yazılmış *BİT Devrimi* adlı kitapta, o kadar geriye giden sistematik bir veri mevcut değil.

Ama İnternete bağlı cihazlar, İnternet ve telefon kullanıcılarına dair istatistikler mevcut. Bu istatistikler, bir devrimden çok, hızlı bir evrim gibi görünse de, BİT Devrimi'nin 1985 – 1995 arası bir tarihte başladığına dair sağlam kanıt teşkil etmektedir.

VERİ KAYNAĞI: International Telecommunication Union (ITU) ve World Bank verileri; Daniel Cohen, Pietro Garibaldi ve Stefano Scarpetta, *The ICT Revolution (Oxford: Oxford University Press, 2004).*

Hava Kargo

Hava kargo taşımacılığı ilk olarak, 2. Dünya Savaşı ertesi oluşan uçak fazlası sayesinde ticari açıdan uygun hâle gelmişti ancak 1980 ortalarında Federal Express, DHL ve UPS'in yükselişine kadar yaygınlaşmamıştı. Malum olduğu üzere güvenilir hava kargo hizmetlerinin güvenilir olması demek, küresel değer zincirlerinin yükselişi demektir. Hava kargo sayesinde üreticiler, ara malların, tıpkı yurt içi fabrikalar arası uçuşlarda olduğu gibi, uluslararası uçuşlarda da güvenle sevk edilebildiğinden emin oldular. Ekonomist David Hummels ve Georg Schaur'un 2012 tarihli makalesinde ("Time as a Trade Barrier - Bir Ticaret Bariyeri olarak Zaman") ifade ettikleri gibi, Birleşik Devletler'e ithal edilen parça ve aksamların %40'ı hava yoluyla taşınmaktadır.[2]

Burada asıl mevzu maliyet değildir. Hava yolu gönderilerinin gittikçe ucuzlaşmasına rağmen hava kargo bugün bile deniz taşımacılığına göre katbekat pahalıdır. Buradaki kritik nokta hava yoluyla mal göndermenin hızlı olmasıdır. Örneğin, bir Avrupa yük gemisi ortalama yirmi günde ABD limanına ve bir ayda Japonya'ya ulaşırken hava yoluyla bir günde hatta daha az sürede ulaşmaktadır.

Hız, aynı zamanda kesinlik demektir ve önemlidir. Bir uluslararası üretim ağında işler ters giderse, hava kargo ile sorun birkaç günde hatta birkaç saatte çözülür, ancak deniz veya kara yoluyla çözülmesi haftalar sürer.

Bu temel gerçekleri, BİT devrimi zamanlamasını ve hava kargo yeniliğini de anlattığımıza göre, değişimlerin yarattığı etkilere dönebiliriz.

Dördüncü Evre: Küreselleşmede İkinci Çözülme

Çok sayıda ekonomi istatistiğinde küreselleşmenin değişmiş doğasına dair kanıt bulunabilir. Küreselleşmeye üç-katmanlı-kısıt görüşüne göre, büyük değişimleri aslen başlatan, üretimin Kuzey'den Güney'e kaymasıdır.. Yeni Küreselleşme'nin, üretim faaliyetlerinin döndüğü yerde yarattığı şaşırtıcı etki, bu nedenle inceleyeceğimiz ilk olgular arasındadır.

Üretime Etkisi

Yeni Küreselleşme, üretim söz konusu olduğunda talihin aniden tersine dönmesi olayıdır. Eski Küreselleşme Kuzey'i endüstrileştirip Güney'i endüstrisizleştirmişti. Yeni Küreselleşme ise bu durumu ters yüz etti. Yirmi yıl önce "endüstrileşmiş ülkeler" denen bir grup ülkeden oluşan Kuzey'de, imalat sektöründeki iş sayısında ve katma değer oranlarında hızlı düşüşler yaşandı. Eş zamanlı olarak (Çin, Kore, Hindistan, Endonezya, Tayland ve Polonya) olarak geçen altı gelişmekte olan ülkede —Sanayileşen Altılı üretim hasılası tırmanışa geçti.

Bilindiği üzere bazı gelişmekte olan ülkeler 1990 yılından önce atağa geçmişti. 1970'lerde "yeni sanayileşen" ekonomiler olarak bilinen Hong Kong, Tayvan, Singapur ve Kore, 1970'den 1990'a kadar olan süreçte hızla sanayileşti. Bunun daha devamı gelecekti. G7 üretim paylarında yaşanan hafif düşüş, 1990'lardan sonra hızlanmaya başladı. 1990 ve 2010 yılları arası G7 payı üçte ikiden yüzde ellinin altına düşmüştü. (Bkz: Giriş kısmı Şekil 2).

Şekil 25'te G7'nin dünya üretimindeki ulusal bazda paylarına yer verilmiştir. G7'nin tümünün birden aksi yöne eğilimi çok keskin olurken, G7'nin en büyük üç üreticisinin payları (üst grafik) birbirinden değişik seyretti. İki "mucize on yıl" boyunca Japonya'nın sanayi hasılası hızla arttı, böylece toplam gelir büyümesinde muazzam bir yükselişe yol açtı. Bu hızlı yükseliş ABD ve Japonya arasında çatışma yarattı çünkü Japon otomobilleri, elektroniği ve makineleri, Amerika'nın savaş sonrası hâkimiyetini tehdit ediyordu, 1990'lara kadar Japonya'nın yükselen payı, ABD'nin düşen payının bir yansıması oldu. İkinci çözülme ile durum değişti. 1990'dan itibaren Japonya G7'nin genel düşüş trendine ayak uydurdu.

İlginçtir ki ABD sanayi hasılası, Dördüncü Evre'nin ilk on yılında pozitif büyüdü—belki de Meksika ve Kanada'dan temin yoluna gittiği için uluslararası rekabet kazanmıştı. Sebebi ne olursa olsun bu kısa süreli büyüme yok oldu; ABD sanayi hasılası 2000 yılı başlarında G7'nin düşüş trendine katıldı. Almanya'nın payı ise dört on yıllık süreç boyunca sürekli düştü.

Kalan dört küçük G7 ülkesinde yaşanan endüstrisizleşme Şekil 25 alt grafikte gösterilmiştir (ölçekler arası farka dikkat ediniz). İtalya payındaki genel düşüş 1990 başlarında ve 2000 yılında hızlandı. Birleşik Krallık ise bunun aksine, 1980'lere kadar büyük artışlara tanık olmuştu ancak 1990'dan sonra o da düşüşe uydu, belli ki negatif büyüme kendini göstermişti. Kanada ve Fransa'daki sabit düşüş eğilimi de 2000 yılı ile hız kazandı.

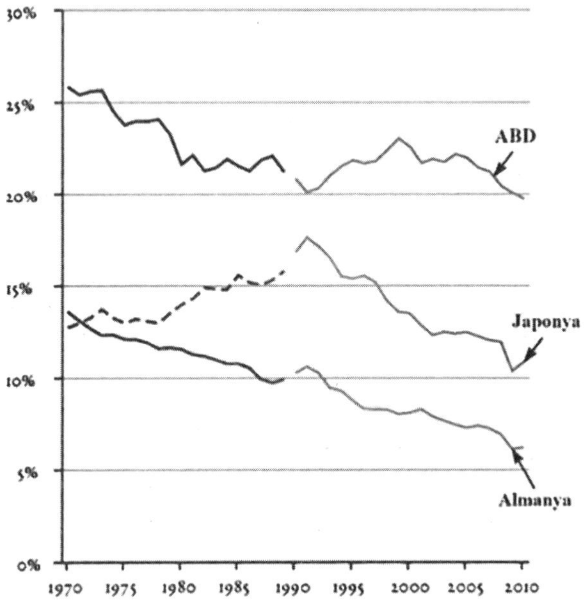
30%
25%
20%
15%
10%
5%
0%
1970
1975
1980
1985
1990
1995
2000
2005
2010
ABD
Japonya
Almanya

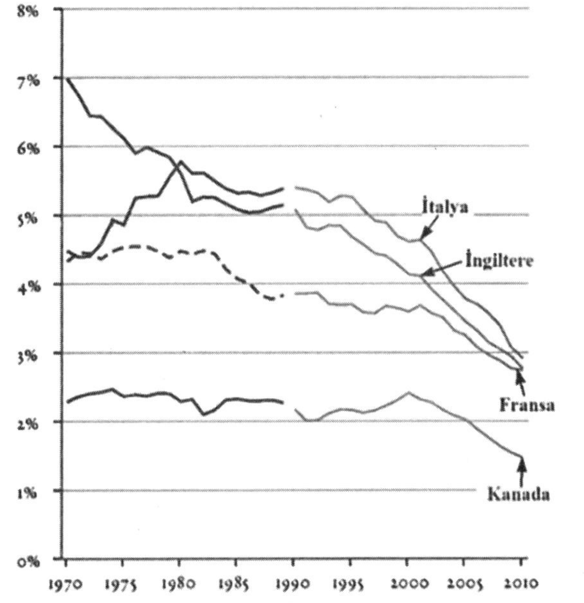
8%
7%
6%
5%
4%
3%
2%
1%
0%
1970
1975
1980
1985
1990
1995
2000
2005
2010
İtalya
İngiltere
Fransa
Kanada

ŞEKİL 25: Üretimde yer değişimi: G7'nin dünya üretiminde payı, 1970 - 2020.

G7'nin üç büyük üretim ülkesi birbirinden farklı deneyimler yaşadı. Japonya'nın dünya üretim hasılasındaki payı 1990'a kadar artmış, sonra devamlı bir düşüşe girmişti. Japonya'nın yükselişi hemen hemen ABD'nin kaybına denk geliyordu; ABD birkaç yıl süren bir iyileşme döneminden sonra 2000'den itibaren düşüş trendine uymuştu. Bunun aksine Almanya ise mevcut verinin başladığı 1970 yılından bu yana devamlı pay kaybı yaşamaktaydı.

Diğer G7 ülkelerinin tümü, şu anda sürekli ve süratli bir düşüş yolunda ve çoğu 1990 veya 2000'den bu yana daha keskin bir düşüş süreci yaşıyor.

VERİ KAYNAĞI: UNSTAT.org verileri.

Şekil 26'ya bakınca S6 ülkeleri arası pay artışlarının eşit gerçekleşmediğini görebiliriz. Belli ki aslan payını Çin almıştı (üst grafikte farklı ölçekte gösterilmiştir). Bu duruma hayret verici demek abartı olmaz. 1970'lerde rekabet gücü tamamen sıfır olan Çin imalat sektörü, 2010 yılında dünyanın en büyük ikinci üretici olarak karşımıza çıktı.

Diğer S6 ülkeleri arasında büyüme deneyimi farklı seyretti. Kimisi Kore gibi, en başından beri bir yükseliş trendi tutturmuştu (Kore, yeni sanayileşen ülkeler olarak bilinen grup arasındaydı). Endonezya ve Tayland gibi diğerleri içinse yükseliş 1980'lerde başlamıştı. Polonya hızlı büyüme trendine ancak 1989'da Berlin Duvarı yıkılışı sonrasında katıldı. Kore'den çok daha önce atağa kalkmış Hindistan'da ise istikrarla devam eden büyüme, 1990'dan sonra hafif ivme kazandı.

Tabii olarak S6'nın hızlı endüstrileşmesi büyümelerini kamçıladı. Dünya nüfusunun yarısından fazlası bu ülkelerde yaşadığı için, bu büyüme patlaması dalga etkileri yarattı. Bir etkisi de dünya GSYH paylarındaki çarpıcı kayma oldu.

Ekonomik Faaliyetlere Etkisi: GSYH Pay Kayması

Şekil 23'teki "çarpıcı pay kayması" grafiğinde, Yediler Grubu'nun dünya GSYH payının 1990'da üçte ikiden günümüzde ikide birin altına nasıl düştüğü gösterilmiştir. Paylar toplamı yüz olduğuna göre, G7 pay kaybının başkalarına artış olarak yansıması gerekir. Peki bu payları kim almıştı?

Cevabı şu ki G7'nin pay kaybı çok az ülkeye gitmişti (Şekil 27 üst grafik). 1990 ve 2010 arasında, sadece on bir ülkenin küresel paylarında yaklaşık 3,5 katlık bir artış olmuştu. Bu Yükselen On Bir'in toplamı—Çin, Hindistan, Brezilya, Endonezya, Nijerya, Kore, Avustralya, Meksika, Venezuela, Polonya ve Türkiye— G7'nin %17'lik kaybının %14'ünü almıştı. Kalan %3'ü ise, dünyanın geri kalanı, yani yaklaşık 200 ülke aralarında paylaşmıştı.

Yükselen On Bir arasında bile artış payları eşit dağılmadı. Zaten Çin tek başına %7'lik oranı kendine eklemişti (Şekil 27 alt grafik). Çin'e en yakın Hindistan ve Brezilya da eklenince, bu üç ülkenin dünya GSYH'sinde toplam kazanımı %10'u bulmuştu.

Üretimde Kazananlar ve GSYH'de Kazananlar

Sanayileşen Altılı ve Yükselen On Bir grupları arasında yer yer örtüşmeler var. Aslında, Tayland dışında hızlı sanayileşenlerin hepsi Y11 yükselenleri arasındadır. Hızlı endüstrileşme ve hızlı büyüme arasında süregelen bir bağlantı olduğu düşünülünce bu örtüşme şaşırtıcı değildir. Fakat Y11'in diğer üyeleri nasıl dünya ortalamasından daha hızlı büyüyebildiler? Diğer Y11 üyelerinin çoğu için—Brezilya, Endonezya, Nijerya, Avustralya, Meksika, Venezuela ve Türkiye— "emtia" kelimesi akla gelen ilk bariz açıklamadır.

Ekonomik İşbirliği ve Kalkınma Örgütü'nün (OECD), durumun anlaşılabilmesi için oluşturmuş olduğu güzel bir veri seti var. Şekil 28'de bu veri gösterilmektedir ama yorumlayabilmek için biraz arka plan bilgisi gerekiyor. Grafikteki rakamlar, ülkelerin ihracat büyümelerini şu üç ana sektör üzerinden göstermektedir: Birincil, imalat ve hizmet sektörleri. Çin'deki ihracat büyümesi %90 oranında imalat sektörüne bağlı gelişmiştir (üst grafik üst çizgi). Fakat bu %90 oranı, klasik ihracat tanımı—yani ülkeden çıktığı anki ürün değeri— dışındadır. Yüzde 90 oranı daha çok, "katma değer ihracat" denen bileşimi yansıtmaktadır.

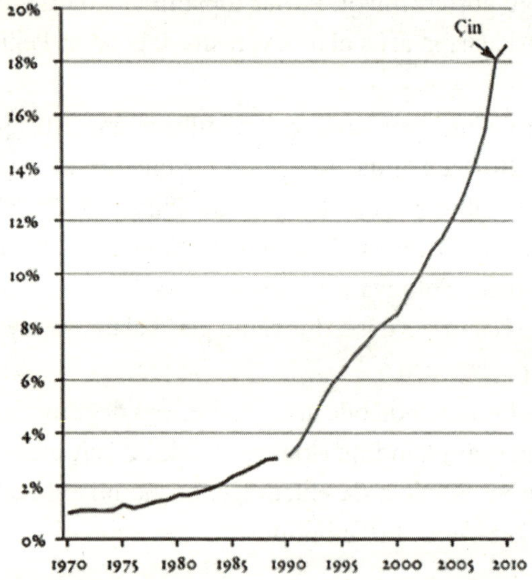

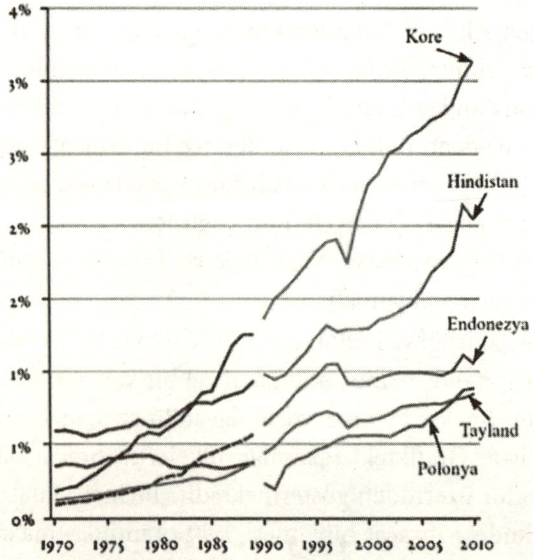

ŞEKİL 26: Sanayileşen Altılı'nın dünya üretiminde payları, 1970 – 2010.

Yabancı şirketlerin, fabrikalarını, işlerini ve üst-sınıf üretim gerektiren her şeyi Çin'e getirmeleri sayesinde 1990'da Çin, fantastik ve çığır açan endüstrileşmesine başladı. Sadece yirmi yıl sonra dünya üretim toplamının altıda birlik 'dilim'i Çin'in dışından Çin'e taşınmış oldu, hem de dünya üretim miktarının toplamda büyümekte olmasına rağmen.

Diğer S6 ülkeleri arası yaşanan deneyimler birbirinden farklı. Polonya'nın payı istikrarlı yükselirken, Tayland ve Endonezya'nın pay artış hızında bir yavaşlama gözlemlendi.

VERİ KAYNAĞI: UNSTAT.org verileri.

Standart ihracat istatistikleri ile katma değer ihracat rakamları arasında ne fark var? OECD, katma-değer ihracat istatistiği elde etmek için ihraç üründe kullanılmış ithal ara malların değerini hesaptan çıkarmaktadır. Yani bu gibi ihracatlar kaba tabirle "brüt" ihracat, katma-değer ihracatlar ise "net" ihracat olarak değerlendirilebilir.

Katma-değer istatistiklerinin iyi tarafı, ihraç ürünün —hem sektör hem ülke bazında— nerede yapıldığına dair net fikir vermesidir. Küresel değer zincirlerinin önemli olduğu Çin gibi ülkelerde, brüt ve net ihracat rakamları arasında önemli farklar olabilir. iPhone örneğinde bu durum çok net anlaşılabilmektedir.

Standart ihracat bakış açısına göre 2009'da Çin, ABD'ye 2 milyar $ değerinde iPhone ihraç etti, ama bu 2 milyar $ değerin büyük kısmı, Çin haricinde katılan değere tekabül etmektedir. Çin'in, iPhone üretmek için ithal ettiği ürünün ve hizmetin toplam değerini hesaptan çıkarırsak, Çin'in iPhone üretimindeki katma-değer ihracatının 0,2 milyar $ olduğu anlaşılır.[3] Bu durumda söz konusu 2 milyar $ brüt ihracat olup; bunun 0,2 milyarı ise katma-değer ihracattır.

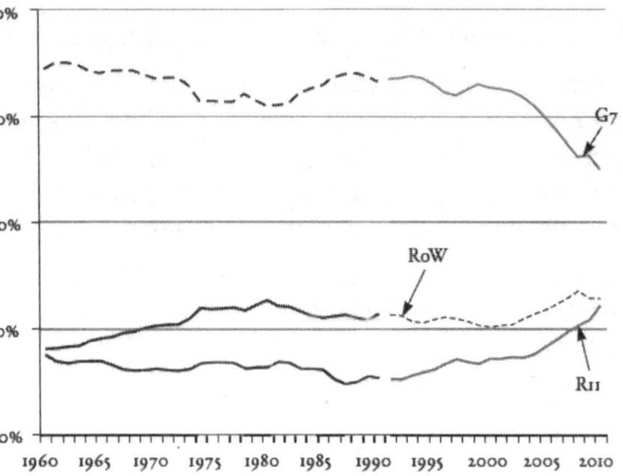

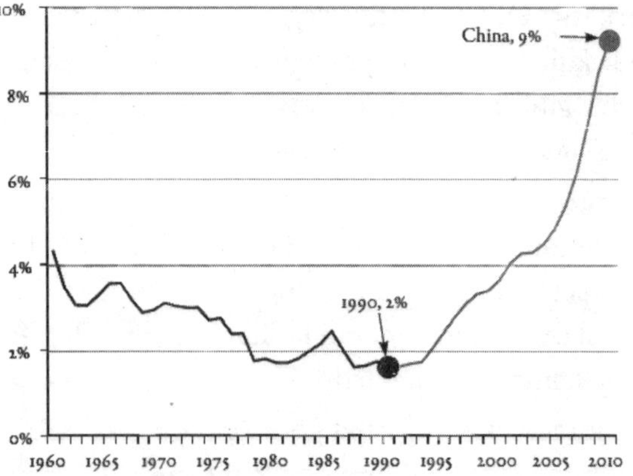

ŞEKİL 27: G7, Y11 ve Çin: Küresel GSMH pay dağılımı, 1960 – 2010.

Dördüncü Evre'deki Küreselleşme etkisi özel olarak coğrafikti. G7 paylarındaki kayıp, yalnızca 1990 – 2010 arasında küresel GSMH yüzdesinin 0.3'ünü kazanan ülkeler olarak tanımlanan 11 yükselen ekonomi (Y11) tarafından paylaşılmıştı. Y11, Çin, Hindistan, Brezilya, Endonezya, Nijerya, Kore, Avustralya, Meksika, Venezuela, Polonya ve Türkiye idi. Geri kalan ülkelerin payında 1990'dan bu yana bir hareket olmamıştır.

Aşağıdaki tablonun ortaya koyduğu gibi, Çin 1990'lara doğru kayba uğradı fakat 1990 sonrasında hızla kaybını telafi etmeye başladı. Aslında toplam Y11 kazanımlarının yarısına yakını, sırf Çin'in kazançlarından dolayıdır.

VERİ KAYNAĞI: World Bank DataBank (ABD doları bazında GSMH) yazarın hesaplamalarına göre. Paylar bireysel refahtan ziyade ekonomilerin büyüklüğünü ölçtüğü için, grafikler ticarete konu olmayan malların yerel fiyatı için düzeltilmemiş rakamlar kullanır.

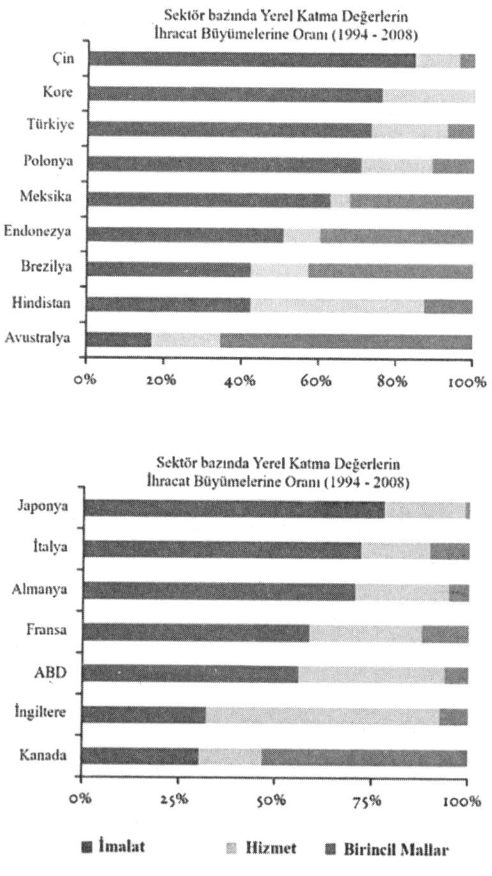

ŞEKİL 28: Yükselen Piyasalar bunu nasıl başardı? Üreticiler ve emtia ihracatçıları karşılaştırması

Hızla büyüyen 'gelişmekte olan ülkeler'(Yükselen On Bir, veya Y11) farklı farklı yollardan büyüme sağladılar. Bir grup üretimi sayesinde, diğeri emtiaya bel bağlayarak ve bir tek Hindistan hizmet sektörü ile ihracatta başarı yakaladı. Grafikte bu durum gösterilmektedir (katma-değer ihracatın tanımı ve standart ihracattan farkını anlamak için metne bakınız).

Şekildeki gibi Çin, Kore, Türkiye, Polonya, Meksika ve Endonezya'da, yarısından fazlası katma değerli olan ihracatın büyümesinde başrolü imalat sektörü oynadı. Malum olduğu üzere bu grubun arasında en yüksek pay, %85 ile Çin'indi. Bu ülkelerde ihracat patlamasının anahtarı hızlı endüstrileşmeydi ki bu da büyük çapta küreselleşmenin ikinci çözülmesiyle ilişkiliydi.

Hızlı-büyüme grubundaki diğer ülkelerde emtia ihracatı katkısı daha belirgindi. Katma-değer ihracatının yüzde 65'i birincil mal sektöründen oluşan Avustralya ise fark yaratan ülke oldu. Bu başarının bazısı "sert" emtia (demir cevheri gibi) ihracatına, bazısı ise "yumuşak" emtia (şarap, tahıl, et vb.) ihracatına bağlıydı. Brezilya'nın başarısında baş rolü oynayan, tıpkı (büyük petrol ihracatçısı) Endonezya'da olduğu gibi, emtia ve imalattı.

Hindistan bir istisnaydı çünkü imalat ve birincil ürün sektöründen çok hizmet sektörüne bağlı bir ihracat patlaması yaşamıştı.

NOT: 1995 ve 2008 arası dönemi, mevcut en erken veri 1995'te olduğu için seçilmiştir ve 2008 yılı, Küresel Kriz'in ticaret verilerini saptırmaya başlamasından önceki son yıldır.

VERİ KAYNAĞI: OECD online veri tabanı, "Trade in Value Added" (kısaca TiVA), www.oecd.org.

Şekil 28'e göre Y11 üç ana kategoriye ayrılabilir. Şekil 28'deki üst beş çizgi, Y11 arasından 5 ülkenin (Çin, Kore, Polonya, Türkiye, Meksika) dinamik imalat sektörleri sayesinde "başarıya ulaştığının" göstergesidir. İkinci kategoride, birincil mal ihracatı aracılığıyla büyüyen ülkeler gösterilmiştir. Belli ki bu kategoride sadece katma-değer ihracatının %60'ı birincil mal sektöründen oluşan Avustralya vardır. (TiVA verisi mevcut olmayan) Venezuela ve Nijerya'nın da bu kulüpte yer alıyor olması muhtemeldir.

Son kategoride Hindistan yer alır. İmalat sektörü, büyümesinin %40'ını oluştursa da Hindistan, katma değer ihracatındaki büyümesini büyük ölçüde hizmet sektörüne borçludur. Bu da, ülkenin çağrı merkezleri gibi bilgi teknolojileri hizmetlerindeki malum becerisini yansıtmaktadır.

Brezilya ve Endonezya ise bu basit sınıflandırmaya meydan okumaktadır. Katma-değer ihracat büyümelerinin yüzde 40'ı birincil mal sektöründen ve yüzde 40 – 50'si imalat sektöründen oluşmaktadır.

Şekil 28 alt grafikte, karşılaştırma için G7 ülkelerinde de aynı sınıflandırma kullanılmıştır. Bu ülkelerin çoğunda (yetersiz) katma-değer ihracat, imalat sektörüne bağlı olarak büyüdü ancak İngiltere'de hizmet bir hayli baskın gelirken, Kanada'da birincil mal sektörü baskındı.

Ticarete Etkisi

G7'nin küresel gelirdeki payının tam çakıldığı esnada uluslararası Kuzey - Güney ticareti kökten değişti. Özellikle de teknoloji yönünden ileri ülkeler ve bazı gelişmekte olan ülkeler arası ticaretin doğası değişmişti. 2. Dünya Savaşı sonrası dünyaya egemen olmuş Kuzey - Kuzey ticaretini andırmaya başlamıştı.

Zengin ülkeler arasında ticaret uzun yıllar çoğunlukla ileri-geri alım satımdan—yani aynı tip ürünlerin ithalat ve ihracatından—ibaretti. Örneğin Almanya Fransa'ya makine aksamı ihraç ederken, Fransa da Almanya'ya makine aksamı ihraç etmiştir. İleri-geri ticaret bazı nihai ürünlerde de yaşanmıştı ama çoğunlukla ara malların ticareti ile ilişkilidir; hep de öyle olmuştur. Mesela Kanada ve Birleşik Devletler arası ticarette otomobil parçaları hep önemli yer tutmuştur. İleri-geri ticaret (teknik olarak endüstri içi ticaret olarak geçer) yapan ülke çiftleri Şekil 29'da gösterilmektedir.

Şekil 29'da önemli olan nokta, yaklaşık 1985'ten sonra üretim devleri ve çevresindeki gelişmekte olan ülkeler arası ileri-geri ticarette hızlı yükselişlerin yaşanmış olmasıdır. Asıl dikkati çeken ülkeler, 1990'da dünya üretiminin neredeyse yarısına tekabül eden üç üretim devi; yani Birleşik Devletler, Japonya ve Almanya'dır.

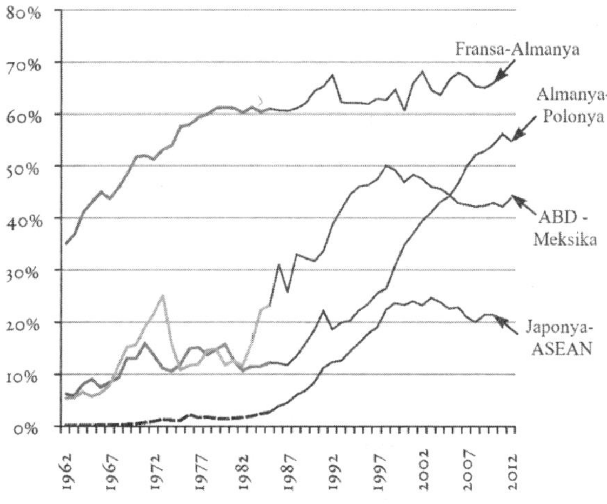

ŞEKİL 29: Kuzey-Güney ileri-geri ticaret, 1985 itibariyle yükselişe geçti.

Ülkelerin, ithal ettikleri aynı tip malı ihraç ediyor olması tuhaf gelebilir ancak zengin ülkeler arasında uzun yıllardır süren bir uygulamadır. Bu olgu, uluslararası sınırlar ötesine yayılmış fabrikaların göstergesi olarak düşünüldüğünde daha kolay kavranır. Mesela Airbus uçakları Fransa'da monte edilir ama parçaları çeşitli Avrupa ülkelerinde üretilir. Örneğin bazı parçalar Fransa'da üretilir, ileri işlem için Almanya'ya ihraç edilir, sonra tekrar Fransa'ya ihraç edilir ve nihai ürünün, mesela bir A320'nin son montajı yapılır.

1980 sonları ve 1990 başlarında ikinci çözülme devreye girene kadar bu iki yönlü ticaret zengin ülkeler arasında yaşandı. Grafikteki Fransa ve Almanya örneğinde, 1970'lerde Almanya-Fransa arası ticaretin yüzde 70'inin endüstri-içi yapıldığı görülmektedir. Fabrikalar, Yeni Küreselleşme (yani küreselleşmede üçüncü çözülme) sonucu Kuzey-Güney sınırlarını aşmaya başladığı sıralarda, bu Kuzey-Güney ticaret akışları Kuzey-Kuzey ticaret akışlarına benzemeye başlamıştı.

Bunu örneklendirmek için grafikte Almanya, ABD ve Japonya ile özellikle Polonya, Meksika ve Güney Doğu Asya Milletleri Birliği (ASEAN) gibi gelişmekte olan denizaşırı başlıca ortakları arasındaki ticarete yer verilmiştir. Ticaret akışlarında gözlenen ani değişmeler, Yeni Küreselleşme'nin ticaret düzenini nasıl değiştirdiğini göz önüne sermektedir. G7 Ülkeleri ve hızla endüstrileşen ülkeler arasında başka ikili ticaret akışları da benzer şekillerde yaşanmıştır fakat kafa karışıklığına mahal vermemek adına bu grafikte dâhil edilmemiştir.

NOT: İkili Endüstri-içi Ticaret göstergeleri, üç-haneli Uluslararası Standart Ticaret Sınıflandırma kümeleşme seviyelerinde tanımlanmıştır.

VERİ KAYNAĞI: UN Comtrade veritabanı, comtrade.un.org/db/.

Bu ileri-geri ticareti ölçmenin başka yolları da mevcuttur fakat varılacak sonuç yine aynıdır. Uzak geçmişe dair sağlıklı hesaplama yapılabilecek bir yöntem de Portekizli iki ekonomist, João Amador ve Sónia Cabral tarafından geliştirilmiştir.[4] Bu yönteme göre, Kuzey-Güney ticaret düzeninde olan küresel değişimin Afrika'da veya Latin Amerika'da (Meksika hariç)[5] yaşanmadığı sonucu çıkmaktadır. Kısacası, BİT sayesinde üretimde yaşanan devrimsel değişimler, büyük oranda Güney Amerika ve Afrika'yı tamamen es geçmişti.

Bunun yanında Amador-Cabral yöntemi, bu yeni Kuzey-Güney ticaretinin görece daha az sayıda sektörde yaşandığını göstermiştir. Özellikle elektrikli makine aksamları ve elektronik, 1990'larda yaşanan büyümede aslan payını almıştı. Buradan anlıyoruz ki bu denizaşırı eğilim, sadece bir avuç imalat sektörüyle sınırlı kalmıştı. Hizmet sektörlerine ilişkin veriler daha bulanıktır ama görünen o ki bu eğilim yine de oldukça sınırlı kalmış. 10. Bölüm'de, (sanal hazırbulunuşluk ve benzerleri gibi) fiziksel seyahatin yerini tutacak bir teknoloji yaratılması hâlinde, küresel değişimin başka sektörleri de etkileyerek geniş çapta yayılabileceği öne sürülmüştür.

Gelişmekte Olan Ülke Politikalarına Etkisi

"Devrim"in kanıtı, yol açtığı sonuçlardan fazlasıdır. Bunu ülkelerin politika belirleyen tutumlarında da tespit edebiliriz. Nitekim Dördüncü Evre başında olağandışı bir şey oldu. 1980'lerin ortalarıyla 1990'ların ortaları arasında, gelişmekte olan ülkelerin hükümetleri, onlarca yıllık serbest ticaret ve yatırım muhalefetlerini tersine çevirdiler. Ürün, hizmet ve yatırım akışı önünde uzun yıllar korudukları bariyerleri bir anda kaldırmaya başladılar. Özetle korumacılık, gelişmekte olan ülkeler nezdinde sanki yıkıcılık gibi algılanmaya başlamıştı. Bu, tuhaf bir durumdur.

Tarihe bakarsak, tüm endüstrileşme ve büyüme yükselişlerinin ardında hükümetler vardı—ilki hariç (Birleşik Krallık) hepsinde böyle olmuştu. Ekonomi tarihçisi Robert Allen'in *Global Economic History: A Very Short Introduction (Küresel Ekonomi Tarihi: Kısa bir Giriş)* adlı müthiş kitabında yazdığı gibi, diğer G7 ülkeleri Birleşik Krallığı yakalamak için şu dört standart politikayı kullanmıştı: 1) İç tarifeleri kaldırarak ve altyapı inşa ederek iç piyasada bütünlük sağlanması; 2) İngiliz sanayi ürünlerinin rekabet gücünü kırmak amacıyla dış tarife bariyerlerinin koyulması; 3) bankalara sanayi yatırımlarını finanse etme ve para değerini dengeleme ayrıcalığı tanınması ve 4) tarladan-fabrikaya geçiş sürecini kolaylaştırmak adına yaygın eğitimin tesis edilmesi.[6]

Bu endüstrileşme formülünün korumacı unsurunun aşırı-sol görüşle hiçbir alakası yoktu. Gelişmekte olan ülkenin korumacılığa başvurması o zamanlar için yaygın bir durumdu. Örneğin 1958'de önde gelen ticaret serbestisi savunucularından Gottfried Haberler'in kaleme aldığı "Haberler Raporunda", Gümrük Tarifeleri ve Ticaret Genel Anlaşması'nın (GATT) gelişmekte olan ülkelerin endüstrileşmeyi teşvik adına tarifelerini yüksek tutmalarına izin vermesi önerilmişti. Bu rapor, gelişmekte olan ülkelerin yüksek tarifelerini belirlemelerine ve korumalarına izin veren GATT boşluğuna (2. Bölüm'de incelenmiştir) ciddi bir entelektüel destek sağladı.

Tarihte görüldüğü gibi koloniciliğin Üçüncü Evre'de ortadan kalkmasıyla çoğu gelişmekte olan ülke bu dörtlü standart politikayı benimsedi. Ama Dördüncü Evre'de durum yine değişti; korumacılık yıkıcılığa dönüşmüştü.

Küresel değer zinciri devrimi hız kazanmaya başlayınca çoğu gelişmekte olan ülke, ticaret bariyerlerinin, deniz aşırı işlerden pay kapmalarına engel olduğunu fark etti. Bunun en belirgin işareti, 1990 yıllarında tam gaz başlayan tek-taraflı tarife indirimleriydi.

Şekil 30 üst grafikte bu durum bölge bazında gösterilmiştir. Bazı tarifelerin serbestleştirilmesinde, özellikle Afrika'da, Uluslararası Para Fonunun (IMF) koyduğu kıstaslar etkili olmuştu fakat dış baskıya maruz kalmayan ülkeler bile o dönem tarifelerini indirmekteydi. Alt grafik, Latin Amerika ülkelerindeki düşüşlerin daha bile sert olduğunu gösterir. Çoğu %10 aralığında kalırken, 1990'larda yaşanan düşüşler adeta olağandışıydı.

Bu kadar gelişmekte olan ülke neden bir anda serbestleştirme meraklısı oluvermişti? Niye hepsi birden aynı anda karar almışlardı? Üç-katmanlı-kısıtlar görüşüne göre bunun cevabı, Eski Küreselleşme'de tarifelerin endüstri-yanlısı iken Yeni Küreselleşme'de endüstri-karşıtı bir hâl almış olmasıydı.

Örnek verecek olursak, gelişmekte olan bir ülke uluslararası bir üretim ağına girdiğinde tipik olarak parça ithal eder ve bunu birtakım işlemlerden geçirdikten sonra yeniden ihraç eder. İthal parçaya ödenen tarifelerin tümü doğrudan ithalatı yapan ülkenin rekabet gücüne zarar verir. Böylece ithal parça ve bileşimlere koyulan tarifeler yüzünden gelişmekte olan ülkenin bir üretim ağına katılma ihtimali daha en başından azalmış olur. Zaten tarifelerin tüm mantığı endüstriden istihdam koparabilmek idi, yani üretimin Kuzey'den Güneye taşınması yaygınlaşınca, gelişmekte olan ülkelerin tarifeleri yüksek tutmasının bir işlevi kalmamıştı. Üretimin Kuzey'den Güney'e göçü çağında, durumun farkına varan gelişmekte olan ülkeler, endüstrileşme ortamında korumacılığın yıkıcılığa dönüşmüş olduğu sonucuna vardılar.

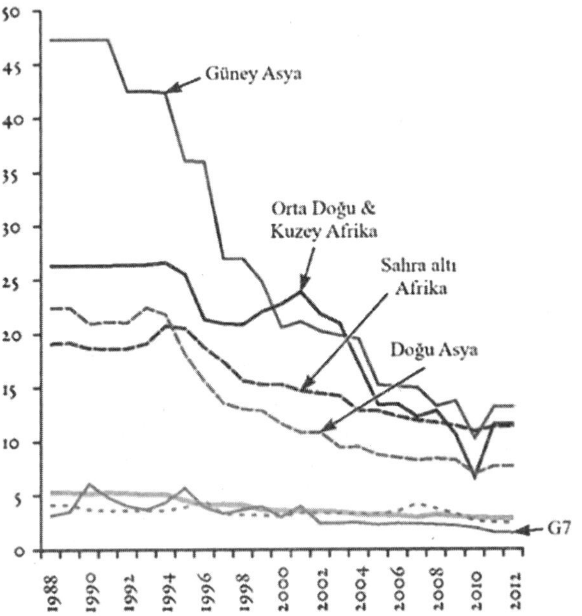

50
45
40
35
30
25
20
15
10
5
0
Güney Asya
Orta Doğu &
Kuzey Afrika
Sahra altı
Afrika
Doğu Asya
G7
1988
1990
1992
1994
1996
1998
2000
2002
2004
2006
2008
2010
2012

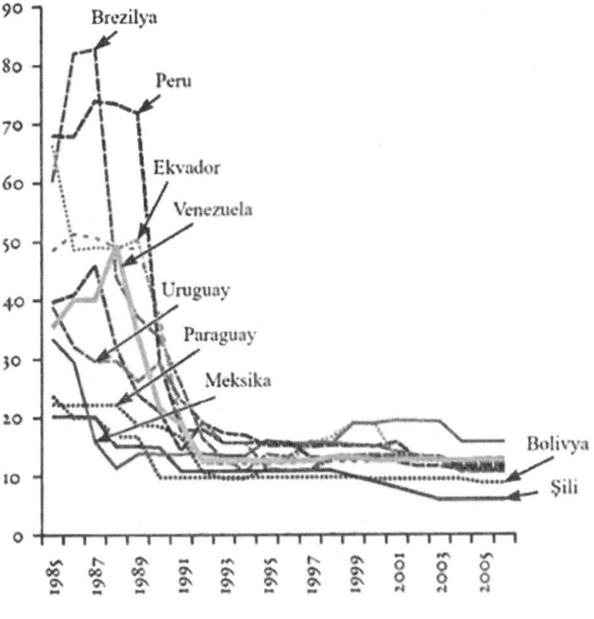

90
80
70
60
50
40
30
20
10
0
Brezilya
Peru
Ekvador
Venezuela
Uruguay
Paraguay
Meksika
Bolivya
Şili
1985
1987
1989
1991
1993
1995
1997
1999
2001
2003
2005

ŞEKİL 30: Gelişmekte olan ülkelerin 1985'ten sonraki tek taraflı tarife serbestleştirmeleri

1940 ve 1980 yılları arası yapılan GATT görüşmeleri, gelişmiş ülkelerin tarifelerini ortalama yüzde 5 veya altında indirmişti. Gelişmekte olan ülkeler ise bu çok taraflı tarife indirimlerine dâhil olmamış, bu yüzden tarifeleri 1980 ortalarına kadar yüksek kalmıştı. 2. Dünya Savaşı sonrası dönemde gelişmekte olan ülkelerde tarifeler, eski ismiyle "sanayileşmiş ülkelere" (üst grafikte G7 olarak gösterilmiştir) oranla beş-on kat yüksekti.

1990'dan itibaren tüm dünyadaki gelişmekte olan ülkeler tarifelerini indirmeye başladı. Bu, GATT veya DTÖ'nün bir zaferi ya da gelişmekte olan ülkeler arası bölgesel bir anlaşma sonucu olmuş bir şey değildi. Bu değişime ülkeler bilinçli olarak kendileri karar vermişlerdi; yani yüksek tarifelerin, gelişmelerine yardımcı olmaktan ziyade engel olduğu sonucuna varmışlardı.

Latin Amerika'da, özellikle Güney Amerika'daki 1980 sonu-1990 başı tarife indirimleri, tıpkı sert bir uçurumdan çağlayan nehir gibi sert oldu (alt grafik). Resmi tarifeler şu an yüzde 9-10 civarlarında ama bu ülkelerin çoğu sık ticaret yaptıkları ülkelerle (ikili ticarette tarifeleri sıfıra çeken) serbest ticaret anlaşmaları imzalamış olduğu için, bölgedeki ticaret genelde bu resmi oranlara tabi tutulmuyor.

NOT: Grafikte G7, ABD, Avrupa Birliği ve Japonya'nın tarife ortalamaları üzerinden temsil edilmiştir.

VERİ KAYNAKLARI: Üst grafikte Dünya Bankası verisi; alt grafikte ise Inter-American Development Bank (IDB) verisi kullanılmıştır.

Ancak ticarete açıklık politikasına doğru yapılan bu 180 derecelik dönüş, sadece ithalat tarifeleriyle sınırlı kalmamıştı.

Onlarca yıl boyunca, gelişmekte olan ülkeler ile doğrudan yabancı yatırımlar (DYY) arasında bir sevgi/nefret ilişkisi olmuştu. "Doğrudan yabancı" kısmını ekstra teknoloji getirdiği için "yatırım" kısmını ise sermaye hesaplarını artırdığı için seviyorlardı. Endişelendikleri nokta ise çok-uluslu şirketlerin ekonomileri üzerinde yarattığı baskıydı. Neredeyse tüm gelişmekte olan ülkeler, artıları ve eksilerini dengelemek adına DYY'leri düzenleyen kanunlar çıkarmıştı. Genelde bu kanunlar bariz şekilde DYY karşıtıydı. Örneğin Meksika, ABD şirketlerinin Meksika şirketlerini satın almasını veya Meksika'da şirket kurmalarını ve böylece yerel şirketlerle rekabet etmelerini engellemek amacıyla bir dizi kanun çıkarmıştı.

1980'lerin sonunda bu eğilim kökten değişti. Değişimin kanıtı Yatırımların Karşılıklı Teşviki ve Korunması (YKTK) olarak bilinen uluslararası anlaşmalardı. Bu anlaşmalar özünde, gelişmekte olan ev sahibi ülkelerde yatırım yapmak isteyen YKTK imzacısı zengin ülke şirketlerine yatırım imtiyazı verilmesidir. Bu anlaşmalarda, ev sahibi devlet ile yabancı özel yatırımcılar arası ilişkiler belli düzenlemelere tabidir. Genellikle bu anlaşmalarda yer alan hükümler, gelişmekte olan ülkenin egemenliğini sınırlar.

Örneğin çoğu YKTK, gelişmekte olan ülkenin sermaye akışlarını kontrol etme özgürlüğünü sınırlar ki yatırımcı şirket, ülke içine ve dışına özgürce para akışı yapabilsin. Bunun yanında yabancı yatırımcılara, anlaşmazlıkların çözümü için yerel mahkeme yerine uluslararası tahkim kuruluna başvurma hakkı tanınır. Bunlar Yatırımcı Devlet Anlaşmazlık Çözümü hükmü altında belirtilir ve Trans-Pasifik Ortaklık Anlaşması ve Trans-Atlantik Ticaret ve Yatırım Ortaklığı kapsamında Birleşik Devletler ve Avrupa'da son zamanlarda tartışmalara yol açmıştır. Esas tahkim kurulu, Washington D.C.'de yer alan Uluslararası Yatırım Anlaşmazlıklarının Çözüm Merkezi'dir.

Asıl dikkati çeken nokta, gelişmekte olan ülkelerin YKTK'ya karşı duruşlarını bir anda ve topyekûn değiştirmiş olmasıdır. 1985'den önce neredeyse hiçbiri, gelecek ekonomik kazancın kaybedecekleri egemenliğe göre hafif kaldığı inancındayken, sonrasında hemen hepsi bu fikrini değiştirmişti. Şekil 31'de görüldüğü gibi 1980 sonu ve 1990 başlarında imzalanan YKTK sayısında patlama yaşanmıştı.

YKTK anlaşması imzalayan ülke sayısı 1985'ten sonra hızla arttı. 1985'te seksen altı YKTK imzacısı ülke vardı; gelişmekte olan ülkeler de akıma ayak uydurunca 2000 yılında bu rakam ikiye katlandı. Bu ülkelerin çoğu, başlıca DYY akışı sağlayıcıları (büyük Avrupa ülkeleri, Birleşik Devletler ve Japonya) ile YKTK imzaladı, böylece yeni YKTK sayısı yeni imzacı sayısına göre çok daha fazla artmış oldu. Ekonomisi güçlü ülkelerle imzalanabilecek YKTK'ların çoğu zaten imzalanmış olduğu için yeni anlaşma sayısındaki artış durulmuştu.

1990 başlarından bu yana imzalanan ticaret anlaşmalarında yer alan hükümlere bakarak, uluslararası üretim ağlarına katılmak için egemenlikten taviz verildiğini görebiliriz.

1980 sonu ve 1990 başlarında, Kuzey-Güney arası ikili ticaret anlaşmalarının doğası değişmeye başladı. Bundan önce, gelişmekte olan ülkelerle imzalanan bu gibi anlaşmaların çoğu sadece tarife hususuna değindiklerinden "üstünkörü" idi. 1990'lardan sonra birçok gelişmekte olan ülke, teknolojisi gelişmiş ülkelerle—özellikle Birleşik Devletler, Avrupa Birliği ve Japonya ile— "derin" anlaşmalar imzaladı. Bu yeni model anlaşmalar kelime anlamıyla değil de, ulusal sınırlar içindeki hususlara değindiği için derindi; artık tarife indiriminin de ötesine geçilmişti.

YKTK'larda klâsik olduğu gibi, bu yeni hükümler de gelişmekte olan ülkelerde genellikle belli reformlarla sınırlı kalmış, gelişmiş ülkenin kanun ve usullerine etkisi çok az olmuştu. YKTK'lar gibi bu hükümler de özünde, gelişmekte olan ülkeleri gelişmiş-ülke şirketlerine daha cazip gösteren bir teminat idi.

Peki bu hükümler neleri içeriyordu? 2011'den bu yana Dünya Ticaret Örgütü (DTÖ) tüm hükümleri elli-ikiye sınıfa ayırarak BTA'ların (Bölgesel Ticaret Anlaşması) içeriğine dair veri elde etmiştir. Tablo 5'te uluslararası üretim ağıyla ilişkili olabilecek hükümlerden bazı örneklere yer verilmiştir.

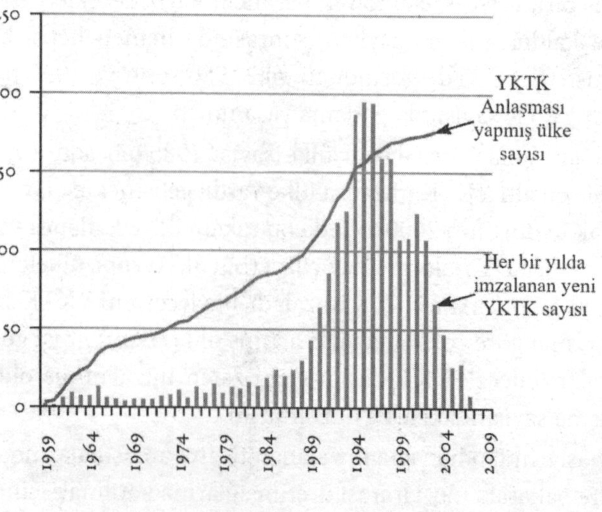

ŞEKİL 31: Yatırımların Karşılıklı Teşviki ve Korunması anlaşmalarında 1990'dan sonra yaşanan patlama.

Gelişmekte olan ülkelerin tarifelerini tek taraflı olarak indirmeye başladığı sıralarda, "yatırımların karşılıklı korunması ve teşviki" anlaşmaları da imzalanmaya başlanmıştı. Yabancı yatırımcıların mülkiyet haklarını koruyan bu anlaşmaların adil olmadığı düşünülebilir. Ama gelişmekte olan ülkeler nezdinde "win-win" olarak görülüyordu. Yatırım sağlanan ülkeler—çoğunlukla gelişmekte olan ülkeler— küreselleşmenin ikinci çözülmesi sonrası deniz aşırı götürülen iş ve fabrikaları kendine çekmek istiyordu. Deniz aşırı iş/fabrikaları götüren G7 şirketleri de yatırımlarının güvence altına alınmasını istiyordu ve bu güvenceyi sağlayan herkesle anlaşma yapmaya dünden razıydılar.

YKTK'lar 1950'lerden beri uygulanmaktaydı ama 1990'larda orman yangını gibi büyüdüler. Şu anda, küresel olarak neredeyse tüm büyük yatırımcı-yatırımcı bağlantılarını kapsayan bu türden 3.000'den fazla anlaşma bulunuyor. Prensipte YKTK anlaşmaları iki taraflı olur ancak doğrudan yabancı yatırımlar daha çok G7 ülkelerinden gelişmekte olan ülkelere (ve diğer G7 ülkelerine) yapıldığı için YKTK'lar, Güney'den-Kuzey'e veya Güney'den-Güney'e yatırımdan ziyade, Kuzey'den-Güney'e yatırımları teşvik ediyor.

Son zamanlarda Hint ve Çin şirketleri, yatırımlarını G7 ülkeleri ve bazı gelişmekte olan ülkelere doğru genişletmektedirler, buradan anlıyoruz ki, Hindistan ve Çin gibi YKTK imzalamakta direten hızla-sanayileşen bazı ülkeler YKTK'ların getirilerini artık anlamaya başladılar. İşin özü, "fabrika" ekonomisinden "genel merkez" ekonomisine doğru geçiş yapmaktalar.

KAYNAKLAR: International Centre for Settlement of Investment Disputes (ICSID) BIT(YKTK) verileri; grafikler, Baldwin ve Lopez-Gonzales, "Supply-Chain Trade: A Portrait of Global Patterns and Several Testable Hypothese" (2013), Figure 3'ten uyarlanmıştır.

Küresel değer zincirlerinin gelişmesinin temelini atan en önemli hükümler şunlardır; sermayenin serbest hareketi (yatırımın ülke içine ve dışına akışı), hizmetler (Telekom, sevkiyat, gümrük müsaadelerinde kullanılan son teknoloji "bağlı" hizmetlerin yerel olarak sağlanması) ve fikri mülkiyet haklarının korunması (G7 şirketlerinin istihdamla birlikte deniz aşırı götürdüğü uzmanlık birikim bilgisinin korunması).

Küreselleşmenin sadece ulusal ekonomiler üzerine etkisini tartışmış olsaydık, Yeni Küreselleşme'nin en olumlu etkilerinden birini —insanlığın en yoksulları üzerine etkisini— göz ardı etmiş olurduk.

TABLO 5

DTÖ Veri tabanından alınan derin BTA hükümleri örnekleri

Hüküm başlığı	Hükmün Tanımı
Gümrük	Bilgi sağlanması; yeni kanun ve düzenlemelerin internette yayınlanması; eğitim.
Devlet kontrolündeki şirketler	Bağımsız bir rekabet kurumunun kurulması veya idamesi; üretim ve pazarlama koşullarında ayrımcılık yapmama; bilgi sağlanması.
Devlet desteği	Rekabeti engelleyici davranışların tespiti; devlet desteği miktarı ve dağıtımına dair yıllık raporlama yapılması; talep üzerine bilgi sağlanması.
Kamu ihalesi	Hükümet alım ihalelerinin yabancı tekliflere kademeli olarak açılması, milli muamele ve/veya ayrımcılık yapmama prensibi; kanun ve düzenlemelerin internette yayınlanması.
Ticaretle Bağlantılı Yatırım Tedbirleri (TRIMs)	Yerel katkı ve doğrudan yabancı yatırımların ihracat performansına yönelik hükümler.
Hizmet Ticareti Genel Anlaşması (GATS)	Hizmet ticaretinin serbestleştirilmesi.
Ticaretle Bağlantılı Fikri Mülkiyet Hakları (TRIPs)	Standartların uyumlaştırılması; uygulama; milli muamele, fikri mülkiyet hakları gözetilerek en çok kayrılan ülke muamelesi
Rekabet politikası	Rekabet engelleyici davranışları yasaklayan tedbirlerin idamesi; rekabet politikalarının uyumlaştırılması; bağımsız bir rekabet kurumunun kurulması veya idamesi.
Uluslararası fikri mülkiyet hakları	DTÖ'ye göre daha güçlü fikri mülkiyet hakkı korunması sağlayan uluslararası anlaşmalara katılım.
Yatırım	Bilgi paylaşımı; yasal çerçeve geliştirilmesi; prosedürlerin uyumlaştırılması ve basitleştirilmesi; milli muamele; anlaşmazlık çözümü için mekanizma oluşturulması.
Sermaye hareketi	Sermaye hareketinin serbestleştirilmesi; yeni kısıtlama koyulmasının engellenmesi.

G7 ülkeleri ve gelişmekte olan ülkeler arası bölgesel ticaret anlaşmalarında, G7 şirketlerinin üretim ağlarından imzacı gelişmekte olan ülkeye parça taşımasını kolaylaştıran ve güvenli hâle getiren hükümler artık düzenli olarak yer almaktadır. Dünya ticareti uzmanlarınca bu gibi anlaşmalar "derin" BTA'lar olarak nitelendirilir çünkü yasal düzenleme ve fikri mülkiyet hakkı gibi milli sınırlardan öteye, derinlere inen hususlar bu hükümler ile kapsam altına alınmıştır.

VERİ KAYNAĞI: World Trade Organization (WTO) verileri.

Yoksulluğa Etkisi

Eski Küreselleşme'nin en rahatsız edici yönlerinden biri, yoksulluğun artışıyla ilişkili olmasıydı. Yıllardır ve sayısız ülkede mevcut olan az sayıdaki ölçümlerden standart yoksulluk ölçümü, günde 2 doların altında kazanan insanların sayısını tespit eder. 2 doların alım gücü mesela bir Singapur'da, Dakar'a oranla çok daha az olduğu için bu hesap, yerel fiyatlara göre uyarlanmıştır.

Şekil 32'de görüldüğü üzere yoksulluk sınırında yaşayan insan sayısı, 1980'den (mevcut en eski Dünya Bankası verisi) 1993 yılına kadar 370 milyon artmıştır. Bu dehşet bir rakamdır ama bu artışın tamamının hatta çoğunun bile sorumlusunun küreselleşme olduğu söylenemez. Zaten yoksul olan ülkelerde nüfus hızla artmıştı ve bu ülkelerin çoğunda ya yoksulluğa yol açan ya da yoksulluğu sürdüren politikalar mevcuttu. Örneğin Oxford'tan ekonomist Paul Collier aynen şu cümleyi kurmuştur: "Dipteki ülkeler, yirmi birinci yüzyıl dünyasında varlıklarını sürdürüyor olmalarına rağmen gerçeklikleri on dördüncü yüzyıl seviyesinde, iç savaş, veba, cehalet içinde kalmıştır."[7] Bu ülkeler, küresel değer zinciri mucizesinden istifade edemeyen ülkelerdir. G7 şirketlerinin pratik, üretimi-artırıcı uzmanlık bilgisi, bu korkunç derecede yoksul ülkelere akmamaktadır.

Buna karşın, Şekil 32'de verilen en kayda değer olaylardan biri, küreselleşmede yaşanan "nöbetçi değişimi" ile eşzamanlı olarak, eğilimin tersine dönmüş olmasıdır. Eski Küreselleşme Yeni Küreselleşme'ye dönüştüğü için, Dünya Bankası'nca üst-orta gelir ülkesi olarak sınıflandırılan ülkelerde yoksulluk mucizevi biçimde düştü. Bu ülkelerde yaşayan 650 milyon civarı insan, günlük 2 dolar sınırının üstüne çıktı.

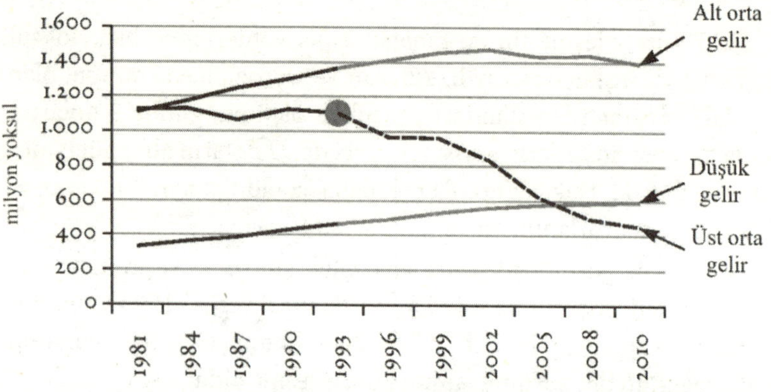

ŞEKİL 32: Yoksul insanlar, gelir sınıfına göre, 1980 – 2010.

Grafikte, fakru zaruret içinde yaşayan insan sayısı üç ülke grubu altında gösterilmiştir. Alt-orta gelirli ülkeler, üst-orta gelirli ülkeler ve düşük gelirli ülkeler.

Dünya Bankası'nca belirlenmiş günlük 3,10 $ yoksulluk sınırı baz alınmıştır.

1990 yıllarında yoksullukta yaşanan genel artış hızında sadece üst-orta gelirli ülkelerle sınırlı kalan bir duraksama yaşanmıştır. Üst-orta gelirli ülkeler arasında, deniz aşırı üretimden doğrudan faydalanan hızla-sanayileşen ülkeler ve bunun tetiklediği emtiada süper döngüden faydalanan ülkeler yer almaktadır.

VERİ KAYNAĞI: World Bank DataBank (yazarın hesaplamalarına göre).

Üst-orta gelir sınıfı Y11 ülkelerini çoğunu —ve en önemlisi Çin'i— kapsamaktadır. Y11 içinde öne çıkan diğer bir ülke, Hindistan'dır. Alt-orta gelir sınıfına dahil olan Hindistan'ın büyümesi, 1993'ten sonra yoksulluğun artış hızının düşmesinde büyük pay sahibidir. Deniz aşırı üretime ve küresel değer zincirine dahil olmamış düşük gelirli ülkelerde ise durum gittikçe kötüleşmektedir.

KUTU 4: DÖRDÜNCÜ EVRE'NİN ÖZETİ

Dördüncü Evre, küreselleşmenin doğasını gerçekten köklü şekilde dönüştüren birtakım olaylara tanık oldu. Birinci Evred'e küreselleşme, kürenin aşamalı olarak "insanlaşmasından" ibaretti. İkinci Evre'de Küreselleşme bundan çok farklı bir anlamdaydı. Tarım Devrimi sayesinde insanlar köylere, şehirlere ve en nihayetinde medeniyetlere yerleşmişti, yani bu evrede küreselleşme dünya ekonomisinin "yerelleşmesi" demekti.

Üçüncü Evre'de buhar devrimiyle başlayan yüzyıllık yenilikler süreci ardından kıtalararası mesafeler fethedilmiş, böylelikle küreselleşme bir kez daha değişime uğramıştı. Düşen maliyetler ticareti canlandırmıştı ancak ürünlerin taşınmasıyla dünya düz olmamıştı. Tam aksine yirminci yüzyıl sonlarına gelindiğinde, ekonomik faaliyetlerin üçte ikisi sadece yedi ülkede, yani G7'de toplanmıştı. Üretim ise bundan daha toplaşık vaziyetteydi. Karmaşık endüstriyel süreçlerin işlerliğini kolaylaştırmak için üretim süreçleri, G7 ülkelerindeki sanayi bölgelerinde kümelendirilmişti.

Dördüncü Evre'de yaşanan BİT devrimi sonucu, karmaşık süreçlerin uzak yerlerden koordinasyonu ekonomikleşti, böylece mikro-kümelenmenin ekonomik bir gerekçesi kalmamış oldu. Üretim süreçlerinin uluslararası çapta ayrıştırılması mümkün olunca, şirketler bu stratejiyi seve seve uyguladı. Üretimin işgücü yoğun aşamalarını, yüksek gelirli ülkelerden düşük gelirli ülkelere taşımaya başlamışlardı.

Üretimin Kuzey'den Güney'e taşınmasıyla küreselleşme dönüşüme uğradı çünkü üretimin belli aşamalarıyla beraber uzmanlık birikimleri de götürülmüştü. Yeni Küreselleşme'de "Yeni" olan, işte bu uzmanlık (know-how) birikimleriydi. Bunlar sayesinde az sayıda gelişmekte olan ülke, tarihte görülmemiş bir hızla sanayileşmeye başladı ve bu, Dördüncü Evre dünya ekonomisini yeniden şekillendirdi.

Sonuç

Yeni Küreselleşme'nin önemli etkileri şunlardı:

- G7 ülkeleri sanayisizleşirken, bir avuç gelişmekte olan ülke sanayileşti.
- Etkiler şaşılacak kadar dar bir bölgeyle sınırlı kaldı.
- Hızla sanayileşen ülkeler muazzam seviyede büyüme yükselişleri yaşadı.
- Hızla sanayileşen ülkelerde yaşanan gelir büyümesi sonucu, emtia ihracatı ve fiyatlarında "emtiada süper-döngü" olarak bilinen bir patlama yaşandı.
- Gelişmekte olan ülkelerin hızla büyümesi ve G7'nin büyümesinin durgunlaşmasının sonucu Büyük Yakınsama ortaya çıktı; zengin ülkelerin dünya GSYH'sindeki payları 1. Dünya Savaşı başlangıcındaki seviyelerine tekrar indi.
- G7 ve çoğu gelişmekte olan ülkeler arası ticaretin doğası kökten değişti.
- Hemen hemen tüm gelişmekte olan ülkeler topyekûn hâlde ticaret, yatırım, sermaye, hizmet ve fikri mülkiyet hakları konularında serbestleştirme yanlısı politikalara yöneldiler.

Bu devasa değişimlerin temelinde, Üçüncü Evre'de ortaya çıkmış üretim uzmanlığı bilgisindeki hayli adaletsiz dağıtımın eşitlenmesi yatıyordu.

2. KISIM

Küreselleşme Söyleminin Genişletilmesi

İnsanlar etraflarındaki dünyayı tüm görkemli ve dağınık ayrıntılarıyla görmezler. Bunun için fazlasıyla karmaşıktır dünya. İnsanlar, Nobel ödüllü ekonomist Douglass North'un tabiriyle "zihinsel modeller" kullanır. Yani soyut ve basite indirgenmiş düşünce kalıpları kullanarak gerçeği zihinlerinin anlayabileceği düzeye indirgerler.

Özellikle de ince düşünenler zihinsel modellere bel bağlar. Karl Popper'ın *The Open Universe (Açık Evren)* kitabında söylediği gibi, "Bilim, sistematik bir aşırı-basitleştirme sanatı —fayda sağlayarak ihmal edilebilecek olanın keşfedilmesi sanatı— olarak tanımlanabilir. Fizikçi Stephen Hawking'in dediği gibi sorun, "böyle bir modelin olayları açıklamada başarılı olması hâlinde o modele ve oluşturduğu unsur ve kavramlara, gerçekliğin kalitesini veya mutlak gerçekliği atfetmemizdir."[1] Genelde bunu iyi niyetle yaparız. Paylaştığımız zihinsel modeller olmasaydı toplumlar koordinasyon ve işbirliği kurmayı imkansız bulurdu.

Ortak zihinsel modeller işbirliğini kolaylaştırıcı özellik taşıdığı için doğru zihinsel modelin benimsenmesi zarurîdir. Hükümetler ve şirketler, yaptıkları veya yapmadıkları eylemlerin ne sonuçlar doğuracağını bilmeden seçimler yapmaya zorlanır. Bunun sebebi bilgi veya anlayış eksikliği değil; insanlık hâlinin bir gerçekliğidir. İnsani olaylar, yakın gelecek hariç ilerisini tahmin edemeyecek kadar karmaşıktır, buna rağmen uzak gelecek düşünülerek karar alınmalıdır. Bazı yerlerde ortak söylemler olarak da tabir edilen ortak zihinsel modeller karar alıcılara, belirsizlik karşısında harekete geçme cesareti, insanlara da bu kararlara inanma özgüveni verir.

4. Bölüm'de, İkinci ve Üçüncü Evre küreselleşmesini anlamaya yönelik yaygın kullanılan zihinsel modellere girmeden önce, Dördüncü Evre doğasının Üçüncü Evre'ye göre niye ve nasıl bu kadar farklı olduğunu daha kolay kavrayabilmemizi sağlayacak "üç katmanlı kısıtlar" görüşü açıklanmaktadır. Niye Eski Küreselleşme Büyük Iraksama'yı yaratırken Yeni Küreselleşme Büyük Yakınsama'yı yarattı? 5. Bölüm'de ise Yeni Küreselleşme'de esasında neyin yeni olduğu tartışılmaktadır.

4. BÖLÜM

Küreselleşmeye Üç-Katmanlı-Kısıtlar Görüşü

Ekonomik faaliyetler dünya, ülke ve hatta şehirler çapında bile çok eşitsiz dağılmış durumdadır. Ama en belirgin sonuç bu değildir. Kiraların ve maaşların yüksek, trafiğin rezalet, vergilerin ezici olduğu kentlerde şirketlerin kurulduğunu görürüz. Temiz havalı, düşük maliyetli kırsal alanlardan, hava kirliliği ile göz yakan yüksek maliyetli kentlere göç eden insanlar görürüz. Böyle bir kümelenmenin tek mantıklı açıklaması, mesafenin önemli olduğudur. Ancak mesafe farklı şeyler için farklı yönlerden önemlidir.

Bu kitabın öne sürdüğü temel iddialardan biri; mesafenin taşınması zor olan üç şey—ürün, fikir, insan— üzerindeki etkisinin birbirinden ayırt edilmesi gerektiğidir. Bu üç şeyin tarihi sırasına da dikkat etmek gereklidir. Bu bölümde amaçlanan, Eski Küreselleşme ve Yeni Küreselleşme'nin niye birbirinden farklı etkileri olduğuna dair açıklama getirecek bir zihinsel model sunmaktır.

Küreselleşme başlamadan önce üç şeyin de taşınma maliyeti çok yüksekti. Bu maliyetler üretim ve tüketimi birbirine yakın tutuyor olduğu için birer "kısıt" idi. Bu maliyetler (yani kısıtlar) sırayla giderildi. İlk düşen ürün taşıma maliyetini, fikirlerin taşınma maliyeti takip etti. Üçüncü kısıt, yani insanları taşıma maliyeti ise henüz giderilememiştir.

Bu mantık çerçevesinde bu bölüm, 1820 öncesi her üç kısıtın da etkin olduğu; 1990' a kadar sadece ikisinin etkin olduğu; ve son olarak günümüzde sadece birinin etkin olduğu durumları tarihsel bir kronolojiye koyarak üç-katmanlı-kısıt perspektifine açıklama getirmektedir.

Üç Bağlayıcı Kısıt: Buhar-Öncesi

A noktasından B noktasına gitmenin en iyi yolunun yelkenli gemiler, nehir mavnaları, at arabaları ve develer olduğu zamanlarda bir yere bir şey taşımak büyük meseleydi. Bu kötü ulaşım teknolojisine, bulunduğu bölge veya yüzyıla göre korsanlar, yüksek vergiler, hükümet tekeli veya yasaklar da eklenince engeller büsbütün katmerleniyordu.

Bu çağda söz konusu üç şeyin maliyetinde herhangi bir fark yoktu çünkü ürünler, fikirler ve insanlar hepsi aynı araçla taşınıyordu. Yine de insanları taşımak özellikle tehlikeliydi. Ana yollar ve açık denizlerdeki kaos ve cinayetler daimî tehlike arz ediyordu. Örneğin meşhur bir olayda Julius Caesar, Roma ve Rodos arası bir seyahatinde Sicilya korsanlarınca kaçırılır. Neredeyse iki ay tutsak kalır ancak yüklü bir fidye verildikten sonra serbest bırakılır. Hikâyenin sonunda ise —bu arada, okurlar, bu hikayenin Hollywood'vari sonundan keyif alabilir: Ceasar, kendisini esir alanları yakalayıp hepsini asmıştır.

Ürünlerin taşınması daha kolay değildi ama en azından yerel tüccarlar vasıtasıyla elden ele aktarılabiliyordu. Mesela az sayıda tüccar İpek Yolu'nun tamamını kat ediyordu; çoğu ticari mal aracılar vasıtasıyla intikal ediyordu.

Fikirlerin taşınması, yazılı metinlerin veya fikirleri açıklayacak uzmanların gönderilmesi demekti. Bu yavaş ilerleyen bir süreçti. Mesela Budizm, Hindistan'da MÖ 500 yıllarında ortaya çıkmış, Uzak Doğu'ya ulaşması iki yüzyıl sürmüştü. Bundan bin yıl sonra bile bu durum, Kutu-5'teki Marco Polo örneğinde anlatıldığı gibi aynılığını koruyordu.

Küreselleşme öncesi dünyada üç kısıtın üçü de etkindi ama birincilik madalyası ürünlerin taşınması maliyetinindi. Küreselleşmeyi asıl engelleyen, ürünlerin taşınmasındaki zorluktu, yani "bağlayıcı" kısıt kötü ulaşımdı. Kitabın devamında göreceğimiz üzere bu kısıt, kürenin ekonomik coğrafyasını belirlemişti.

Etki: Üretim/Tüketim Kümelenmesi ve Yavaş Büyüme

Bu çağda mesafenin diktatörlüğü o kadar baskındı ki üretim mekânsal olarak tüketicilerle yakın kümelenmek zorundaydı (Şekil 33). İnsanlığın cüzi bir kısmı hariç tümü tarımla uğraşmaktaydı ve genellikle kendine yeten, köy-seviyesi ekonomilerde yaşamaktaydı. Ürünlerin tüketicilere taşınmasından kaçınmak için her yerleşkenin kendi kasabı, fırıncısı ya da da bir şamdancısı vardı. Çoğu ürün ev yapımıydı.

KUTU 5: MARCO POLO VE ON ÜÇÜNCÜ YÜZYILDA SINIRLAR ÖTESİ BİLGİ AKTARIMI

1200'lü yıllarda Marco Polo'nun amcaları Kubilay Han tarafından Çin'e davet edilir. Hikayelerinden etkilenen Büyük Han, Polo kardeşleri Papa'ya yazdığı bir mektupla geri yollayarak, Avrupa'nın öncü fikirlerini, diğer adıyla yedi sanatını; dil bilgisi, hitabet, mantık, geometri, aritmetik, müzik ve astronomiyi, sarayında öğretecek 100 Avrupalı getirmesini gönderilmesini talep eder. Hristiyanlık dinine merak salan Han, Kudüs lambasının kutsal gazyağından da ister.

Polo kardeşler, doğup büyüdükleri liman şehri Venedik'te birkaç yıllık bir gecikmeden sonra tekrar Çin'e doğru yola koyulur. Bu kez yanlarında genç Marco Polo ve birkaç rahip vardır. 1271'de başlayan yolculuk üç yıl sürer. Gemideki birçok yolcu ya katledilmiş ya da esir düşmüştür. Korkudan yolculuğu terk eden rahipler Çin'e hiç ulaşmamışlardır fakat gazyağı ile Polo kardeşler ulaşır. Marco Polo'nun Seyahatnamesinde, Kubilay Han'ın on sene önce sarayında öğretilmesini istediği bilgileri edinip edinmediğine dair bir şey yazmamaktadır.

Dönüş yolunda yaşanan zorluklar, "yüksek taşıma maliyetinin" o zamanlar için ne anlama geldiğini akla getirir. Bu deniz yolculuğu iki yıl sürmüştür. Konvoya Güney Çin'de katılan yüzlerce yolcudan sadece on sekizi hayatta kalır ve Polo kardeşler de bunlar arasındadır.

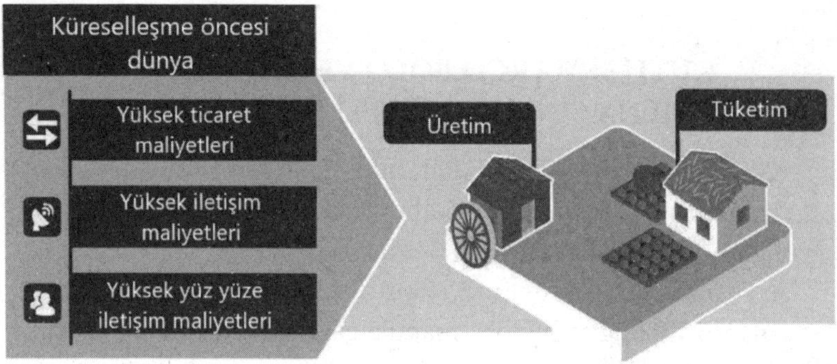

ŞEKİL 33: Küreselleşme öncesi dünyada üretim ve tüketim coğrafi olarak yan yana kümelenmişti.

Modern küreselleşmeden önce dünya ekonomisi "düz" idi. Ekonomik faaliyetin genelini tarım oluşturuyordu, yani insanlar yoksul, toplumlar tarımsaldı ve ekonomik faaliyet dünya çapında sayısız köylere yayılmış hâldeydi. Ticaret yapılıyordu fakat zenginlere yönelikti.

On dokuzuncu yüzyılda bolca ticaret yapmış bazı kentler vardı, ama bunlar istisnaydı. Örneğin, Büyük Çin Kanalı vasıtasıyla Güney Çin'den gelen besinlerin Kuzey Çin'e arz edildiği uzun mesafe ticaret kolaylaşmıştı. Aynı şekilde Roma'da, Akdeniz tahılı bir milyon insanı doyurmuştu.

Ancak insanların çoğu için tüketim demek yerel üretim besin, giysi ve barınak demekti. Yürüme mesafesinden uzakta yapılmış şeyler, maliyeti yüksek ve ticaretin riskli oluşu nedeniyle el yakacak derece pahalıydı.

Fikirlerin ve onları anlayanların yüksek taşınma maliyeti farklı bir yönden önemliydi. Küreselleşme öncesi dünyada modern fabrikalar yoktu. Bazı kasaba ve bölgeler, belli ürünlerin üretiminde (mesela Çin'deki ipek kumaş ve porselen üretimi) uzmanlaşmış olsa da üretim daha çok günümüz tabiriyle el zanaatlarından veya en iyi ihtimalle kır evi sanayisinden ibaretti.

Fikirlerin taşınmasının yüksek maliyetine üretimin birbirinden uzak dağılışı eklenince —hem talep hem arz tarafında inovasyonlar engellenmiş oldu. Dahiyane bir buluştan sadece bir avuç aile istifade edebileceği için, çok bir anlam ifade etmiyordu, yani inovasyona talep çok azdı. İnovasyon, birçok insanın aynı probleme farklı açılardan bakması ile ortaya çıkar, yani birbirinden uzak köylerdeki problem çözücülerin seyrek dağılmış olması yüzünden inovasyon arzı engellenmişti.

İnovasyon olmayınca hayat standardı durgunlaştı. Başka deyişle toplulaşma yoktu, inovasyon yoktu, bu yüzden büyüme de yoktu (Şekil 34).

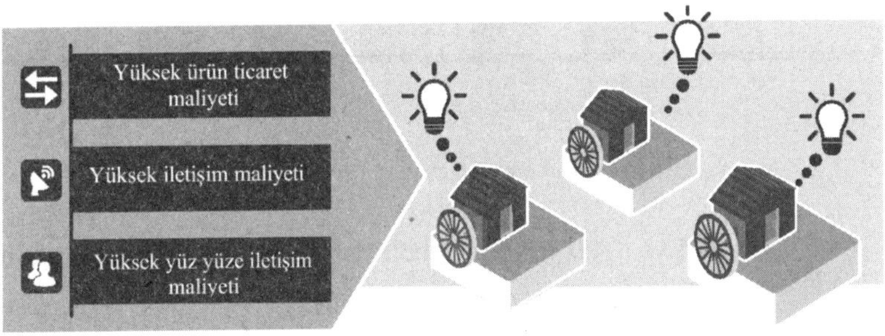

ŞEKİL 34: Dağınık üretim inovasyonun izole kalmasına ve büyümenin yavaşlamasına neden oldu.

Yüksek ticaret maliyeti yüzünden insanların karaya mahkûm olması ve de üretim ve insanların beraber kümelenmiş olmasının bir sonucu olarak üretim küçük çaplıydı ve dağınık konumlanmıştı.

Fikirlerin ve o fikirleri anlatabilecek insanları taşımanın zor olduğunu düşünürsek, üretimin dağınık konumlanması kalkınmayı baltaladı. İnovasyon çok çok azdı, varsa bile yavaş yayılıyordu. Örneğin Çin'de icat edilen pusula, MS 1000 yıllarında yön bulmak için kullanılmaktaydı. Bu bilginin Avrupa'ya gelmesi iki yüzyıldan fazla sürmüştü.

Haberleşme o kadar zordu ki önemli fikirler unutulabiliyordu ve unutuldu da. 1. Bölüm'de, MÖ 2000 başlarında Antik Yunanistan ve Hindistan'da yazının nasıl yüzyıllar boyunca gözden kaybolduğu anlatılmıştır. Daha yakın tarihe bakarsak, MS 5.yüzyılda Roma İmparatorluğu'nun düşüşü sonrası bir bilgi kaybı yaşanmıştı. Avrupa'da bu bilginin geri gelmesine işte bu yüzden Rönesans —Fransızca anlamıyla "yeniden doğuş"— denmişti ama "hatırlama" dense daha yerinde olacaktı.

Şekil 35'de görüldüğü gibi MÖ ilk bin yılda, kişi başına gelir büyümesi resmen sıfırdı. Dahası, Roma İmparatorluğu'nun MÖ 1000 yıllarındaki yükseliş döneminden bu yana Batı Avrupa'da büyüme negatifti. Büyümenin başlaması ikinci bin yılın ortalarını buldu ama sadece Avrupa'da. Bu, günümüzde büyüme olarak nitelendirebileceğimiz bir büyüme değildi. Grafikteki on yedi yüzyıl boyunca Avrupa gelirleri yıllık yüzde sadece 0,03, yani yüzyıl başına %3'lük bir artış göstermişti. Asya'nın büyümesi ise bundan da yavaştı. Asya gelirleri Şekil 35'teki gösterilen on yedi yüzyıl boyunca sadece yüzde 25 artmıştı.

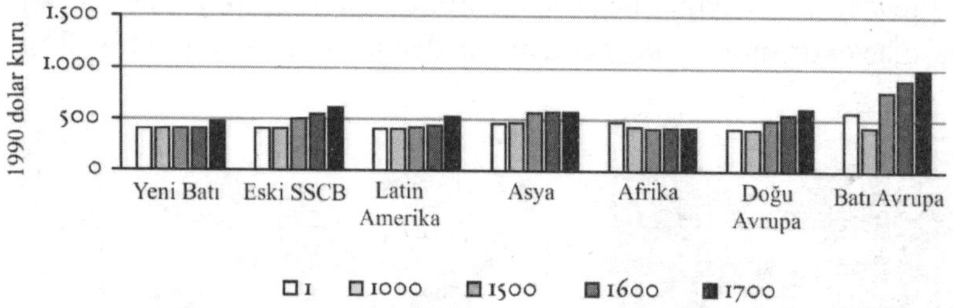

ŞEKİL 35: M.S.1 ve 1700 yılları arasında kişi başına GSYH, dünyanın çoğunda durgun seyretti.

Nobel Ödüllü ekonomist Robert Solow, uzun-vadeli büyümeyi tetikleyen şeyin insanın pratik zekasını olduğunu öğretmiştir bizlere. Yeni fikirler, yeni ürünler ve yeni iş düzenleri hasılayı ve işçi başına geliri direk olarak artırır. Bunun yanında yeni buluşlar, üretimi artırıcı makine ve becerilere yatırımı makul kılarak dolaylı yoldan gelirleri yükseltir.

Küreselleşme öncesi dünyada gelirler işte bu yüzden sönük kalmıştır. Büyümeyi tetikleyecek inovasyonlar nadirdi ve yavaş yayılıyordu.

Buna bir istisna Avrupa'da 1500 yılından sonra birkaç fabrikanın kümeleşmeyi ve ticareti teşvik etmesiyle olmuştu. Bu kümeleşme inovasyonu harekete geçirmişti ama çok yavaş bir hızla.

VERİ KAYNAĞI: Maddison database (2009 version).

Küreselleşme öncesi Ticaret için Zihinsel Modeller

Tüm bu zorluklara rağmen ticaret yapılabilmişti. Örneğin Sümer'deki en eski medeniyette (Babiller) tahıl, kerpiç ve hasır bolluğu vardı, diğer şeyler ise azdı. Odun, kaya ve metaller nehrin yukarı veya aşağı bölgelerinden geliyordu. Ön-küreselleşme çağına kadar (1. Bölüm'de bahsedildiği gibi yaklaşık 1450 - 1776 yıllarına tekabül eder) ticaret bundan ibaretti. Moses Finley'nin *The World of Odysseus (Odysseus'un Dünyası)* kitabında dediği gibi "Mallar el değiştiriyordu çünkü herkes başkalarında ne varsa ona ihtiyaç duyuyordu... Ticareti teşvik eden ithalattı, ihracat hiç değildi. Bildiğimiz anlamda bir ihracat yapma ihtiyacı yoktu, ihracat sadece ithalat kaçınılmaz olduğunda karşılığında gönderilecek ürünler demekti." Kutu 6'da buna ilişkin örnek sunulmaktadır.

KUTU 6: MÖ 1000 YILLARINDA İHTİYAÇ MALLARI KARŞILIĞI TİCARET

Mısır'a ait yaklaşık MÖ 1000 tarihli "Wenamün Papirüsü"nde, küreselleşme öncesi dünyada ticaretin zorlukları ve motivasyonlarına ilişkin örnek bir anı yer alır.

Papirüste, başrahibi tarafından Lübnan'a yollanan bir rahibin hikayesi anlatılır. Rahibin görevi "Tanrılar tanrısı Amon-Ra'nın yüce ve heybetli gemisi için kereste bulmaktır". Gemiyle Biblos'a doğru yola koyulan rahip soyulur ancak yine de yola devam eder çünkü o odunları isteyecektir. O bölgenin kralı odunların karşılığında ödeme talep eder, bu yüzden rahip takas için ticari mal getirmek üzere Mısır'a geri gönderilir. Nihayetinde istenen mallar bir sene sonra teslim edilir. Papirüste yazdığına göre takas edilen malların listesinde altın ve gümüş dolu kavanozlar, saltanat kumaşı, tül, 500 öküz postu ve 500 halat yer almaktadır.

Ticaret, yerel olarak mevcut olmayan şeylerle sınırlı kalmıştı ve bu yüzden günümüzdeki anlamına göre çok daha farklı şekilde kavramsallaşmıştı. Doug Irwin'ın *Against the Tide: An Intellectual History of Free Trade (Akıntıya Karşı: Serbest Ticaretin Entelektüel Tarihi)* adlı ustalıklı eserinde açıkladığı gibi, ticarete ilişkin Avrupa'da ortaya çıkmış ilk zihinsel model Evrensel Ekonomi Doktrini'ydi: "Doktrine göre kaynaklar ve ürünler dünya çapında kasıtlı olarak eşitsizce dağıtılmıştı ki farklı bölgeler arası ticaret teşvik edilsin."

Doktrinin bazı takipçileri ticareti ve tüccarları ahlaken yanlış bulduğu için—günümüz tabiriyle rant peşinde koştukları gerekçesiyle— kınamıştı. Düşük fiyattan alıp yüksekten satmak ahlak dışı görülüyordu çünkü ürünün yapımında tüccarın bir işgücü katkısı yoktu. Diğerleri ise evrendeki kardeş insanları ekonomik yönden birleştirdiği için kutsal planın bir parçası olarak görüyordu.

Orta Çağ ilerledikçe Avrupa'nın ticaret kavramı kutsallıktan sıyrılıp özüne indi. Bu değişime eşlik eden zihinsel modelin ismi "merkantilizm" idi.

On altıncı, on yedinci ve on sekizinci yüzyıllarda Avrupa'da yükselişte olan merkantilizm görüşüne göre ihracat iyi, ithalat kötüydü. O dönemlerde milli hazine gerçekten de el üstünde tutulurdu, ticaret fazlası, servete servet katma yöntemi demekti (ihracatın ithalattan fazla olması, altın ve gümüş dışarıdan çok içeriye akıyor demekti). Modern bakış açısına göre bu, ulusal anlamda bu pozitif bir şeydi.

Bu dönemlerde bir ülkenin temel refah kaynağı topraktı. Milli refahı artırmanın normal prosedürü kralın kılıcını kuşanıp atına binip komşu ülke topraklarını fethetmek üzere ordularına liderlik etmesiydi. Büyükçe bir altın stoku ve işgalcileri, ittifakları ve benzerlerini satın almak gibi siyasi manevra yöntemleri bu işi kolaylaştırıyordu. Merkantilist zihniyete göre ticaretin bireysel ekonomik refahla hiçbir alakası yoktu.

Merkantilizmin ikinci ilkesi ise ülke içinde üretilebilecek ürünü asla ithal etmemekti. Bunun sebebi pek de üretim teşviki değildi, ne de olsa Endüstriyel Devrim yaşanmaktaydı. Aksine, dönemin düşünürleri istihdamın pozitif etkilerine vurgu yapmaktaydı. Özellikle de İngiltere Çitleme Hareketi kapsamında çıkarılan kırsaldaki işçiler endişe konusuydu.

İki Bağlayıcı Kısıt: İlk Çözülme

Buhar devrimi, yüzyıl süren bir olaylar zincirini başlatarak dünyayı dönüştürdü. Bu konuya dair yazılmış kitaplar İngiliz Kütüphanesi Okuma Salonu'nu zeminden tavana silme doldurabilir. Bu devrimin küreselleşme açısından önemi ise mesafenin diktatörlüğüne karşı yapılmış bir başkaldırı olmasıydı.

Buharlı ve ardından gelen dizel motorlu gemiler sayesinde deniz yolculuğu evrim geçirdi. Bu evrim nihayetinde devrime dönüştü fakat Bronz Çağı'ndan beri gemilerin tüm yapabildiği ancak limandan limana gitmekti. Buna kıyasla demiryollarının yarattığı etki daha çok bir başkalaşıma benziyordu. Birkaç istisna dışında dünyanın geniş iç kesimleri, kara yolculuğu sırasında çıkabilecek kötü sürprizler yüzünden ekonomik yönden izole kalmıştı. Demiryolları yetişti ve artık iş hayatına atılmaya hazırdı.

Ürün sevkiyatında maliyetin düşmesinin yanı sıra, ulaşımın daha hızlı ve güvenli hâle gelmesi, insan ve fikir taşıma maliyetlerinin de düşmesi demekti. Kitlesel göç hareketleri olabilirdi ve oldu da. Ancak yolculuk inanılmaz yavaş, riskli ve pahalıydı. Mesela Yeni Dünya'ya göç etmiş birçok Avrupalı ve Asyalı memleketlerini bir daha hiç görememişlerdi.

Fikirlerin çoğu eski adetle—kitaplar ve uzmanlar aracılığıyla— taşınırdı fakat bu dönem, telgrafın icadıyla gerçek bir değişime tanık oldu. 1800'lerin sonuna gelindiğinde çoğu ülke telgraf hatlarıyla bağlantı kurmuştu. Ürün ve insanlar hâlâ gemiyle, demiryoluyla ya da karayoluyla taşınmak zorunda olsa da fikirler artık telgraf hatları üzerinden taşınabiliyordu.

Telgrafın toplumlar üzerine etkisi muazzamdı ancak yerel uzmanlık bilgisini yerinden oynatmada pek başarılı olamadı. Uzun-mesafe haberleşme—özellikle de uluslararası—aşırı pahalı olmayı sürdürdü. Telgrafta kelime sayısını az tutarak konuşma biçimini tanımlayan "telgrafik" konuşma buna atfen türetilmişti. Telefonla haberleşme telgrafa göre daha iyi ve kelime başına daha ucuzdu ama bu da hâlâ korkunç pahalıydı.

Karmaşık uzmanlık bilgisini aktarmanın zorluğu düşünülünce, telgraf ve sonrasında bulunan telefon, küreselleşmeyi ticaret maliyetleriyle ilişkilendirilmekten kurtaramadı. Telekomünikasyon, Karl Popper'in deyimiyle, faydalı bir biçimde ihmal edilen şeylerden biri oldu.

Etki: Patlayan Ticaret ve Büyük Iraksama

Ürün taşıma maliyetinin düşmesi, üretim ve tüketimi sıkı sıkıya kümeleyen ana kısıtı çözdü. Bu ayrılma ekonomik faaliyete elverişli hâle gelir gelmez küresel ekonomik farklılıklar —Evrensel Ekonomi Doktrini'nin de çıkış noktası olarak—ticareti kazançlı kıldı. İnsanlar uzaklarda yapılan ürünleri satın aldıkça ülkeler rekabet gücü en üstün sektörlerinde gitgide uzmanlaşmaya başladı ve uzun-mesafe ticaret yükselişe geçti. Bu, küreselleşmenin ilk çözülmesiydi—üretim ve tüketimin birbirinden fiziksel olarak ayrılması (Şekil 36).

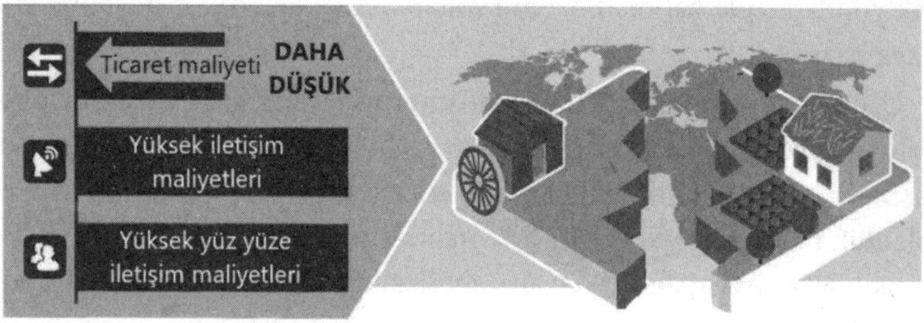

ŞEKİL 36: Düşen ticaret maliyeti ile iç içe olan üretim ve tüketim çözüldü.

Ulaşım teknolojilerindeki gelişmeler ve Pax Britannica ile gelen görece barış havasından dolayı ürünleri çok uzak mesafelere taşımanın maliyeti, on dokuzuncu yüzyılda müthiş bir düşüş yaşandı. Bu sayede uzaklarda yapılan ürünün satın alınması ekonomikleşti.

Üretim ve tüketimin çözülmesi elverişli hâle gelir gelmez, uluslararası fiyat farklılıkları ticareti kârlı hâle getirdi ve uzun mesafe ticareti tetikledi.

Patlayan ticaret, ülkeleri rekabet gücü en üstün sektörlerini geliştirmeye teşvik etti. Aynı zamanda rekabet gücü daha düşük sektörlerden çekilmeyi gerektiren bir rekabet ortamı yarattı. Neticede dünya ekonomisi "düz" olmaktan çok uzaktı; ulusal ekonomiler daha iyi oldukları şeylerin üretiminde uzmanlaşmaya başlamıştı.

Uzun-mesafe ulaşımın pratikleşmesi ve ucuzlaşmasıyla ilginç bir şey oldu. Dünya ekonomik coğrafyası, düz değil de daha pütürlü bir görünüme büründü. Üretim, köy ve evlerden fabrikalara ve sanayi bölgelerine kaydı. Görünen o ki mesafenin farklı bir etkisi daha ortaya çıkmıştı. İlk bakışta çelişkili gelen bu sonuca yakından bakmak yararlı olacaktır.

Dünya pazarlarına açılma gerçekleşince avantaj, önceleri boyutu bilinmeyen genişlikteki ağlar üzerinden iş yapan firmalara, geçti. Bu geniş çaplı üretim teknikleri şimdi de olduğu gibi o zamanlar da son derece karmaşıktı. Bu karmaşıklık ve uzun-mesafe iletişim maliyetinin yüksek oluşu, üretimin mekânsal dağılımı üzerine büyük etkiler yarattı. Çok geçmeden anlaşılmıştı ki üretimin tüm aşamaları birbirine yakın konumlandırılınca yeni endüstriyel kompleksleri idare etmek daha kolay, ucuz ve güvenli oluyordu. Başka bir deyişle fabrikalar, ürün maliyetinden değil de fikir ve insan maliyetinden tasarruf etmek için kurulmuştu (bunun yanında, enerji kaynaklarına yakın olma ihtiyacı gibi başka faktörler de mevcuttu).

ŞEKİL 37: Piyasalar küresel olarak genişledikçe üretim yerel olarak kümelendi.

Ticaret maliyeti düştükçe satışlar patladı ve bu durum geniş çaplı karmaşık üretim tekniklerine yaradı. İletişim zor ve pahalı olduğu için şirketler, gerekli koordinasyonu daha kolay, ucuz ve güvenilir yapmak adına çetrefilli üretim süreçlerini, fabrikalarda "mikro-kümelendirdi".

Başka bir deyişle, ticaret maliyetinin düşerken iletişim maliyetinin düşmemesi nedeniyle sanayi, uluslararası çapta yayılmasına rağmen yerel olarak kümelendi.

Farklı açıdan bakarsak, düşük ticaret maliyeti dünyayı düz yapmamıştı. Aksine, ulaşım kısıtının giderilmesi sonucu dünya ikinci bir kısıt ile —iletişim kısıtı ile— karşı karşıya kalmıştı (Şekil 37).

Tarihte görüldüğü üzere Yediler Grubu (G7) ülkeleri üretimde uzmanlaştı ve birlikte mutlu bir yükselişe geçtiler. Endüstriyel toplulaşma inovasyonu besledi, bu da rekabet gücünü artırdı ve bu da G7 ülkelerindeki endüstriyel toplulaşmayı daha da teşvik etti. İnovasyon, Şekil 38'de gösterilen gelir büyümesini de tetikledi. Bu mutlu yükseliş hepten hız kazandı ve pazar paylarını iyice artırdı, büyüyen pazar payı ile toplulaşma, inovasyon ve rekabet gücü hepten arttı.

ŞEKİL 38: Endüstriyel kümelenme G7'de inovasyonu canlandırdı; gelirlerde ayrışma olurken fikirler yerinde kaldı.

Geniş çaplı üretimin tek noktada toplulaşması, kümülatif gelişen bir inovasyon 'ateşini tetikledi, bu da modern ekonomik büyümeyi ateşledi. Fikir ve insanları taşıma maliyeti hâlâ yüksek olduğu için know-how'ın dünya ekonomisinde dağılımında bir tek-taraflılık oluştu. Endüstriyel inovasyonlar yerinde sabit kaldı, böylece Kuzey'in yeni bilgi birikimi, Güney'in birikimini sollamaya başladı. Bu dengesizlik ağırlık dengesini hepten Kuzey lehine çevirdi. Kuzey'in geliri, Güney'in gelirinin üstüne çıkmıştı.

Daha net söylemek gerekirse, fikirlerin taşınma maliyeti yüksekken ürünlerin taşınma maliyetini düşürmek "Büyük Iraksama"nın temel nedeniydi.

Know-How (uzmanlık birikiminin) artması karşısında iletişim kısıtı giderek daha büyük bir mesele olmaya başladı. Uzmanlık birikiminin uluslararası dolaşımı zor olduğundan, G7'deki verimlilik artışı ulusal sınırlar içinde kaldı. Bu yeni edinilen know-how'ın yerelleştirilmesi yüzünden —sadece birkaç on yıl içerisinde— Kuzey (çoğunluğu Batı Avrupa, Kuzey Amerika ve Japonya) ve Güney (gelişmekte olan ülkeler) arasında gelir ve ücretlerde devasa uçurumlar oluştu.

Küreselleşmenin İlk Hızlanmasına yönelik Zihinsel Modeller

1800'lerdeki on yıllarda, Viktorya dönemi İngiltere'si, dünyanın en güçlü imparatorluklarından birine dönüşmekteydi. Ancak bu defa farklı olan bir şey vardı. Binlerce yıl boyunca, ulusal refahın esas kaynağı toprak olmuştu. Ülkeler daha fazla toprak elde edip ticaret açığını kendilerine yönlendirmek suretiyle güç kazanıyordu.

İngiltere, toprak kapma yarışında payına düşeni yapmıştı ama gücünü sadece topraktan elde etmemişti. Tarımdan sanayiye geçiş yaparak ulusal refahını ve ordu gücünü artırdı ve bu geçiş ticaret sayesinde olmuştu. Büyük İskender, Cengiz Han, hatta 8. Henry bile bunu böyle başarmamıştı. Değişen dünyada oluşan yeni karmaşıklıkları anlayabilmek için yeni kavramlar ve basitleştirilmiş düşünce modelleri gerekiyordu. Görünen o ki aranan yeni zihinsel modelimiz, zengin borsacı David Ricardo tarafından sağlanmıştı bile.

1817'de yazılmış *On the Principles of Political Economy and Taxation (Politik Ekonomi ve Vergilendirme İlkeleri Üzerine)* adlı kitabında Ricardo, dünyaya ilişkin öyle faydalı öyle cezbedici bir görüş ortaya sunar ki bugün bile hâlâ küreselleşmeye dair geleneksel anlayışın tam kalbinde yer alır. Öne sürdüğü temel basitleştirmelere göre ülkeler bir analiz birimi olarak ele alınmalı, uluslararası ticaret sadece ürün ticaretinden ibaret olarak kavramsallaştırılmalı ve ticaretin —kendi deyimiyle— "karşılaştırmalı üstünlüğe" göre (literatürde sıklıkla rekabet üstünlüğü olarak geçer) yön kazandığı görüşü benimsenmelidir.[1]

Basit anlamıyla "karşılaştırmalı üstünlük", bazı ülkelerin bazı şeyleri yapmada diğerlerinden daha iyi olması demektir. Ticaret yasak olsaydı kaçakçılar belli bir ürünü iyi yapan ülkeden alıp aynı ürünü daha kötü yapan ülkeye satardı. Sonra da rekabet sıralamasında en üstte olandan alıp en altta olana satarak sandıklarını doldururlardı.

Serbest ticaret bir nevi yasallaşmış kaçakçılıktır, yani karşılaştırmalı üstünlük prensibi—aynı şekilde kaçakçının prensibi de denilebilir—niye ulusların ticaret yaptığını ve tümünün de ticaretten fayda sağladığını açıklamaktadır.

Ricardo'nun düşünce paradigması—"en iyi olduğun şeyi yap, olmayanı ithal et"— prensibi, ülkelerin ulusal üretim kalıpları üzerindeki etkilere de açıklama getirmektedir. İthalatın getirdiği rekabet, ülkelerin rekabet gücü düşük sektörlerinin üretimi üzerinde caydırıcı etki yapar. Aynı şekilde ihracat fırsatı varsa o ülkenin en iyi sektörlerinde üretim kamçılanır. Böylece "kaçakçılık" yaparak ülkeler, üretim kaynaklarını rekabet gücü en yüksek sektörlerine kaydırmış olurlar. Sonuç olarak, üretim gücü ve gelirler, ticarete katılan tüm ülkelerde olmak üzere yükselir.

Bu açıdan bakınca küreselleşme söylemi, düşen ticari maliyetlerin nasıl ticareti daha da artırdığının ve artan ticaret hacminin her ülkenin iyi olduğu ürünü üretmeye odaklanması nedeniyle küresel üretim etkinliğini geliştirdiğinin hikâyesidir.

Ricardo'nun yaşadığı dönemde bile sınırları geçenler sadece ürünler değildi. Eski Dünya'dan Yeni Dünya'ya önemli göçler yaşanmıştı, East India Company gibi çok uluslu şirketler dünya çapında faaliyetteydi ve uluslararası kiralama yaygındı. Ricardo, tüm bu 'fayda sağlayarak ihmal edilebilecek' şeyleri bir kenara attı.

İyi Küreselleşme Yazarları, Ricardo'ya Başvurur

Küreselleşmeyle ilgili tartışmaların çoğu, artan uluslararası sermaye, emek, hizmetler, firmalar, teknoloji, fikirler, kültür ve mal akışlarını belgeleyen göz kamaştırıcı gerçeklerin bir listesiyle başlar. Tanımın ötesine geçip analize döndükçe söylemin merkezi her zaman ürünlerin ticaretine odaklanır. Küreselleşme, ticaret engellerinin azaltılmasından etkilenen bir şey gibi görülür.

Böyle bir entelektüel tufaya düşmenin sebebi en iyi, sayısız ekonomi profesörünce anlatılmış şu fıkrayla açıklanabilir:

> Bir akşam vakti iyi giyimli bir iş adamı, kaldırımda sokak lambası altında bir şey aramakta olan üstü başı darmadağın bir ekonomiste rastlar. "Bir şey mi kaybettin? Yardımcı olabilir miyim?" diye sorar iş adamı. "Anahtarlarımı kaybettim", diye cevap verir ekonomist, belli ki içkiyi biraz fazla kaçırmış, sağa sola yalpalamaktadır. İş adamının bu kez "Nerede kaybettin?" sorusu üzerine ekonomist cevap verir: "Karşıdaki park yerinin orada kaybettim ama orada yeterli ışık yoktu, ben de burada aramaya karar verdim."

Ve hiç şüpheniz olmasın, bolca aydınlatma gerekmekte.

Küreselleşme, bir şeyin (fiyatların) öteki şeyleri (ürün talebi ve üretimi) etkilediği, bunun da daha başka şeyleri (üretim etkenlerine talebi) etkilediği, bunun da asıl önem arz eden şeyleri (ücretler, iş ve gelirleri) etkilediği itici güçlerden etkilenir fakat bunlar da geri dönüp ilk iki şeyi ve itici gücün kendisini etkiler.

Çoğu popüler küreselleşme yazarı, konuyu aşırı derin irdelemekten kaçınmak adına üstün körü ilişkilendirmelere tutunurken analitik bir çerçeve üzerinden olayı ele alan Eli Heckscher, Bertil Ohlin, Paul Krugman, Elhanan Helpman, Gene Grossman ve Marc Melitz gibi yazarlar, çalışmalarında dönüp dolaşıp yine Ricardo'nun kavramsallaştırmasından birtakım detayları kullanırlar.

Ricardo'ya Toplulaşmayı Eklemek

Ricardo'nun kavramsallaştırmasında (Evrensel Ekonomi Doktrini'nde olduğu gibi), rekabet gücündeki ulusal farklılıklar, açıklaması yapılmaktan çok olduğu gibi kabul edilir.

Küreselleşmenin ilk çözülmesindeki bazı fazla yüzeysel kalmış gerçekliklere bir açıklama getirebilmek için Ricardo tablosuna birkaç unsur daha eklemek gerekir. Bazı biçimsel eklemeler, Nobel ödüllü ekonomist Paul Krugman ve eş-yazarları Oxford'dan profesör Tony Venables ve Kyoto'dan profesör Masahisa Fujita tarafından yapılmıştır. Birlikte yazdıkları *The Spatial Economy (Mekânsal Ekonomi)* kitabında, "yeni ekonomik coğrafya" üzerine öne sürdükleri temel fikirlerin mantığına 6. Bölüm'de açıklama getirilmekle birlikte 2. Bölüm'deki tarih anlatısında değinilmiştir.

Ricardo mantığı temelinde "kim ne ihraç ediyor" sorusuna odaklanır. Bunun cevabı da eninde sonunda, olduğu gibi kabul edilen ulusal rekabet gücüne çıkar. Yapılan ilk ekleme, ulusal rekabet güçlerinin ticaretin hem sonucu hem de sebebi varsayıldığı zihinsel modeldir. Bu model, endüstriyel rekabet gücü ile endüstriyel toplulaşma arasındaki iki-yönlü bağlantı ile başlar (Şekil 39).

Rekabet gücünün toplulaşmaya sebep olduğu yolda araç, karşılaştırmalı üstünlüktür. Ricardo mantığına göre görece en iyi verimliliğe sahip ülke, ürününü ihraç eder. Ticaret serbestleştikçe ülke, kaynaklarını o sektöre kaydırır ve üretim yükselir. Serbestleşen ticaret, diğer ülkelerdeki aynı sektör üzerine aksi etki yapar; artan ithalat üretimi azaltır. Sonuç olarak serbestleşen ticaret, üretimin dünya çapında sektör sektör toplulaşmasına sebep olur.

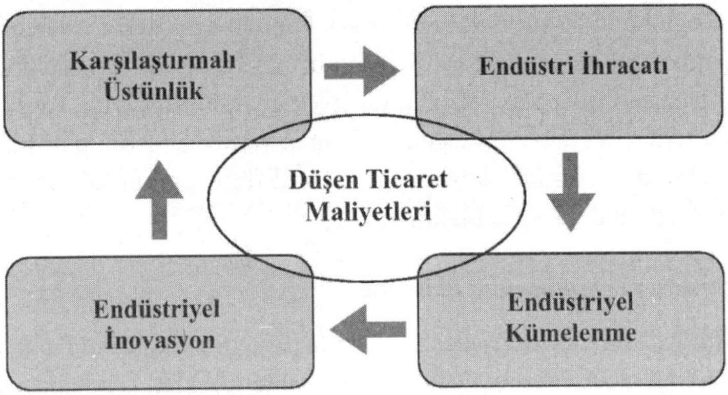

ŞEKİL 39: Dinamik karşılaştırmalı üstünlük: Ticaret, karşılaştırmalı üstünlük, inovasyon ve büyüme döngüsü.

Küreselleşmenin ilk hızlanması (yani ilk çözülmesi) dünya ligi sıralamasını alt üst etti. Öncesinde yoksul ve gerilemekte olan Avrasya'nın Avrupa yarımadasında bulunan ülkeler, küresel ekonominin şampiyonları olarak karşımıza çıkmıştı.

Bu hikâye, Ricardo kavramsallaştırmasının statik versiyonu ile açıklanamaz ancak açıklayabilen yığılma ve büyüme etkilerini içerecek şekilde genişletilmiştir. Detaylar bir sonraki bölümde verilmiştir ama bu diyagram ile ana fikrini genel hatlarıyla anlamak mümkündür (diyagram sağ altta "endüstriyel kümelenme" kutusundan başlıyor).

Bir ülkede endüstrinin kümelenmesi —yani toplulaşması— yeni metot ve icatları teşvik eder(sol altta "endüstriyel inovasyon" kutusu). İnovasyon da, ülkenin o sektörde rekabet gücünü artırır (sağ üstte "karşılaştırmalı üstünlük" kutusu). Sonraki aşamada —karşılaştırmalı üstünlük ilkesine göre— yükselen karşılaştırmalı üstünlük, ihracatı ve üretimi artırır. Ortaya çıkan fazla üretim ise endüstriyel kümelenmeyi daha da yoğunlaştırır ve böylece dairenin ilk döngüsü tamamlamış olur.

Bu bağlantının "geri dönüş" yolunda —yani toplulaşmadan rekabet gücüne giden yolda— birden çok "araç" gereklidir. Sanayinin iri parçalarının küçük bir bölgede kümelendirilmesi, etkinliği artırır ve bu da ülkenin endüstriyel rekabet gücünü artırır. Bunun sebepleri —uzun-vadeli üretimin ve daha sık tedarik ağlarının birim maliyetlerini düşürdüğü— ölçek ekonomilerinden tutun da çok sayıda insanların problemlere birlikte kafa yormasıyla daha hızlı ortaya çıkan inovasyonlara kadar uzanır. Toplulaşma, endüstriyel rekabet gücünü işte böyle etkiler.

Toplulaşma, inovasyon ve ucuz ulaşımın bu rakipsiz kombinasyonuna bir örnek, Adelaide'de bulunan Albert Köprüsü'dür (Şekil 40). 1859'da inşa edilen köprünün tamamı İngiltere'de üretilmiş ve 22.000 km uzağa gönderilmiştir—böylece yerel üretiminden daha ucuza gelmiştir.

Ancak gelişmiş ekonomilerde endüstriyel faaliyetlerin daha yoğun toplulaşmasının bir bedeli vardı. Üretimin çoğu aşamasının işgücü ücretleri yüksek G7 içerisinde yapılması gerekiyordu— örnek olarak 1980'lerde dünya üretiminin en az üçte ikisi G7 ülkelerinde gerçekleşiyordu.

Muazzam ücret uçurumları göz önüne alınınca, fabrikaların çözülüp işgücü-yoğun üretim aşamalarının gelişmekte olan ülkelere taşınmasının, maliyetleri düşürmesi gerekiyordu. Ancak, iletişim maliyetlerinin yüksek oluşu nedeniyle kaplama ve mikro-elektronik gibi üretimin en modüler süreçleri dışında başka bir şeyi deniz aşırı yaptırmak ekonomik olmuyordu. Karmaşık süreçlerin uzak mesafelerden koordinasyonu henüz fizibilite kazanmış değildi —ve bu gerçeği bilgi ve iletişim teknolojilerinde (BİT) yaşanan devrim yıkacaktı.

ŞEKİL 40: 1850'lerde Birleşik Krallık tarafından gönderilen Adelaide, Avustralya'da bulunan Albert Köprüsü.

Ölçek ekonomilerin dinamiği, yükselen endüstriyel rekabet gücü ve ulaşımda yenilikler, üretimin aşırı yoğun şekilde toplulaşmasına yol açtı. Örneğin bugün "prefabrik" diyebileceğimiz Albert Köprüsü, İngiltere'de yapılmış ve kurulumu için Avustralya'ya gönderilmişti. Bu kitabın başladığı Adelaide Üniversitesi'ne ziyaretlerimde, Albert Köprüsü'nden her gün geçerdim.

KAYNAK: Güney Avustralya Devlet Kütüphanesi, Adelaide Views and Albert Bridge Collections B 4729. Fotoğraf yılı 1928.

Tek Bağlayıcı Kısıt: İkinci Çözülme

1980 sonlarında bilginin aktarımı, depolanması ve işlenmesinde yaşanan devrim niteliğinde ilerlemeler, iletişim maliyetlerini büyük oranda düşüren değişimler sürecini başlattı. 3. Bölüm'de detaylı ele alındığı gibi telefonla haberleşme fiyatı taban yaptı, fakslar yaygınlaştı, cep telefonu kullanımında patlama yaşandı ve telekomünikasyon ağları daha yaygın, daha güvenilir ve daha ucuz olmaya başladı. 1990'larda ise internet, fikirlerin taşınma maliyetini daha da düşürdü.

Diğer iki eğilim, daha ucuz iletişim maliyetleriyle —bilgi işlem gücü fiyatlarındaki olağanüstü düşüş (Moore Yasası) ve fiber optik iletim hızları ve bant genişliğindeki aynı derecede göz alıcı artış (Gilder Yasası)— etkileşime girdi. Günümüzde sürekli, iki yönlü bir sözcük, görüntü ve veri akışını sürdürmek neredeyse maliyetsizdir. Sayısallaştırılmış fikirler için mesafe, gerçekten öldü ya da daha doğrusu BİT devrimi tarafından katledildi.

BİT devriminin ürün veya insan taşıma maliyetini düşürecek bir etkisi çok olmadı. Ama ürün ticaretini daha hızlı ve koordineli yapan bir yan etkisi oldu. FedEx ve DHL gibi şirketler, bugün tüm küreye yayılmış telekomünikasyon ağları ve bilgisayarların gücü olmadan yaptıkları işleri yapamazlardı. Ticaret maliyetlerini azaltan mesela hava kargo maliyetini düşüren teknolojik yenilikler, gelişmekte olan ülkelerin topyekûn serbestleştirme politikasına yönelmesi gibi başka faktörler de vardı. Ancak bu değişimler on dokuzuncu yüzyılda ve yirminci yüzyıl başında yaşanan tektonik değişimlere kıyasla daha kademeli gelişmişti.

Bunun yanı sıra iletişimin iyileşmesi, insanların taşıma maliyetini düşürecek bir etki yaratmamıştı çünkü zaman-maliyetler yükselmeye devam ediyordu. Dahası, iyi iletişimin yolculuk ihtiyacını artırdığı bile söylenebilir çünkü yüzlerce mesaj gönderince, aksine daha çok yüz yüze iletişim ihtiyacı doğuyordu. Durum ne olursa olsun, mesajlaşma ve toplantılar ideal alternatif değildir, genelde tamamlayıcı unsurlardır. E-posta ile sorunların etkili çözümü için gönderici ve alıcı, öncesinde en az bir kez yüz yüze görüşmüş olmalıdır. Mesajlaşmanın hava postası veya telefon konuşmasından ibaret olduğu dönemlerde olduğundan çok daha fazla insanla mesajlaşıyor olduğumuzu düşünürsek, yüz yüze daha fazla insanla görüşmek için bir sebebimiz de var demektir.

Burada ana mesaj, BİT devrimi ikinci kısıtı gidermiş ama üçüncü kısıta dokunmamıştır. Küreselleşmedeki bu eşitsizlik, dünya ekonomisi üzerinde devrimsel sonuçlara yol açtı.

Etki: Üretimin Çözülmesi ve Piyasalarda Yaşanan Büyüme

BİT devrimi, yoğun bir mikro-kümelenmeye yol açmış iletişim kısıtını ortadan kaldırdı ve küreselleşmeye yeni bir ivme kazandırdı. İlk çözülmede olduğu gibi bu çözülmenin de anahtarı, şirketlerin uluslararası fiyatlar arasından arbitraj alım yapmalarını sağlayacak yeni bir teknolojinin gelmesiydi.

Yeni iletişim olanakları, önceleri yürüme mesafesi kadar birbirine yakın üretim evrelerinin, verimlilikte büyük kayıplar veya takvimde gecikmeler yaşanmaksızın artık uluslararası çapta yayılabileceği anlamına geliyordu. BİT devrimi deniz aşırı üretimin yolunu açınca, Büyük Iraksama sırasında artan muazzam ücret uçurumları onu eşiğin ötesine itti. Küreselleşmenin ikinci çözülmesi işte buydu (Şekil 41). Benzer durum bazı hizmet sektörlerinde de yaşandı —yani ofisler de tıpkı fabrikalar gibi çözülmüştü.

Yeni Küreselleşmenin Mekânsal Paradoksu

İlk çözülmede olduğu gibi ikinci çözülmeye de mantıkdışı bir ters akım eşlik etti. Üretimin uluslararası yayılmasına rağmen insanlar kentlerde kümelendi. Dünyanın her yerinde yaşanan bu hızlı kentleşme, mesafenin aksine daha önem kazandığının belirtisi. Dahası, deniz aşırı üretim genellikle, küresel değil, bölgesel kümelere taşındı.

Bu paradoksu kolayca çözümleyebiliriz. İletişim kısıtının giderilmesi dünyayı düz yapmadı. Aksine, fikirlerin taşınma maliyeti düşünce küreselleşme üçüncü bir kısıtla— insanların yüksek taşıma maliyeti yüzünden oluşan yüz yüze iletişim kısıtıyla— karşı karşıya geldi. E-posta ve web-tabanlı koordinasyon yöntemleri bazı durumlar için yeterli olabiliyor ama karmaşık bir üretim sürecini uyumlu tutmak hâlâ yüz yüze toplantılar yapılmasını gerektiriyor. Birçok sektör için bu insanların şehirlerde toplanması anlamına geliyor. İmalat sektörü içinse, üretim aşamalarının yönetici ve teknisyenlere bir günlük mesafede olan ülkelerde konuşlandırılması anlamına geliyor. Almanya'nın düşük ücretle üretim yaptırdığı yerler Orta ve Doğu Avrupa'dır, Birleşik Devletler genellikle Meksika'ya yaptırır, Japonya ise genellikle Doğu ve Güneydoğu Asya'yla çalışır. Üretimin uluslararası yapılması bir Dünya Fabrikası yaratmadı; Asya Fabrikası, Avrupa Fabrikası ve Kuzey Amerika Fabrikası yarattı.

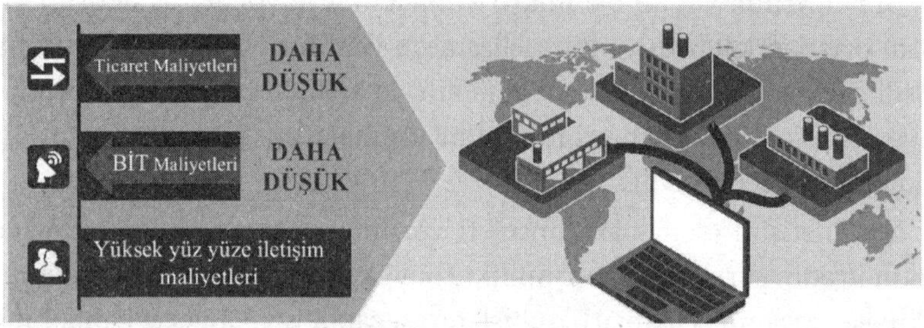

ŞEKİL 41: BİT devrimi ikinci çözülmeyi —yani G7 fabrikalarının coğrafik ayrılmasını— tetikledi.

Üretimin ayrıştırılması BİT devriminden önceki uzun yıllar boyunca yapılabilmiş olsaydı eğer, mesela ABD, Meksika, Japonya ve Çin arasındaki devasa ücret farkları da göz önüne alındığında, G7 şirketleri hayli maliyet tasarrufu sağlamış olurdu. Sorun şuydu ki koordinasyonun telefonla, faksla, acele posta servisleriyle yapıldığı bir dönemde üretim aşamalarını denizaşırı taşımak pek mantıklı olmamıştı. Bilgi ve iletişim teknolojilerinde yaşanan devrim niteliğinde gelişmeler, uzun mesafelerden üretimin çeşitli aşamaları arası koordinasyonu mümkün kılarak, maliyet-yarar dengesini değiştirdi. Sonuç olarak G7 şirketleri, üretimin bazı aşamalarını düşük-ücretli ülkelere taşımayı kazançlı gördü.

Diyagramda gösterildiği gibi günümüzde birçok ürün telekomünikasyonla, e-postayla, web-tabanlı yönetim sistemleri ve diğer bilgi araçlarıyla örülmüş uluslararası üretim ağları tarafından üretilmektedir.

Kısaca, mesafe artık farklı yönlerden etkilemeye başladı çünkü mesafe insanların taşınması açısından başka, fikir ve ürünlerin taşınması açısından ise daha başka anlamlar ifade ediyordu.

Üretimin Kuzey'den-Güney'e Taşınması ve Bilgi Akışları

Üretimin deniz aşırı yaptırılması, know-how'ın küresel dağıtımı üzerinde ilginç bir etki yarattı. Tüm üretim aşamalarının birbiriyle uyumlu işlemesini sağlamak amacıyla G7, üretimle birlikte şirkete-özel know-how'ları da beraberinde götürdü (Şekil 42'deki ampüller). İngiliz şirketi Dyson buna iyi bir örnektir.

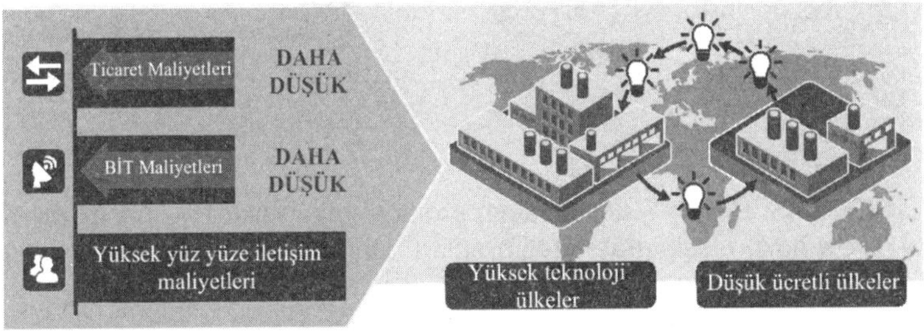

ŞEKİL 42: Küresel değer zincirleri, Kuzey'den Güney'e know-how (uzmanlık bilgisi) akışının yolunu açtı.

Düşen iletişim maliyetleri üretimin uluslararasılaştırılmasını sağladı. Sonuçta yaşanan deniz aşırı üretim, üretimin çeşitli aşamalarının koordine edilme ihtiyacını beraberinde getirdi. İşlerliğe bütünlük kazandırmak için deniz aşırı şirketler, idari, pazarlama ve teknik know-how'larını üretim aşamaları beraberinde götürdü.

Gerçekte düşük-ücretli işgücü, yüksek teknolojiyle birlikte çalışıyordu. İleri seviye know-how ve düşük ücretli işgücünün bu kombinasyonu, rekabet gücü üstünlüğünü göstermeye başlamıştı —öyle ki dünya üretimini kökten değiştirmişti. Bu kombinasyon, üretimin G7 ülkelerinden bir avuç gelişmekte olan ülkeye—özellikle Çin'e— bir anda ve geniş çapta kaymasının sebebi olmuştu.

Bu açıdan bakıldığında üretimin, mesela bir Apple bilgisayar fabrikasının Texas'tan Çin'e götürülmesi, Çin'in rekabet gücü sayesinde "ürünün sınır ötesi geçmesi" gibi düşünülmemelidir. Daha ziyade Amerikan know-how'unun Çin'in ucuz işgücüne götürülmesi olarak görülmelidir. Bu yeni küresel değer zincirleri dahilindeki teknoloji sınırları dışında kalan gelişmekte olan ülkelerinin, düşük ücret ve düşük teknoloji kombinasyonuna tutunmaları zor olmuştur; sonuç olarak "erken endüstrisizleşme" denen olgu meydana gelmiştir.

Dyson, üst sınıf elektrikli süpürge üreten bir şirkettir ya da eskiden öyleydi. Southampton - yakınlarındaki Malmesbury kasabasında elektrikli ev aletlerinin dizaynını, mühendisliğini ve üretimini yapardı. İkinci çözülmenin tipik bir sonucu olarak bu şirket, üretimini 2003'te Malezya'ya taşıdı.

ŞEKİL 43: Büyük Yakınsama'nın ardında yatan faktör, uzmanlık bilgisinin (know-how) uluslararası üretim ağları dâhilinde ulusal sınırlar ötesine taşınmasıydı.

İkinci çözülme teknolojik sınırları yeniden çizdi. Teknoloji, ulusal sınırlarla belirlenmekten çıkıp ulusal üretim ağ hatları dâhilinde belirlenmeye başladı. Know-how'ın Kuzey'den Güney'e akması sonucu, Büyük Iraksama esnasında oluşmuş bilgideki dengesizlikleri dengelemeye başladı. Bu da bir avuç gelişmekte-olan-ülkenin hızla endüstrileşmesini ve büyümede yükselişe geçmesini sağladı.

Üretimde rekabet güçlerini artıranlar sadece deniz aşırı üretimin alıcı konumunda bulunan gelişmekte olan ülkeler oldu. Diğer gelişmekte olan ülkeler ise Çin gibi hızla-sanayileşen gelişmekte olan-ülkelerce başlatılan 'emtiada süper döngüden' dolaysız fayda sağladı.

Özetle, işte bu yüzden birinci çözülme Büyük Iraksama'yı yaratırken ikinci çözülme Büyük Yakınsama'yı yarattı. İlkinde, düşen ürün taşıma maliyetleri, Kuzey'de inovasyonu besledi, fikir taşıma maliyeti yüksek kaldığı için bu inovasyonlar Kuzey'de kaldı. Fikirlerin uluslararası taşıma maliyetinin düşmesiyle, işçi başına düşen uzmanlık bilgisindeki devasa dengesizlik, Kuzey'in uzman bilgisi yüksek işçi oranı ve Güney'in düşük oranı arası yapılan bir arbitraja benzeyen bir 'deniz aşırı götürme' yöntemini doğurdu. Büyük Yakınsama bu arbitrajın meyvesidir.

Dartmouth'dan ekonomist Andrew Bernard'ın deyimiyle Dyson şu an "iyi bir fabrikasız üretici" konumunda.[2] Çalışanlarının hiçbiri fabrikasyon sürecinde etkin değil. Malın üretiminde gerekli tüm hizmet çeşitlerinde çalışmaktalar ancak gerçek anlamda ürün yapmıyorlar. Dyson teknik, pazarlama ve yönetim bilgisini, düşük ücretli Malezya işgücü ile birleştirerek diğer üreticiler karşısında ürünlerinin rekabet gücünü korumakta.

Dyson gibi sayısız örnek mevcut olduğu için bu Kuzey'den-Güney'e know-how akışları, BİT devrimi öncesine kıyasla çok daha geniş boyutlarda yaşandı. Büyümenin anahtarı bilgi olduğu için bu know-how akışları, gelişen ekonomilerde görülmemiş ölçüde bir büyümeyi tetikledi ve sonuçta dünyanın büyüme haritasını dönüştürdü (Şekil 43).

Küreselleşmenin İkinci Hızlanmasına ilişkin Zihinsel Modeller

İki yüzyıl boyunca ticaret genelde burada yapılan ürünün orada satılması demekti; küreselleşme daha çok, sınır ötesi geçen ürünlerde bariyerlerin azaltılması demekti. Ticaret bariyerlerinin düşmesiyle bir toplulaşma-inovasyon-rekabet gücü döngüsü ortaya çıkmış, sanayi ülkeleri zenginleşmiş ve Büyük Iraksama yaşanmıştı.

1990 yıllarında tüm bu durum tersine döndü. İlk çözülme sırasında payları G7'ye kaydıran mutlu sarmal, "delik sarmal"a dönüştü. Bir önceki bölümde anlatıldığı gibi G7 ülkelerinin dünya üretimindeki payları pike yaparken, Sanayileşen Altılı (S6) hızla sanayileşmişti. 2000 yılı sonrası on yıllarda dünya üretiminin beşte biri G7'den S6'ya kaydı. Bu hızlı endüstrileşme tarihte görülmemiş bir gelir büyümesini tetikledi. Dünya nüfusunun neredeyse yarısı S6 ülkelerinde yaşadığı için bu büyüme yükselişleri, emtia ihracatçısı ülkelerde kaldıraç etkisi yaratan bir emtiada süper döngüyü başlattı.

Uluslararası üretimdeki bu yeni düzen, ilk bakışta on dokuzuncu yüzyıldakini andırabilir; ne de olsa ülkeler en iyi yaptıkları şeye odaklanmaktaydılar. Fakat hızla sanayileşenler, G7'nin yaptığı gibi endüstrileşmedi. Rekabet güçlerini kendi know-how'ları ve kendi tedarik zincirlerini inşa etmek suretiyle kazanmadılar. S6, bölgesel üretim ağlarına katılarak sınır ötesi rekabet gücü kazandı.[3]

Birleşik Devletler, Almanya veya Japonya bu şekilde endüstrileşmemişti. Değişen dünyanın getirdiği küreselleşmedeki yeni karmaşıklıkları anlayabilmek, yeni kavramsallaştırmaları ve basitleştirilmiş düşünce modellerini gerektirir.

Bölümlendirme, Görev Ticareti, Üretimin Deniz Aşırı Yaptırılması ve Yeni Endüstri Devrimi

1990'larda çoğu gözlemciye göre küreselleşme sanki daha farklıydı. Değişimlerin erken yaşandığı Asya'da akademisyenler ve hükümetler

"Bölümlendirme (fragmentation)" denen olgu üzerine çalışmalar yaptılar. Savaş sonrası ticaret teorisyenlerinden Ronald Jones 1997'de düzenlenen Ohlin'i Anma Konferansı'nda, bu bölümlendirmeye anlam kazandırabilecek bir analitik kuram ortaya attı. Ne var ki Jones'un yazdığı *Globalization and the Theory of Input Trade (Küreselleşme ve Girdi Ticareti Teorisi)* kitabı, karşılaştırmalı üstünlük prensibiyle doğrudan çelişiyordu ve hatta MIT Press tarafından baskısı da yapılmıştı ancak pek itibar görmedi (ve hâlâ öyle).

2000'li yıllarda küreselleşme mevcut muammaya yenilerini eklerken, yeni bir zihinsel modele duyulan ihtiyaç giderek artıyordu. 2006 yılında Princeton'dan önde gelen üç ekonomistin küreselleşmede yeni bir evreye girildiği iddiasını ortaya atması kilit bir gelişmeydi. 2006 Mart ayında Princeton'dan ekonomist Alan Blinder, *Foreign Affairs* dergisinde "Offshoring: The Next Industrial Revolution? (Deniz Aşırı Üretim: Yeni Endüstri Devrimi mi?)" adlı bir makale yayınladı. Bu makale Davos çevresinde büyük endişe yarattı fakat geleneksel küreselleşme kavramı açısından bunun ne anlama geldiği makalede eksik yansıtılmıştı. 2006 Ağustosunda Princeton'dan Profesör Gene Grossman ve Esteban Rossi-Hansberg'in, —"görevler ticareti (trading tasks)" olarak bilinen— "yeni paradigması" ile bu eksiklik doldurulmuştu. Odak noktası deniz aşırı üretim ve parça/bileşenlerin ticaret edilebilirliği üzerindeydi. Meşhur Kansas Federal Rezerv Bankası Jackson Hole konferans salonunda sunulan Grossman ve Rossi-Hansberg'in fikirleri müthiş hızla yayıldı. Fikirleri, küreselleşmenin nasıl değiştiğine ve bu değişimin politika üzerinde etkilerine dair kendi görüşlerimi oluşturabilmemde fitili ateşleyen şey olmuştu— ve hatırlıyorum da Finlandiya Başbakanlığı için 2006 Eylül'ünde bu konuyu yazmıştım ("Globalization: The Great Unbundling[s] (Küreselleşme: Büyük Çözülme[ler]"). On yıl boyunca bu konu hakkında düşünmüş, yazmış ve konuşmuştum, sonrasında düşüncelerim üç-katmanli kısıt söylemine evrilmişti.[4]

Yirmi-Birinci-Yüzyıl Know-How ve On-Dokuzuncu-Yüzyıl Göçü

Üç-katmanlı-kısıt yaklaşımının özetine geçmeden önce, birinci ve ikinci çözülmelerin birbirinden temelde ne kadar farklı olduğunu göstermek için tarihteki bir olaydan yararlanmak istiyorum. Olay on dokuzuncu yüzyılda geçmektedir —ki bu yüzyılda küreselleşmenin iki farklı biçimi yaşanmış, biri Ricardo-vari ürün ticareti, diğeri de Ricardo'nun karşılaştırmalı üstünlük kaynaklarının hareketiyle ilgilidir.

İlk çözülme esnasında Avrupa'da bol işgücü ve az arazi vardı. Amerika'da ise durum tersiydi, yani —Ricardo kuramına göre— Yeni Dünya, Eski Dünya'ya tahıl gönderiyordu. Ancak Yeni Dünya arazilerinin büyük kısmı tarıma elverişsizdi çünkü ürünler piyasaya arz edilemeyecek kadar uzaktaydı. Demiryolları, "mesafenin fermanını" reddetti ve geniş elverişsiz toprakları elverişli kıldı. Ama bu yeni tarım arazilerine tarım işçisi gerekiyordu. İşte göç tam burada olaya dâhil oldu.

Amerikan politikası o zamanlar Avrupa'dan gelen göçe karşı hoşgörülü idi. Avrupalılar, işçi-arazi dengesizliğinden faydalanmak için kendilerini bekleyen Amerikan topraklarına göç ettiler. (Bkz: 2. Bölüm, Tablo 3). Bu verimli faktörün olaya dâhil olmasıyla ABD ekonomisi muazzam büyümeye tanık olmuştu. Transatlantik ticaretine de olağanüstü katkı sağladı.

Ricardo'nun karşılaştırmalı üstünlük kuramının bu tip bir küreselleşme karşısında nasıl nutku tutulduğuna dikkat çekelim. Ya da daha kesin ifadeyle nasıl adapte edilmesi ve yeniden yorumlanması gerektiğine. Burada yaşanan bir ülkenin karşılaştırmalı üstünlüğünün (iş gücünün) başka bir ülkenin karşılaştırmalı üstünlüğüne (arazi) doğru hareketi idi.

Konuya daha derin eğilirsek Ricardo'nun sunduğu —normalde ülke-seviyesi karşılaştırmalı üstünlük ile başlayan—kuram üzerinden bu olay açıklanabilir. Ki zaten bu göç, Amerika'nın buğdaydaki karşılaştırmalı arazi üstünlüğünü tersine çevirmemiş; aksine artırmıştı. Sonuçta yaşanan ABD'nin büyümesi ile ihracat artışının Ricardo kuramına göre olması gerekenden çok farklı bir doğası vardı. Birincisi göç, ABD'nin karşılaştırmalı üstünlüğü değiştirerek (güçlendirerek) buğday ihracatında tavan yaptırmıştı. İkincisi, düşük ticaret maliyetlerinin aksine bu etki küresel seviyede olmamıştı. Göçü alan ülkelerle (Birleşik Devletler, Kanada, Arjantin vs.) coğrafik olarak sınırlıydı.

Benim önerim, ikinci çözülmeye de bu çerçevede bakılması yönündedir. BİT devrimi G7'nin karşılaştırmalı üstünlük kaynağını (know-how'ını), S6'nın karşılaştırmalı üstünlüğüne (iş gücü) taşımış olması bakımından Amerika'nın göç yanlısı politikasına benzemektedir. Ama on dokuzuncu yüzyıl göçünden farkı, yeni bilgi akışlarının, alıcı ülkelerin mevcut karşılaştırmalı üstünlüğünü artırmakla kalmamış olmasıydı. Aksine Çin gibi ülkelerin bırak ihraç etmeyi, daha önce üretemeyecekleri kadar çok çeşitte ürünü bile yerel teknolojiyle ihraç edebilmelerinin önünü açtı.

İkinci çözülme ile on dokuzuncu yüzyıl göçü arasında farklı açıdan bir benzerlik vardır —ve coğrafik olarak dar bir alanı kapsamaktadır. Bilginin bu yeni uluslararası hareketi, sahibi firmalar tarafından dikkatle kontrol altında tutulur. Küresel değer zincirleri dâhilinde tutulması için büyük çaba sarf ederler. Bu yüzdendir ki, Yeni Küreselleşme sadece, know-how'un alıcısı konumundaki gelişmekte olan ekonomileri dönüştürür.

Bir sonraki bölümde, Yeni Küreselleşme'de aslında neyin yeni olduğunun detayına inilmektedir.

KUTU 7: ÖZETLE ÜÇ-KATMANLI-KISIT GÖRÜŞÜ

Tarım Devrimi insanları belli yörelere kilitlediği için mesafeler, üretim ve tüketimi mekânsal olarak kümelenmeye zorladı. Ürünleri, fikirleri ve insanları taşımak çok tehlikeli ve pahalıydı. Ticaret vardı ancak nadir bulunan antika ve lüks eşyalar üzerineydi.

Teknoloji geliştikçe ürünlerin, fikirlerin ve insanların taşınma maliyeti düştü —ama hepsi aynı anda düşmemişti. Küreselleşmenin ilk sıçramasıyla dünyayı ters yüz eden değişim, ürünlerin taşınma maliyetinin düşmesiyle yaşandı. Hızla düşen ulaşım maliyetleri, ürünlerin tüketime yakın üretilmesi zorunluluğuna son verdi. Bu, küreselleşmenin ilk çözülmesiydi —yani ürünlerin üretimi ve tüketiminin mekânsal açıdan birbirinden ayrılmasıydı.

Daha sonra anlaşıldı ki sanayi, bugünün zengin ülkelerinde kümelenmiş ve bu toplu sanayi inovasyon-destekli büyümeyi başlatmıştı. İlk çözülme yüksek iletişim maliyetlerine dokunmadığı için endüstriyel inovasyonlar yerel kaldı, ve bu büyümenin de büyük oranda yerel kalacağı anlamına geliyordu. Birkaç on yıl içinde büyümedeki bu eşitsizlik Büyük Iraksama'yı —yani dünyada son yüz elli yıla damgasını vurmuş görülmemiş seviyede bir gelir eşitsizliğini— yaratmıştı.

1990'lardan sonra ise hızla düşen iletişim ve koordinasyon maliyetleri, üretimin çoğu aşamasının aynı fabrika veya sanayi bölgesinde yapılması zorunluluğunu ortadan kaldırdı, böylece küreselleşmede ikinci çözülme yaşandı, yani üretim süreçleri uluslararasılaşmıştı.

Uluslararası üretimin koordinasyonu, şirkete özgü bilgilerin uluslararası hareketini gerektirdiği için, Kuzey'den Güney'e sadece üretim götürülmemiş, devasa bir Kuzey'den Güney'e know-how akışı buna eşlik etmişti. Diğer bir deyişle, gelinen noktada know-how kapıları sonuna kadar açıktır ve bir avuç gelişmekte olan ülkeye bolca akmaktadır. G7 şirketlerinin yüksek teknolojilerini gelişmekte olan ülkelerin düşük ücretli işgücüyle aynı potada eritmesinin neticesinde dünya katma-değer üretiminin beşte biri Kuzey'den Güney'e geçti.

Ürün ve fikir kısıtlarının giderilmesine rağmen Richard Florida'nın Atlantic dergisindeki 2005 tarihli makalesinde dediği gibi, hâlen "dünya eğri büğrü". Çoğu uluslararası üretim ağı ve değer zincirleri küresel olmaktan ziyade bölgeseldir. Asya Fabrikası, Avrupa Fabrikası veya Kuzey Amerika Fabrikası dahilindedirler. Bununla birlikte bir de insan-kümelenmesi meselesi çıkmıştı; mesafe hâlâ önemliydi, artan şehirleşme bunu gösteriyordu. Her iki durum da yüz-yüze görüşmenin yararlarıyla bağlantılı gibi görünmektedir.

Farklı açıdan ele alırsak dünya şu an üçüncü kısıt ile —yani yüz yüze iletişim maliyeti kısıtı ile— karşı karşıyadır. Son kısıt giderilirse meydana gelecek olanlar, 10. Bölüm'de yer verilen varsayımların konusudur.

5. BÖLÜM

Gerçekten de Yeni Olan Ne?

Küreselleşme cesur yeni dünyayı yaratıyor, demiş gazeteci Thomas Friedman. Çok satan 2005 tarihli *The World is Flat (Dünya Düzdür)* kitabı, yazarın "Kolombvari keşif yolculuğunun" tanıtımıyla başlar. Yolculuğu onu, rastlantı eseri Hindistan'da bir golf oyununa götürür. Golf sahasında ne kadar çok ABD şirket markası olduğuna şaşırır ve bir aydınlanma yaşar: "Sanırım dünya düz". Tabii görmüş geçirmiş bazı okurlar, bu daha ne ki diye içlerinden geçirebilirler.

Bu 'dünyada değişen yeni bir şey yok' şüpheciliği cezbedici olsa da bu bölümde amaçlanan Yeni Küreselleşme'de bazı şeylerin gerçekten yeni olduğunu masaya yatırmaktır. Bu bölümde, özellikli olarak küreselleşmenin birinci ve ikinci çözülmesi arasındaki farkların analizinde anahtar sayılabilecek yönlerin belirlenmesi amaçlanmıştır.

Yeni Küreselleşme'nin yeniliği, ikinci çözülmenin şu iki yönünden kaynaklanır: Bölümlendirme ve hizmet/imalat sektörlerinin deniz aşırı taşınması ile beraberinde giden işler ve buna eşlik eden teknoloji akışları. Bu sebeple, üretimin uluslararası sınırlarındaki bu temel değişim, ilk ele alınan konu olacaktır.

Değişen Üretim Organizasyonu

Üretimin uluslararası organizasyonunda yaşanan değişim, 1980 ortaları ve 1990 ortaları arası bir zamanda oldu; biz yine de 1990'ı baz alalım. Değişimi açıklamak kolay olsa da yarattığı sonuçlar hem karmaşık hem de önemli oldu. Bazen Yeni Küreselleşme, bazen ikinci çözülme, bazen de küresel değer zinciri devrimi olarak adlandırdığım bu temel değişim, Şekil 44'te resmedilmektedir.

Tipik olarak, Yediler Grubu (G7) ülkelerindeki üreticiler, burada-yap-orada-sat şeklinde tabir edebileceğimiz malların üretiminde, girdileri yerel olarak tedarik ederler. Bir ABD malını, aslında ABD'de yapılmış gibi düşünebiliriz. Şekil 44 sağ grafikte bu durum gösterilmektedir.

Tabii bazı parçalar, mesela bir otomotiv tekerinin lastiği, uzak ülkelerden tedarik edilir. Kaldı ki G7'nin en parlak çağında bile parça ve bileşenlerin G7 ülkeleri arası ileri-geri ticareti çok yapılırdı. Bu, hiper-uzmanlaşmanın avantajlarıyla ilgili bir durumdur. Mesela Avrupa'da Fransa otomotiv parçası firması Valeo yolcu arabalarının klimaları üzerine uzmanlaşırken, Alman firması Webasto Bus GmbH otobüs klimaları üzerine uzmanlaşmıştır. Bilgi ve iletişim teknolojilerinin uluslararası üretim ağlarında yarattığı devrimin öncesinde, bu gibi Kuzey'den-Kuzey'e ticaret örneklerini hesaba katınca bile yurtdışından tedarik edilen girdilerin toplam payı yine de cüzi kalıyordu.[1] Sonuç olarak Alman ihracatını bir Alman işgücünün, sermayesinin, teknolojisinin ve iş yönetiminin vücuda bürünmüş bir hâli gibi düşünebiliriz. Ve aynı şey Birleşik Devletler, Birleşik Krallık, Japonya, Fransa ve İtalya'da üretilen ürünler için de geçerliydi.[2]

Üretim süreçleri, yerel kümelenmiş olsa da hâlâ karmaşıktı. Şekil 44'te gösterildiği gibi birden çok üretim aşamasını kapsıyordu. Mikrokümelenmenin ardında yatan neden ise 4. Bölüm'de bahsedildiği üzere bu karmaşık süreçlerin koordine edilme ihtiyacı idi. BİT devrimi, fabrikaların mikrokümelenmesine neden olan "koordinasyon zincirlerini" eritmeye başlayınca G7 şirketleri, yakınlarındaki gelişmekte olan ülkelerin düşük işgücü-maliyetinden fayda sağlamak amacıyla üretim süreçlerini gitgide uluslararasılaştırmaya başladı (Şekil 44 sağ grafikte gösterilmiştir). Buradaki temel nokta, bu yeni uluslararası üretim organizasyonları aracılığıyla fabrikaların Kuzey'den-Güney'e sınır ötesi geçmiş olmasıdır. Bu durum birçok değişikliğe yol açtı, ama en önemlisi fabrikalar arası akışların uluslararası akışlara dönüşmesi oldu. Bu akışların uluslararasılaşması sonucu olarak küreselleşmenin dünya ekonomisi üzerine etkilerinin 1990'dan sonra farklılaşması, bu kitabın ana tezini oluşturmaktadır.

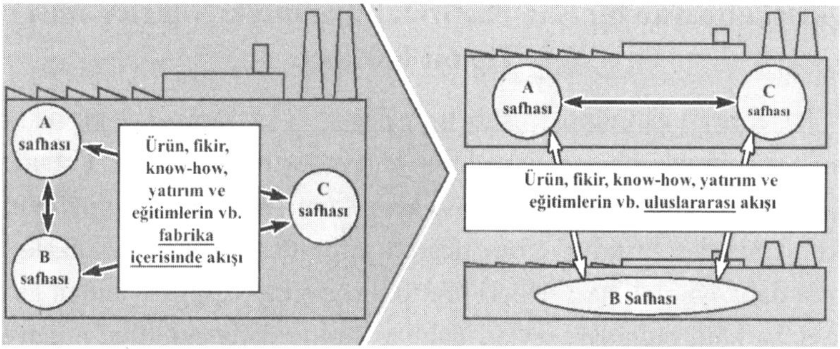

ŞEKİL 44: Yeni Küreselleşme ve üretimin uluslararasılaştırılması: Kuzey'den Güney'e sınırları aşan fabrikalar.

Geleneksel üretim, G7 fabrikaları ve sanayi bölgeleri içerisinde organize edilmiş üretim evrelerini içeriyordu (sol grafikte gösterilmiştir). İkinci çözülmeden önce ara malların, sermayenin ve hizmetlerin uluslararası ticareti mevcut olsa da genellikle G7 ülkeleri dâhilinde —mesela Birleşik Devletler ve Kanada arasında veya Batı Avrupa içerisinde— idi.

BİT devrimi sayesinde G7 şirketleri üretim aşamalarını ayırıp bazı aşamaları gelişmekte-olan ülkelere taşıyarak maliyetten tasarruf etti. Sonuç olarak çok sayıda fabrika, Kuzey'den Güney'e sınır ötesi geçmeye başladı —bu geçişin yarattığı devrimsel etkinin ardında yatan sebep ise basitti. Üretim, düşük-ücretli ülkelere taşınmış olsa bile hâlâ koordine edilmesi gerekiyordu ve bu yüzden, bir zamanlar G7 fabrikaları içerisindeki aşamaların koordinasyonunu sağlamış olan insanlar, fikirler, yatırım, eğitim ve know-how, artık Kuzey'den Güney'e sınır ötesi akmaya başlamıştı (sağ grafikte gösterilmiştir). Bunların en önemlisi ise fikir akışlarıydı. Küreselleşme tam da yeni bilgilerin zengin ülkelerden yoksul ülkelere götürüldüğü esnada dönüştürücü etkisini göstermişti.

Kitabın bu bölümünün geri kalanında, üretimin organizasyonundaki bu basit değişiklik sonucu oluşan şaşırtıcı derecede karmaşık etkiler üzerinde durulmuştur. Bu etkiler dört parçada ele alınmıştır: 1) ulusal olmayan bir karşılaştırmalı üstünlük; 2) değerin hizmet sektörüne kayması; 2) yeni grup kazanan ve kaybedenler; ve 4) küreselleşmenin vahşileşmesi.

Ulusal olmayan bir Karşılaştırmalı Üstünlük: Ülkeler arası Yeni Tip bir Rekabet.

Ülkeler arası ekonomik rekabetin geleneksel kavramı— ve bu rekabetin kızışmasıyla oluşan sonuçlar— karşılaştırmalı üstünlük ilkesine dayalıdır. Bu prensibin çıkış noktası, her ülkenin rekabet üstünlüğünün farklı alanlarda oluşudur. Ürün ticareti serbestleştikçe piyasa, ülkeleri görece daha iyi oldukları şeyleri üretip ihraç etmeye, diğer yandan görece daha kötü oldukları şeyleri daha az üretip daha çok ithal etmeye zorlar (detaylı olarak 6. Bölüm'de ele alınmaktadır).

İkinci çözülme, uluslararası üretim sınırlarını Şekil 44'teki gibi yeniden çizince, karşılaştırmalı üstünlük ulusal olmaktan çıktı. Yani, Eski Küreselleşme'de rekabet sınırları, ulusal sınırlara paralel gibi düşünülebilir. Mesela Almanya'da üretilen bir arabanın rakibi Japonya'da üretilen arabalardı. Yeni Küreselleşme dâhilinde ise rekabet sınırlarını, birden fazla uluslararası üretim ağları gibi —veya "küresel değer zincirleri" kısaca KDZ olarak— düşünebiliriz. Bunu ulusal perspektiften ele alırsak Yeni Küreselleşme altında ülkeler, mevcut rekabet üstünlüklerini daha da geliştirmediler; rekabette üstün oldukları alanları değiştirdiler. Bu durumu Japonya'ya nakliye araç parçası ihraç eden Vietnam şirketi örneğine bakarak daha iyi anlayabiliriz.

Bu Vietnam şirketi örneğinde, diyelim ismi "A tedarikçisi" olsun, devlete ait bu şirket 1998'den önce tarım makineleri ve parçaları üretmekteydi ve "işgücü iyi olmasına rağmen iyi yönetilmiyordu".[3] 1990'dan sonra Honda ile çalışmaya başladıktan sonra işleri büyük ölçüde düzeldi. Honda ile yaptığı taşeronluk sözleşmesi gereğince Honda, Japonya'dan üretim yönetimi üzerine know-how ve teknoloji transferi sağlayarak şirkette Japon üretim modelini inşa etmek amacıyla mühendisler yolladı.

Artan kapasitesi ve kalitesiyle şirket, deniz aşırı yerlerden özellikle motosiklet parçası üzerine siparişler almaya başladı. Şirketin satışlarının %80'i Honda'ya yapılmakta olup diğer Japon motosiklet üreticileriyle de taşeron sözleşmeleri imzalamıştır.

Burada olan şeyin üzerinde bir düşünelim. Honda'nın küresel değer zinciri Vietnam'a ulaşmadan önce bu ülkenin rekabet üstünlük alanı ulusal niteliklerine; yani işgücüne, iş yönetimine ve teknolojisine dayalı makineler ve parçalarıydı. Sonrasında Vietnam'ın bu gibi şeylerdeki rekabet gücü, ulusallıktan sıyrılmış niteliklerin birleşimine bağlı hâle geldi, yani bu örnekte Japon know-how'u ve Vietnam'ın işgücünün birleşimiydi.

Kısaca ikinci çözülme, Vietnam'ın mevcut karşılaştırmalı üstünlüğünden istifade etmesini sağlamamıştı; Vietnam'ın karşılaştırmalı üstünlüğünü değiştirmişti. Motosiklet parçası ithal eden Vietnam'ı ihracatçı ülke konumuna getirdi. Bu değişim, Japonya'nın karşılaştırmalı üstünlük kaynağının —know-how'unun— sınır ötesi taşınıp Vietnam'ın karşılaştırmalı üstünlük kaynağı —düşük işgücü— ile birleşmesi sayesinde oldu.

Bu birleşme Honda'nın rekabet gücünü artırdı, özellikle de Hindistan'dan tedarik arayışına girmiş Alman rakibi BMW karşısında. Bu açıdan Vietnam ve Hindistan şirketlerini güvenilir parça tedarikçilerine dönüştüren know-how'un deniz aşırı götürülmesi sayesinde, rekabetin coğrafik sınırları değişmiş oldu. Gelinen noktada artık Japonya-Almanya rekabeti yok; artık Honda öncülüğündeki bir KDZ ve BMW öncülüğündeki bir KDZ var.

Karşılaştırmalı üstünlük ilkesinde yaşanan böyle bir değişim gerçekten önemlidir çünkü karşılaştırmalı üstünlük, on dokuzuncu yüzyıl başından beri küreselleşmeye ilişkin kuramların hep en merkezinde olmuştur. Bu ilke özellikle şu üç sorunun cevabına daha derli toplu cevaplar üretebilmemize yardımcı oldu: Hangi ülke ne ihraç ediyor? Bu ticaretin kazananı kim oluyor? Ve bir ülkedeki rekabet gücü üstünlüğündeki değişim diğer ülkeler için ne ifade ediyor? Biz ilk olarak "kazananı kim oluyor?" sorusuna odaklanalım.

Küreselleşmeden Kazanan Ülkeler

Eğer karşılaştırmalı üstünlük ulusal ise, serbest ticaretten tüm ülkeler kazançlı çıkar. Her ülkenin kazanan ve kaybedeni olacaktır, ama kazanan kaybedenin kaybettiğinden daha çok kazanır (Tam detaylı inceleme için bkz: 6. Bölüm). Şayet tüm ülkelerdeki hükümetler, küreselleşmenin getirdiği kazanç ve kayıpları akıllıca paylaşabilirse herkes kazanabilir. Küreselleşmenin ilk çözülmesi için de aynı şey geçerliydi.

Tüm ülkelerin kazançlı çıkacağı alternatif basit ve güçlü bir mantığa dayanıyor. Ticaret sadece ülkelerin sınırlı kaynaklarını daha etkin kullanmalarını sağlar. Ticareti mesela İsviçre'nin (yapmakta gayet iyi olduğu) bankacılık hizmeti ihracatının, (yapmakta gayet kötü olduğu) muz ithalatıyla değiş tokuşu gibi düşünmek tam yerinde olacaktır. Ticaret sayesinde İsveç kaynakları, muz yerine bankacılık hizmetlerinde daha etkin şekilde kullanılabilir.

Giriş kısmındaki futbol kulübü benzetmesinde olduğu gibi karşılaştırmalı üstünlüğün uluslararası sınırları tekrar çizmesi, tüm-ülkeler-kazansın alternatifini zayıflatır. Aslında karşılaştırmalı üstünlük kaynağının uluslararası sınırları geçmesi ile tüm ülkeler kazançlı çıkacak diye bir şey yoktur. Bunun sebebi gayet basittir. Mesela Avusturya ihracat ürünlerine yeni rakip yaratacak şekilde bir Avusturya şirketinden yurtdışına yapılacak bir teknoloji transferi, Avusturya'da çalışan Avusturyalıların zararına olabilir.

Birçok kişi birçok kez bu noktaya değinmiştir, bunlardan en önemlisi Nobel ödüllü yazar Paul Samuelson'ın 2004 tarihli makalesi "Where Ricardo and Mill Rebut and Confirm Arguments of Mainstream Economists Supporting Globalization (Ricardo ve Mill, Küreselleşme Destekçisi Ana Akım Ekonomistlerle Nerede Bağdaşıyor ve Nerede Çelişiyor?" başlıklı makalesidir. Samelson'un etkili biçimde ifade ettiği gibi, "Önceden Birleşik Devletler'in olan karşılaştırmalı üstünlüğü kısmen Çin'in eline veren yurtdışındaki icatlar, Birleşik Devletler'in kişi başına reel gelirlerinde kalıcı kayıplara yol açabilir". Benim fikrime göre Samuelson burada "yurtdışındaki icatlar" derken ikinci çözülmeye atıfta bulunmuyordu. Senin yapmakta iyi olduğun şeylerde başkaları da uzmanlaşırsa, yeni ortaya çıkacak rekabet ortamından zarar görürsün demek istemişti.[4]

Bununla yakından alakalı bir mantığa göre Yeni Küreselleşme, rekabet güçleri üzerinde ülkeler arası önemli etkiler bırakmıştı.

Ülkeler Arası Rekabet Gücünde Yaşanan Değişimler

Kuzey'den-Güney'e üretimin sınır ötesi uluslararasılaştırılması, Kuzey şirketlerinin rekabet gücüne yarar. Ne de olsa bunun ardında maliyeti azaltma isteği vardır. Düşen maliyet ya fiyatlarda indirim ya da kalitede artış olarak ya da ikisine birden yansır fakat Kuzey şirketi uluslararasılaştıktan sonra önceye göre daha rekabet-üstündür. Bu durumun diğer teknolojik yönden gelişmiş ülkeler açısından ne anlama geldiği üzerine bir düşünelim.

Örneğin diyelim ki Toyota, üretimin işgücü-yoğun aşamalarını deniz aşırı yaptırırken, Fiat yaptıramadı. Üretim aşamalarını deniz aşırı taşıyan Toyota'nın artan rekabet gücü, Fiat'ın rekabet gücünü doğrudan düşürür. Toyota'nın üretimi deniz aşırı yaptırması, Japonya'daki bazı fabrikaların istihdamına zarar verirken Toyota-Fiat rekabetinde Toyota'ya yarar sağlar, yani deniz aşırı taşınma ile, belirli imalat işlerinin Japonya'da kalma olasılığı yüksektir.

Olayı ülke bazında ele alırsak, üretimin ulusallıktan çıkması, üçüncü dünya ülkelerin karşılaştırmalı üstünlüğünü güçlendirebilir. Aslında bunu Samuelson'un bir ülkenin, bir zamanlar bir başka ülkenin özellikle üretmekte başarılı olduğu şeylerde uzmanlaşması sonucunda olacaklar üzerine görüşünün bir başka örneği olarak düşünmekte son derece haklıyız.

Politika üzerine etkileri 8. Bölüm'de detaylı işlenmiştir ama bir etkisi var ki gün gibi ortadadır. Başka gelişmiş ülkeler ikinci çözülmeyi benimserken, buna direnme girişimleri boşuna, hatta zararlı olabilir. Üretimin uluslararası organizasyonuna yasaklar koymaya çalışan gelişmiş bir ülke, bu direnişin endüstrisizleşmeyi engellemekten çok hızlandırdığını tecrübe edebilir.

Bununla ilgili rekabet gücü 'yayılması', gelişmekte olan ülkeleri etkiler. Mesela Çin, küresel değer zinciri devrimini tamamıyla benimsemiştir. Bu sayede Japon know-how'unu alıp Çin işgücüyle birleştirerek elektrik motorları imal etmektedir. Bunun aksine Brezilya, üretimin uluslararasılaştırılması sürecine katılmamıştır. Brezilya know-how'u ve Brezilya işgücü birleşiminin ürünü olan elektrik motorları imal etmektedir. Sonuç olarak Brezilyalı elektrik motor üreticileri, Çin ihraç mallarıyla rekabet etmekte zorlanmaktadır. Ne de olsa düşük ücret ve yüksek-teknoloji birleşimi, düşük ücret ve düşük-teknoloji birleşiminden daha üstündür. Kısaca bariz etki şudur ki küresel değer zinciri modasına uymakta direnen gelişmekte olan ülke politikaları, endüstrileşmeye yaramaktan çok zarar verebilir. Bu görüş 9. Bölüm'de daha geniş şekilde ele alınmıştır.

Yirmi Birinci Yüzyıl Dönemi Ticaretinin Doğasında Yaşanan Değişimler

Üretimin yeniden organizasyonunun salt ürün alım satımından fazlasını içeren "uluslararası ticaret" üzerinde yarattığı en bariz etkilerinden biri, Şekil 44'te gösterilmektedir. Başka bir deyişle üretim süreçlerinin, uluslararası sınırlar üzerinde ülke ülke gezmesi, uluslararası ticaretin doğasını kökten değiştirmektedir. Bu yeni sınır ötesi ticareti oluşturan her bir unsur için daha kesin terimler mevcut olsa da buna "yirmi birinci yüzyıl ticareti" demek daha faydalı olacaktır çünkü bu isim, ticaretin önceki biçimlerine bir atıftır.

Yirminci yüzyıl ticareti büyük ölçüde bir ülkede yapılan ürünlerin başka bir ülkedeki müşterilere satılması demekti. Şekil 44'teki gibi üretimin uluslararası organize edildiği ikinci çözülme öncesi ihracatı, ihracatçı ülkenin üretken faktörlerinin, teknolojisinin, toplumsal sermayesinin, yönetişim kapasitesinin vb. paketlenmiş bir hâli gibi düşünebiliriz. Üretimde katkısı olan tüm faktörler dolaylı olarak sınır ötesi geçiyordu çünkü her biri fabrika hasılasının bir unsurunu oluşturuyordu, fakat gümrük memurlarına göre sınırları geçen tek şey ürünlerdi.

Bu tip bir yirminci yüzyıl ticareti hâlâ mevcut. Ham madde ihracatları ve birçok tarımsal ürün, hâlâ burada-yap-orada-sat tipi mallar arasındadır. Hatta makine gibi en çözülmüş sektörlerde bile Amerika Birleşik Devletleri ve Almanya gibi büyük ulusların ihracatındaki katma değerin yüzde 90 kadarı, yerli kaynaklıdır.

Günümüz ticaretinin en dinamik süreçleri üretim organizasyonun değişmiş olması yüzünden çok daha karmaşık işler. Yirmi birinci yüzyıl ticareti iç içe geçmiş şu süreçleri içerir:

- Parça ve bileşenlerin ticareti.
- Üretim tesislerinin, personelin ve know-how'un uluslararası taşınması.
- Yayılmış üretimin koordinasyonu için gerekli, özellikle Telekom, internet, ekspres kargo, hava kargo, ticarete ilişkin finans, gümrükten çekme, ticaret finansı gibi hizmetler.

Buradaki iki önemli nokta, uluslararası ticaretin, ürün, hizmet, fikri mülkiyet, sermaye ve insan akışını da kapsayarak çok yönlü hâle gelmiş olması ve bu akışların aynı sebebe (üretimin çözülmesine) bağlı olması bakımından daha da karmaşıklaşmasıdır. Bu önemli noktaların uluslararası ticaret politikası üzerine yarattığı büyük sonuçlar 8. ve 9. Bölüm'de genişçe ele alınmıştır.

Güney'den Kuzey'e Ticarette Yaşanan Değişim

Yirminci yüzyıl ticaretinde kalite açısından yeni bir şey yok. "Fabrikaların sınır ötesi geçmesi" Kuzey Amerika ve Batı Avrupa için yeni bir durum değil. Mesela 1957 Roma Anlaşması ve 1965 ABD- Kanada Otomobil Paktı, tam da burada-yap-orada-sat ticaretinin ötesinde bir ekonomik entegrasyona zemin hazırlamak için kurulmuştu. Bugün küresel değer zinciri dediğimiz mekanizmanın kurulumunu kolaylaştırmaları gerekiyordu.

Küreselleşmede gerçekten yeni olan, fabrikaların sadece Kuzey'den Kuzey'e sınır ötesi değil, Kuzey'den Güney'e sınır ötesi geçiyor olmasıdır. Sonuç olarak bazı Kuzey-Güney ticari ilişkilerine, önceleri G7 ülkeleri arasında onlarca yıl hareket etmiş ürünlerin, hizmetlerin, know-how'un ve yatırımların karmaşık akışları damgasını vurmuştur. Ancak burada dikkat çekilmesi gereken ince bir husus var.

Gelişmekte olan ülke ihracatçıları açısından bir devrim niteliğinde olan bu akışlar, gelişmiş-ülke ihracatçıları açısından evrim niteliğindeydi. İkinci çözülmeyi tetikleyen koordinasyon maliyetlerindeki düşüş simetrikti—ne de olsa iyi telekomünikasyon, fikirlerin her iki tarafa da akmasını sağlar. Yarattığı sonuç ise hiçbir simetri göstermiyordu, bunun çok belirgin iki sebebi vardı.

Bunlardan ilki, ikinci çözülme başlangıcında bilgi-işgücü oranının Güney'e göre Kuzey'de daha yüksek olmasıydı. Eski ismiyle yeni sanayileşen ekonomilerde (Singapur, Tayvan, Kore ve Hong Kong) birtakım etkiler bırakmış olsa da bilgi oranı, diğer gelişmiş-teknolojili ülkelere göre G7'de hâlâ daha fazladır. Burası önemlidir çünkü fikirlerin sınır ötesi taşınmasının kolaylaşması, know-how akışlarında bir asimetri yarattı. Bilgi Kuzey'den Güney'e ve bunun çok azı Güney'den Kuzey'e doğru yönde akmaktaydı.

İkincisi, üretimin uluslararası koordinasyonu becerisi, ithal parça ve hizmetlere güvenilirlik kazandırdı fakat bu değişim asimetrikti; gelişmekte olan ülkelerin parça ihracatında devrimsel bir artış fakat G7 ihracatçıları için hafif bir teşvik yarattı. Tekrar belirtelim, parça ve bileşenlerin ticareti yeni bir şey değil. Fakat ikinci çözülmeye kadar bu ticarette bir orantısızlık vardı. İkinci çözülme ile değişen şey, gelişmekte olan ülkelerin tarihte ilk defa G7 üreticilerine (ve birbirlerine) parça ihracat edebiliyor olmasıydı.

Gelişmekte olan ülke üreticileri, parçalarını alacak az sayıda yabancı alıcı bulabiliyordu çünkü G7 şirketlerinin bu parçaların kalite ve güvenirliğini doğrulayabilmesi çok maliyetli hatta imkânsızdı. Tüm bu durum G7 şirketlerinin, gelişmekte olan ülke fabrikalarını bizzat takip etmesi veya işletmesiyle değişti. Bir önceki örnekte incelendiği gibi Honda artık Vietnam'ın üreteceği motosiklet parçalarına güvenebilirdi çünkü Honda üretim sürecine doğrudan dâhil oluyordu.

Bu anlamda ikinci çözülme, asimetrik bir ticari fırsat yaratmış oldu. Gelişmekte olan ülkelerin parça ihracatçılarının imkânlarını kökten değiştirirken, gelişmiş ülkelerin parça ihracatçılarına kısmi olarak yeni fırsatlar tanıdı.

Şekil 45'te buna bir örnek gösterilmektedir, "Kuzey" ve "Güney"in ihracat performansları karşılaştırmalı verilmiştir. Güney; Giriş kısmında Sanayileşen Altılı (S6) olarak belirtilen altı gelişmekte olan ülke ile temsil edilmektedir. Kuzey; G7'nin üç büyük üreticisi, yani Birleşik Devletler, Almanya ve Japonya tarafından temsil edilmektedir. Grafikte nihai araçlar ve araç parçaları dikkate alınmıştır çünkü bu sektörün nihai ürün ve parçalarının tanımlamaları nettir. Grafikte yer alan her bir bar, belirtilen on yıl içinde ihracat değerinin kaç kat arttığını göstermektedir; örneğin 1,0 değeri S6'nın araba ihracat değerinin 1988'den 1998'e değişmediğini göstermektedir.

Grafikten çıkarılacak en can alıcı sonuç, S6'nın araç parça ihracatının her iki periyotta da araç ihracatından çok daha büyük oranda bir patlama yaşamış olmasıdır. İkinci çözülmenin ilk zamanlarında, diyelim 1988 ve 1998 arasında S6, araç parça ihracatlarını 11,7 kat artırmış, araç ihracatları bakımından yerinde saymıştır. Kuzey ihracatçılarının performansı bundan tamamen farklıdır. Araç ihracat rakamları 1,3 kat artarken parça ihracatları 1,6 kat artmıştır. 1998'den 2008'e kadar olan ikinci periyotta durum benzerliğini korudu ancak S6'nın araç ve parça ihracatında patlama yaşandı.

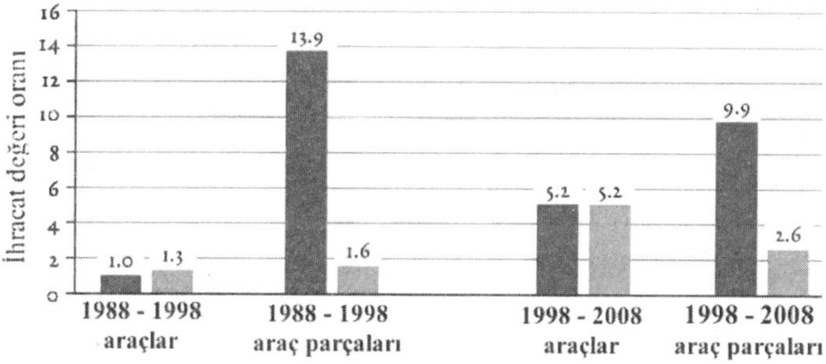

ŞEKİL 45: İkinci çözülme, özellikle gelişmekte olan ülkelerin parça ihracatına yaradı.

Küreselleşmenin geniş çapta hızını artırmasıyla araç ve araç parçası ticareti arttı ancak bu asimetrik bir artıştı. Grafikteki resme bakınca araç parça ihracatına koyulan bariyerlerin özellikle gelişmekte olan ülkeleri etkilediği sonucu çıkmaktadır.

Bunu görmek için öncelikle gelişmekte olan ülkelerin ihracat performans rakamlarına odaklanmak gerekir (burada sanayileşen altılı, kısaca S6 olarak gösterilmiştir, yani Çin, Hindistan, Kore, Polonya, Endonezya ve Tayland). 1988'den 1998'e kadar olan ilk periyotta S6 parça ihracatı yukarı tırmanırken araç ihracatı durgunluğunu korudu. 1998 – 2008 periyodunda ise iki kategoride de ihracat patlaması yaşandı ama parça ihracatı 8,7 kat artarken araç ihracatı "sadece" 5,5 kat arttı. Gelişmiş ülkelere (Birleşik Devletler, Almanya ve Japonya) gelince iki ürün çeşidindeki artış birbirine çok daha yakındı. İlk periyotta araç ve parça ihracatı sırasıyla 1,3 ve 1,6 kat artarken, ikinci periyotta sırasıyla 1,9 kat ve 2,6 kat arttı.

Grafikten çıkarılacak ana sonuç şudur: BİT devriminin ve buna yönelik yapılan politika değişikliklerinin bu iki grup arasında ticarete etkileri asimetrik gerçekleşmiştir. Bir yerde nihai ürün ihracatından ziyade parça ihracatını teşvik etmiş olmakla birlikte Güney'in parça ihracatını, Kuzey'in parça ihracatına oranla daha çok teşvik etmişti.

VERİ KAYNAĞI: World Integrated Trade Solution (WITS) veritabanı.

NOT: Verilen rakamlar araçlar ve araç parçalarına yöneliktir. Grafikteki barlar ilgili grubun, o yıl aralığına ait ihracat artış değerini göstermektedir (örnek olarak, ilk bar Y10'un 1988'den 1988'e kadar olan araç ihracat değerini göstermektedir).

Değerin Hizmet Sektörüne Kayması: Gülen Eğri ve Hizmetleşme

Şekil 44'te gösterilen üretimin uluslararası yeniden organizasyonu ile dünyada ürün seviyesinde üretim kökten değişti. "Gülen eğri" olarak tabir edilen kullanışlı bir şema aracılığıyla bu değişimler net şekilde anlaşılabilir.

Acer'ın kurucusu ve CEO'su Stan Shih tarafından 1990'ların başında geliştirilen gülen-eğri mantığına göre, sanayi ürünlerindeki katma değer dağılımında bir kayma yaşanmıştır. Üretime ilişkin hizmetlerin kattığı değer, gitgide artmakla birlikte üretimin kendisinin kattığı değer gitgide azalmaktadır. Farklı açıdan bakarsak ikinci çözülme öncesindeki fabrikasyon aşamasına ait katma değerin büyük bölümü, hizmet girdileriyle ilgili fabrikasyon öncesi ve sonrası aşamalara geçmiştir.

Asya politika yapıcıları ve sanayicileri çevresinde geniş çapta kabul gören bu görüşe göre "gülen eğri" derinleşmektedir (Şekil 46). Eğrinin derinleşmesi hızla sanayileşen gelişmekte olan ülkeler arasında endişe yaratmıştır. "İyi" işler Kuzey'de kalırken "kötü" işlerin—yani işçi başına katma değeri düşük işlerin—kendilerine kaldığından endişe etmektedirler.

Apple, iyi ve kötü iş karşılaştırmasına mükemmel bir örnektir. 1980'de meşhur Apple II bilgisayarını Texas ve İrlanda'da üretmeye başlayan Apple, çok geçmeden devre kartlarının üretimini Singapur'da bir tesise taşıdı. Apple 1990 ortalarına kadar Birleşik Devletler'de yeni fabrikalar açmaya ve fabrika işçisi istihdam etmeye devam etti. 1996'dan sonra ise üretimini büyük oranda Birleşik Devletler dışına kaydırmaya başladı. Birleşik Devletler'deki son üretim tesisi 2004'te kapandı. Nihayetinde Apple, ürünlerinin fabrikasyon aşamasını tamamen bıraktı.

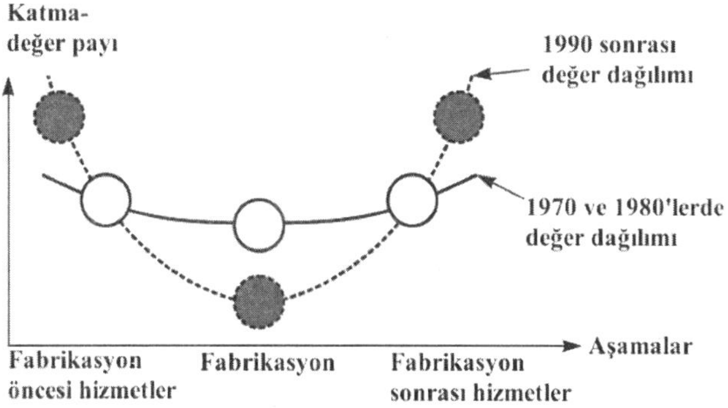

ŞEKİL 46: Gülen eğri: İkinci çözülme sonucu değer zincirindeki değerin yön değiştirmesi.

Gülen eğri, Yeni Küreselleşme'nin getirdiği ürün bazında yaşanan ana değişimleri göstermek için kullanışlı bir araçtır. Diyagramda fabrikasyon-öncesi (dizayn, finansman, organizasyon hizmetleri), fabrikasyon faaliyetleri (fabrikada yapılan işler) ve fabrikasyon sonrası (pazarlama, satış sonrası hizmetler vb.) olarak üç aşamada sınıflandırılmış tipik bir değer zinciri örneği verilmiştir.

Bu eğriye göre değişimin sebebi, fabrikasyon aşamalarının metalaştırılarak düşük-maliyetli gelişmekte olan ülkelere kaydırılmasıdır. Toplam payın yüzde yüze tamamlanması gerektiğinden, fabrikasyon aşamasının düşen katma-değeri, fabrikasyon öncesi ve fabrikasyon sonrası aşamalara artış olarak yansımaktadır. Bu fabrikasyon öncesi ve sonrası hizmet işleri özellikle G7 ülkelerine gitmektedir (veya orada kalmaktadır).

Gülen eğri, üretimin hizmetleşmesi trendine de açıklama getirmektedir çünkü imalat sektöründe gibi görünen katma değer oranı düşerken, hizmet sektörlerinin katma değer oranı artmaktadır.

KAYNAK: Baldwin, "Global Supply Chains: Why They Emerged, Why They Matter, and Where They Are Going," Centre for Economic Policy Research, Discussion Paper No. 9103, Ağustos 2012. Şekil 18.

Günümüzde çoğu Apple ürünü California'da dizayn edilmekte ve pazarlaması, dağıtımı, satış-sonrası hizmetleri ve App Store, iTunes vb. üzerinden ek hizmetleri Apple tarafından yapılmaktadır. Fabrikasyon aşamaları ise daha çok Çin'de yapılmakta ve Foxconn gibi farklı şirketler tarafından organize edilmektedir. Asyalı politika yapıcıları bu durumu, yüksek katma değerli işlerin Birleşik Devletler'de kaldığı, Asya'ya kötü, katma-değeri düşük işlerin getirildiği şeklinde yorumlayabilir.

İkinci Çözülme ve Gülen Eğri

İkinci çözülmeden önce, Şekil 46'da gösterilen katma değer aşamalarının üçü de G7 ülkelerinde gerçekleştiriliyordu. Tüm üç aşama G7'nin mükemmel know-how'u ve iyi ücret alan mükemmel G7 işçilerinin birleşimi vasıtasıyla yapılıyordu. Üretimin çözülmesi, Apple gibi G7 şirketlerinin fabrikasyon aşamalarını deniz aşırı taşımasına olanak sağladı. Dahası, gerekli Apple know-how'ına sahip ve ürün taşıma ucuz olduğu için, fabrikanın nerede konumlandığı önemli değildi. Diğer bir deyişle fabrikasyon, küresel değer zincirleri tarafından metalaştırılmıştı. Her durumda üretimin deniz aşırı taşınması fabrikasyon maliyetini düşürdü; bu da fabrikasyonun kattığı değeri doğrudan düşürdü.

Birçok okuyucu için, bu argümanda verilen değer ve maliyet tabirleri kafa karıştırıcı olabilir. Şu eski, "Ekonomist her şeyin fiyatını bilen ama hiçbir şeyin değerini bilmeyen kişidir" sözü akıllarına gelebilir. Aslına bakarsanız bu söz kelimenin tam anlamıyla gerçeği yansıtır. Piyasa ekonomisinde değeri belirleyen fiyattır. Bir şeyin fiyatı onun değeridir — nokta. Yani, fabrikasyon fiyatı/maliyeti düşünce, katma-değerdeki oranı da düşmüştür.

Gülen-eğrinin derinleşmesinin ardındaki sebep sadece Yeni Küreselleşme değildir. Kanıta dayalı bir açıklama getirmeden önce çok fazla araştırma yapılması gerekir. Buna karşın, bu değişimlerin ekonomi-çapında etkisine yönelik hazırda kanıt mevcuttur ancak bunun için ürün bazında gülen eğriden ziyade Stan Shih'ın ekonomi-çapında gülen eğrisine ihtiyaç vardır.

Hizmetleşme ve Ekonomi-Çapında Gülen Eğri

Bu gülen eğri büyük oranda anekdotlara dayalıdır. Ürün bazında değer zinciri ile ekonomi-çapında mevcut veri arasındaki uyuşmazlık yüzünden, sistematik bir kanıt toplamak zordur. Birkaç istisna dışında ekonomi istatistikleri, ürün bazında değil de şirket ve sektörel bazda elde edilir. Yani birkaç aydınlatıcı örnek çalışma dışında, değerin nerede katıldığına dair ürün seviyesinde bir çalışma yapmak mümkün değildir.

Fakat bu sadece bir veri sorunu değildir. Asıl zor olan nokta şudur ki ekonomi-çapında, değer zinciri kavramı muğlaktır. Şirketlerin değer zincirleri örtüşmekte ve çakışmakta, yani bir şirketin yaptığı alım, diğer şirketin yaptığı satış olarak kayda geçebilir.

Gülen-eğri konsepti, şirket seviyesi ve ekonomi seviyesi arasındaki uçurumu gidermek amacıyla Şekil 46'daki aşamalara değil de ülke ihracatındaki değerin sektörel kaynağına odaklanacak şekilde düzeltilmiştir. Bu yeni kavram anlaması kolay olup Japonya'nın ihraç ettiği elektrikli fan örneğiyle açıklanabilir. Bu fan, birincil sektörden gelen girdiler ile (kablosu için bakır, plastik gövdesi için ham petrol, çelik çerçevesi için demir cevheri ile) imal edilmektedir. Hizmet sektöründen girdileri de kullanmaktadır (dizayn, ulaşım, satış gibi). Ama en önemlisi, fanın değerine en çok katkıyı veren imalat sektöründen girdileri de kullanmaktadır.

Ekonomi-çapındaki gülen eğriyi hesaplamak —yani, ihracat ürününe olan katma-değerin hangi sektörden kaynakladığını belirlemek— için 3. Bölüm'de tanımlanan OECD'nin brüt ve net ihracatın karşılaştırma metoduna benzer bir teknik kullanılabilir. Ülke ve sektörler bazında ortaya çıkan sonuçlar şu üç rakamla özetlenebilir: Birincil sektörden, imalat sektöründen ve hizmet sektöründen kaynaklanan katma-değerlerdeki değişimler ile.

İkinci çözülmenin hız kazandığı 1995 - 2005 arası dönemden Japonya örneğini ele alalım. Birincil sektörün Japonya'nın ihracatına verdiği katma-değerde sıfır değişim yaşandı. İmalat sektörünün Japonya ihracatına kattığı değer ise %12 oranında değişmişti yani imalat sektörünün katma değerdeki payı, 1995 - 2005 yılları arasında %12 oranında düşüş yaşamıştı. Mantıksal olarak sektör paylarında yaşanan kaymaların toplamda üç sektörde de sıfıra tamamlanması gerekir. Yani birincil sektörde ufak bir kıpırdanma yaşanırken imalat sektöründen gelen katma değerdeki büyük düşüş, hizmet sektörlerinden gelen katma değerdeki büyük artış olarak yansımaktadır.

Japonya rakamları gülen-eğri mantığına uymaktadır. Yatay düzlemdeki birincil, imalat ve hizmet sektörlerindeki değişimi ve dikey düzlemdeki değişimi rastgele bir grafikle çizmeye kalkarsak, Japonya verileri biraz daha gülen eğriye benzer (Şekil 47). Ancak gülen-eğrinin ağzının bir köşesi kalkık olduğu için belki de bundan "sırıtan eğri" söz edilmelidir. İlginç şekilde, diğer sekiz Asya ülkesi için de bu hesaplama metodu kullanılabiliyor.

Şekil 47'de (üst grafik) Japonya, Tayland, Çin, Kore, Filipinler, Tayvan, Endonezya ve Malezya ülkelerinden veriler gösterilmiştir. Hepsi de katma değerlerinin az kısmı imalat sektörlerinden gelirken büyük çoğunluğu hizmet sektörlerinden geldiği için sırıtan eğri örneği göstermektedir.

Şekil 47 alt grafikte, 1985 - 1995 arasında gerçekleşmiş çok farklı bir kaymayı göstermektedir. Bu dönemde imalat sektöründen gelen değer payında bir artış olmuştu—ki bu paylar birincil sektörden geliyordu. 1985 - 1995 ve 1995 - 2005 dönemlerinde yaşanan değişimler yer değiştirmişti, bu da gösteriyor ki değer dağılımındaki bu büyük değişimler Yeni Küreselleşme'yle ilintili olabilir.

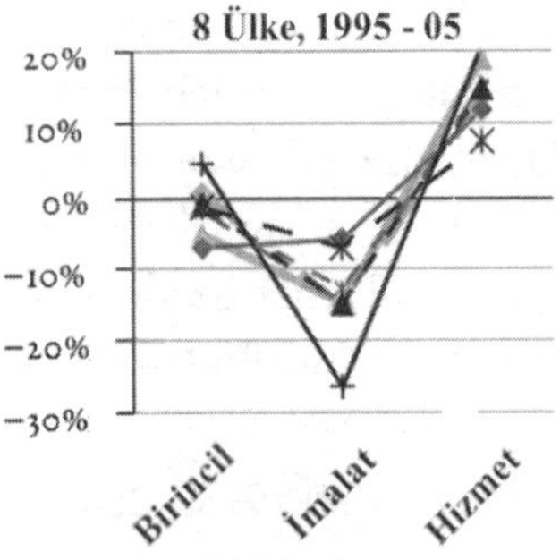

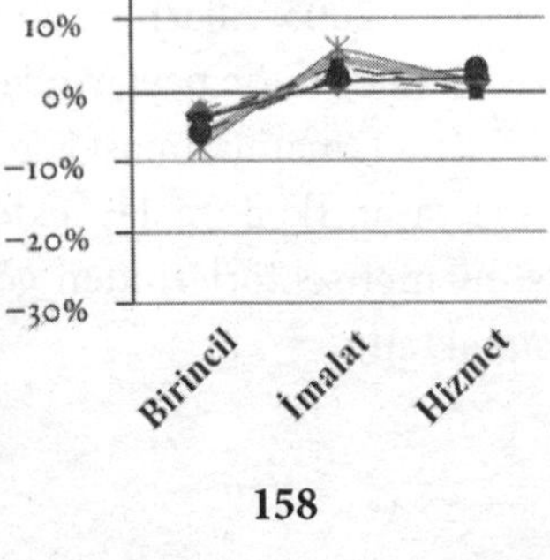

ŞEKİL 47: Ülkeler bazında gülen eğri, 1995 – 2005 ve 1985 – 1995 dönemleri.

Üstteki grafik gösteriyor ki 1995'ten sonraki on yılda, birçok Asya ülkesinin imalat sektörlerinden gelen katma-değerde büyük düşüş yaşandı. Birincil sektör girdilerindeki rakamlar pek değişmediği için imalat sektörünün katma-değerde yaşadığı "kayıp", hizmet sektörlerine yansıdı.

Katma-değer kaynaklarındaki bu değişimin bir çok sebebi var, ancak şurası kesin ki uluslararası üretim ağlarının (diğer adıyla "küresel değer zincirleri", kısaca KDZ) hızlı yükselişiyle paralel gerçekleşen bir değişimdi bu. Bazen KDZ'lerin devrimi olarak adlandırılan ikinci çözülmeye bağlı gelişen deniz-aşırı yaptırma (offshoring) ile üretimin fabrikasyon aşaması maliyetlerinin düştüğü gözlendi ki zaten deniz aşırı götürülenler genelde bu tip fabrikasyon aşamalarıydı. Katma-değer hesaplama yöntemine (üretken faktörlerin maliyeti) bakarsak, imalat sektöründe girdinin maliyetini düşüren her şey imalat sektöründen kaynaklanan katma-değeri doğrudan düşürmektedir. İmalat sektöründen gelen katma-değerin sekiz ülkede düşüş göstermesinin sebebi en azından kısmen budur. Deniz-aşırı taşımanın hizmet girdilerine (bunlar tasarımdan mühendislik hizmetlerine, ulaştırma haberleşme hizmetlerinden toptan ve perakende satışlara kadar her şeyi içermektedir) maliyet tasarrufu sağlayan etkileri nispeten çok daha az önemliydi. Sonuç olarak, ihracatı oluşturan değerin büyük bölümü hizmet sektöründen gelmektedir.

İlginç şekilde 1985 – 1995 arası değişimler (alt grafikte gösterilmektedir) daha farklıydı. Bu dönemde hem imalat hem hizmet sektörleri, birincil sektörün kaybından kazanç sağlamışlardı. Demek ki gülen eğri görece yeni bir olgudur.

KAYNAK: Richard Balwin, Tadashi Ito ve Hitoshi Sato: "Portrait of Factory Asia: Production Network in Asia and Its Implication for Growth —The 'Smile Curve'",Joint Research Program Series 159, Institute of Developing Economies, Japon External Trade Organization, Şubat 2014, http://www.ideigo.jp/English/Publish/Download/Jrp/pdf/159.pdf.

Şekil 47'ye farklı bir açıdan bakarsak sanayide bir "hizmetleşme" (İlk olarak İsveç Sanayisinin Hizmetleşmesi başlıklı İsveç'in Ulusal Ticaret Kurulu 2010 tarihli bir yayınında rastlanan bir trend) olduğunu söyleyebiliriz.[5] Kısmen Yeni Küreselleşme'nin sebep olduğu imalatın hizmetleşmesi, politika açısından dönüştürücü etkilere sahiptir—ya da en azından olmalıdır.

Dünyada hükümetler —fakat özellikle Asya hükümetleri— imalat işlerini doğal olarak fabrika işleriyle ilişkilendirerek ağırlıklı olarak endüstrileşme yoluyla kalkınmayı teşvik ederler. Hizmetleşme kavramı, bu gibi teşvik çabalarında önem arz eder çünkü imalat ve hizmet sektörleri arasındaki kalın çizgileri inceltir. Örneğin hizmetleşme demek, bir ülkenin sanayi ihracat gücünün ikinci çözülmeye kıyasla yerel ve ithal hizmetlere daha çok bağımlı hâle gelmesi demektir. Hizmet ithalatını serbestleştirmeksizin sanayi ihracatını teşvike çalışmak, kendiyle çelişmek demek olabilir. Bu fikir, 8. ve 9. Bölüm'lerde daha detaylı irdelenmiştir.

Kazananlar ve Kaybedenler Yeniden Belirleniyor

Yeni Küreselleşme'nin iki merkezi faktörü —Kuzey-Güney üretimin çözülmesi ve akabindeki know-how akışları— küreselleşmenin ülke ekonomilerini etkileme şeklini değiştirdi. Bu başlıkta "kim kazandı ve kim kaybetti" sorusunu sorarak yaşanan kilit değişimleri ele alalım.

Giriş bölümünde bahsettiğimiz iki futbol takımı hikayesi, Yeni Küreselleşme'nin ülkeler içinde kazanç ve kayıpların dağılımı üzerine bir etkisi olabileceğine dair okurların kafasında bir soru işareti uyandırmıştır. İkinci çözülme öncesi ülkeleri, ürün piyasasında birbirleriyle rekabet eden üretken faktör takımları olarak düşünebiliriz. Ticaret serbestleşince her ülke, görece daha iyi olduğu şeyleri yapmaya ve diğer şeyleri daha az yapmaya başladı. Bunun sonucunda, genişleyen ve daralan sektörlerde üretken faktörlerin kazançları üzerinde zincirleme etkiler oluştu.

Mantığı anlamak için, gelişmiş bir ülkeyle ticaret yapan gelişmekte olan ülke örneğinden yararlanalım. Daha somut konuşmak gerekirse, diyelim ki zengin bir ülkede yüksek nitelikli işgücü bolluğu varken yoksul ülkede düşük nitelikli işgücü bolluğu olsun. Böyle bir ortamda Eski Küreselleşme'nin etkin olması, zengin ülkenin yüksek-nitelikli işgücü ve gelişmiş teknoloji aracılığıyla üretim yapmasına ve yoksul ülkenin de o şeyden daha az üretmesine sebep olur. Doğal olarak bu durum gelişmiş ülkedeki teknoloji ve yüksek-nitelikli işgücünün getirisini artırır. Buna benzer şekilde serbest ticaret, gelişmekte olan ülkenin düşük-nitelikli işgücü gerektiren ürünleri daha fazla yapmasına sebep olur ki böylece gelişmekte olan ülkedeki düşük-nitelikli işçiler bundan faydalanmış olur. Ağırlıklı olarak düşük-nitelikli işgücü gerektiren ihracatlara yoğunlaşılması sonucu, zengin ülkedeki düşük-nitelikli işçiler bundan olumsuz etkilenir.

1980'ler küreselleşmesinin özeti aşağı yukarı budur. Zengin ülkedeki yüksek-nitelikli işçiler kazanırken, zengin ülkedeki düşük-nitelikli işçiler kaybetti. Her iki durumda; ister yüksek ihracatta ister yüksek ithalatta eylem mekanizması ticaretti. İkinci çözülme (Yeni Küreselleşme olarak da bilinir) bu gidişatı değiştirdi.

Bazı zengin ülke uzmanlık bilgilerinin (know-how) yoksul ülkelere taşınmasının yarattığı sonuçları irdelemeden önce, bu bilginin bir işgücü veya üretimin diğer faktörlerine benzemediğinin anlaşılması önemlidir. Bir ülkenin bilgi birikimi —tıpkı futbol örneğindeki antrenörün sahip olduğu bilgi gibi— her iki ülkede aynı anda kullanılabilir. Bunu ekonomistler "rekabetçi özellik taşımama" olarak ya da kısmen bu şekilde ifade ederler.

Teknolojinin rekabetçi olmama özelliğini ele alırsak ikinci çözülmenin en belirgin sonucu, zengin ülkedeki know-how sahiplerini, kazananlardan yapmasıdır. Hem zengin hem yoksul ülkenin işgücü kuvvetinden bilginin gücü aracılığıyla istifade ederler. Çoğu küresel değer üretiminin büyük G7 şirketlerince organize edildiğini göz önüne alırsak Yeni Küreselleşme'nin, deniz aşırı ürettirme imkanlarından yararlanan G7 şirketlerine fayda sağlaması gerekir. Pratikte, bu durumun zengin ülkelerde özellikle de üretimini deniz aşırı taşıyan, yüksek-teknolojili, büyük şirketlere, görülmemiş derecede yüksek getiriler sağladığı şeklinde bir görüntü ortaya çıkmaktadır. Gerçekte de yaşanan budur. Standford'tan ekonomist Bob Hall'un hesaplamalarına göre, ABD'de sermaye maliyetine karşın yatırım yapılan sermayenin sağlayacağı getiri, 1990'dan beri önemli ölçüde artmıştır.[6] Şu anda ise bu oran bilinen en yüksek düzeyindedir. Ancak yeni etkilerin sonuncusu bu değildir.

Yeni know-how'lar gelişmekte olan ülkenin vasıfsız işgücünü çok daha üretken kılmaktadır. Bu, endüstrideki vasıfsız işgücüne karşı talebi canlandırmakta, istihdamı pazar-dışı tarımdan endüstriye kaydırarak işçi gelirlerini artırmaktadır. 3. Bölüm'de anlatıldığı gibi, 1990'ların başından bu yana varını yoğunu küresel değer zincirlere katılmaya adamış gelişmekte olan ülke vatandaşı 650 milyon kişi, yoksulluk sınırının üzerine çıkmıştır. Şunun altını çizmekte fayda var ki Yeni Küreselleşme'nin bu etkisi, artan ticaret kadar uluslararası bilgi akışları sonucu gerçekleşmiştir, yani Yeni Küreselleşme'de yeni olan şeylerden biri de işte budur.

Gelişmiş ülke üzerindeki etkisine bakacak olursak burada asıl etken, daha önce olduğu gibi ithalat rekabetinin artması oldu. Yani düşük-nitelikli işgücü yoğun ürünlerin hasılasındaki KDZ-destekli artış, gelişmiş ülkelerin daha çok ithalata yönelmesine neden oldu. Bu durum zengin ülkelerdeki düşük-vasıflı işçileri açıkça etkilemişti. Çoğu gelişmiş ülkede bu yaşandı. Ancak böyle bir kaymanın yarattığı daha ince bir etki daha vardı.

Brank Milanovic'in 2016 tarihli kitabı *Global Inequality: A New Approach for the Age of Globalization (Küresel Eşitsizlik: Küreselleşme Çağına Yeni Bir Yaklaşım)'da* sunduğu müthiş araştırma, bu "yeni kazananlar ve kaybedenlere" aslında dünya çapında bakılması gerektiğini kanıtlar. Verdiği rakamlarda, insanların uyrukları kasten göz ardı edilmiş, tek tek olacak şekilde ele alınmıştır. İnsanları en yoksuldan en varlıklıya sıralandırmıştır. Kolaylık olması için bireyler yirmi grupta sınıflandırmıştır. Hangi uyruktan oldukları belirtilmeyen bu gruplar gelir sınıfına göre oluşturulmuştur. Örneğin Şekil 48'deki ilk nokta, 1988 itibariyle dünyadaki en yoksul %5'i temsil etmekte ve takip eden noktalar gittikçe artan gelir gruplarını göstermektedir (her nokta %5 artışa tekabül eder).

Burada amaçlanan, 1988 ve 2008 arasında (ikinci çözülmeden hemen önce) gelir gruplarında yaşanan değişimi görmektir. Şekil 48'den çıkarılacak ana sonuç, Yeni Küreselleşme'nin dünya gelirinde eşitsiz dağılıma yol açmış olmasıdır. Ortadaki yükseliş eğrisi, küresel gelir dağılımında orta-kısmın tamamının olumlu etkilendiğini göstermektedir. En zenginler de iyi etkilenmiştir (grafiğin en sağındaki nokta). Olumsuz etkilenen gruplar, 1998'de çok yoksul olanlar ve zengin ülke bazında dağılımda en altta olan gruplardır (80 olarak —yani 16'ncı %5'lik grup gösterilenler).

Daha kapsamlı bir araştırma gerekse de, buradan çıkan sonuç şudur ki G7 şirketleri kesinlikle gelişmekte olan ülkelerde işçi "eğitmektedir", bu da G7 ülkelerinde düşük ve orta-vasıflı işçi rekabeti yaratmıştır. Gelir dağılımının ortasında kalan grupta yaşanan artışın bir veya başka sebepleri vardı. Y, Giriş kısmında değinilen Sanayileşen Altılı ülkelerine ya da emtia ihracatı destekli gelir büyümesi yaşanan yükselen piyasa ülkelerine mensuptular. Asıl kazanan küresel elit olmuştu çünkü küresel değer zinciri devrimi ve BİT devrimi sayesinde know-how'larını satacak daha geniş bir kitle bulmuşlardı. Yoksul olup hâlâ yoksul kalanlar (grafikte en solda) ise, rakipleri iyi antrenörler tarafından (Sanayileşen Altılı) "eğitilirken" kendileri eğitilmeyen "futbol takımları" gibiydi.

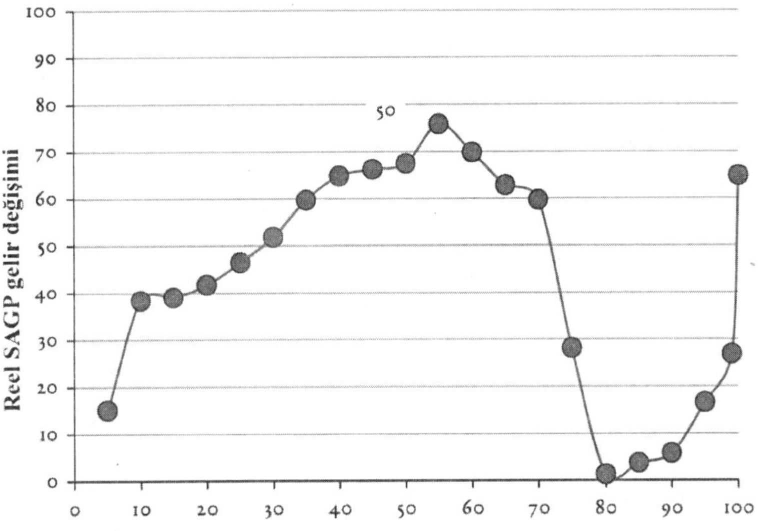

ŞEKİL 48: Fil Eğrisi: İkinci çözülme küresel orta sınıfa ve Kuzey elit kesimine yaradı.

Grafik, ikinci çözülmeden önceki (tam olarak 1988) zenginlik seviyelerine göre dünyada insanların gelir artış oranını göstermektedir. İnsanların gelir grubu yatay eksende verilmiştir. Mesela, küresel gelir dağılımında en ortada olan grup 50 olarak (ellinci yüzde) belirtilmiş noktada gösterilmektedir. Bu noktadaki grup iyi artış kaydetmiştir. 70 ile gösterilen nokta ise 1988 – 2008 arasında %70 oranla gelir büyümesi yaşandığını göstermektedir.

KAYNAK: Branko Milanovic, *Global Inequality, A New Approach for the Age of Globalization* (Cambridge: Harvard Yayınevi, 2016). Şekil 1,1. Yayınevi ve yazarın izniyle yeniden düzenlenmiştir.

Daha da Kutuplaşan İşgücü

Gelişen bilgi teknolojileri, üretimin mesleklere göre organize edilme şeklini değiştirdi. Yani, yüksek-nitelikli çalışanlarca denetim gerektiren çoğu düşük-nitelikli iş yeniden gruplandırıldı. Böyle bir otomasyon, bazı işlerin ortadan kalkması anlamına gelse de kalan işçilerin daha üretken ve nitelikli olmasını sağladı. Yani bilgi teknolojilerinin gelişi, ileri-seviyede beceri sahibi G7 fabrikası işçileri için iyi, makineler tarafından işinden edilen işçiler için ise kötü olmuştu.

Buna karşın iletişim teknolojilerinin iyileşmesi sayesinde daha çok aşama deniz aşırı götürülebildi. Önceden deniz aşırı götürülen aşamalar, yoğun işgücü isteyen basit fabrikasyon ve montaj süreçleri idi. Bu işçilerin Birleşik Devletler, Avrupa ve Japonya'nın "yüzde birlik dilimi" ile bir alakası yoktu; bunlar orta-gelir sınıfındaki mavi-yaka işçilerdi. Son olarak, gelir ve beceri dağılımının en altında bulunan işçiler—temizlikçiler, hamburger satıcıları vb.— fabrikaların deniz aşırı gitmesinden doğrudan etkilenmemişlerdi çünkü sadece yerel olarak sağlanabilen hizmetler sunuyorlardı.

Her üç gruba—üst-seviye, orta-seviye ve düşük seviyede beceri sahibi işçilere— olan etkileri bütün olarak ele alırsak işgücünde "kutuplaşma" ya da "uçurum" denilebilecek bir ayrım oluştuğu barizdir. Üst-seviye beceri sahibi işçilerin durumu gayet iyiyken, spektrumda düşük-seviyede olan işçiler yerlerini korumakta; fabrikaların deniz aşırı gitmesinden asıl etkilenen ise orta-seviye olanlardı.

Buraya kadar olan bölümde Yeni Küreselleşme ve Kuzey'den-Güney'e know-how akışlarını, teknoloji göçü yönünden ele aldık. Sonraki adımda küreselleşmenin genel etkisinin temel doğası tartışmaya alınmıştır.

Vahşileşen Küreselleşme

Yeni Küreselleşme ülke ekonomilerini daha ince açılardan etkiliyor (aşama aşama ve sektör sektör), ve bu, ileride göreceğimiz gibi küreselleşmenin doğasının yeni açılardan değiştiğini gösteriyor. Ancak bu etkilere geçmeden önce, bu ince etkileri gösteren Şekil 49'a bir bakalım.

Üst grafikte uluslararası rekabetin bir ülke ekonomisini ikinci çözülmeden önce nasıl etkilediği resmedilmiştir. Diyagramda, "uluslararası rekabet" geniş bir ok olarak gösterilmiş ve bu ok, küreselleşme sınır-ötesi geçen ürün anlamına gelmesinden dolayı ekonomiyi ürün seviyesinde etkilemektedir. Ürünlerin piyasa rekabeti uluslararası rekabetin ülke ekonomisine girmesinin tek yoluydu. Tabii sermayenin, fikri mülkiyet haklarının ve hizmetlerin uluslararası bir hareketi söz konusuydu ama bunlar arka plandaydı. Uluslararası rekabette ana vektör ürün ticareti olduğu için, serbestleşen ticaret ekonomileri sektör bazında etkiledi. Mesela ABD araba sanayisi 1980'lerde Japon rekabeti karşısında mağlup oldu ama ABD buğday sektörü büyümüştü.

İkinci çözülme ile küreselleşme, ülke ekonomilerinin en derinlerine ulaşabildi. Artık —alt grafikte gösterilen— rekabet okları imalatı ve işleri bireysel bazda etkiliyor. Bahsedilen ince etki işte budur.

Şekil 49, uluslararası rekabeti sanki hep bir tehditmiş gibi göstermektedir. Fakat uluslararası rekabet iki taraflı çalışır. Yabancı rekabet karşısında bazı aşamalar ve işler zarar görür ancak bir ülkenin en rekabet üstün aşama ve işleri açısından bakınca, uluslararası rekabetin serbestleşmesi demek yabancılar karşısında rekabet elini güçlendirme imkânı demektir. Bu durumda, bu aşamalarda ve işlerde çalışan insanlar artan küreselleşmeden karlı çıkarlar.

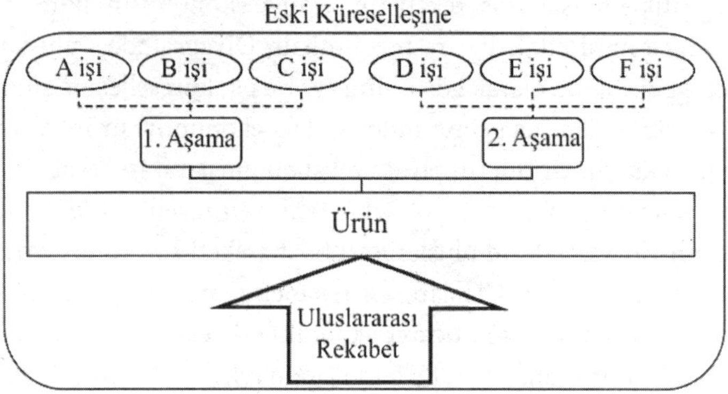

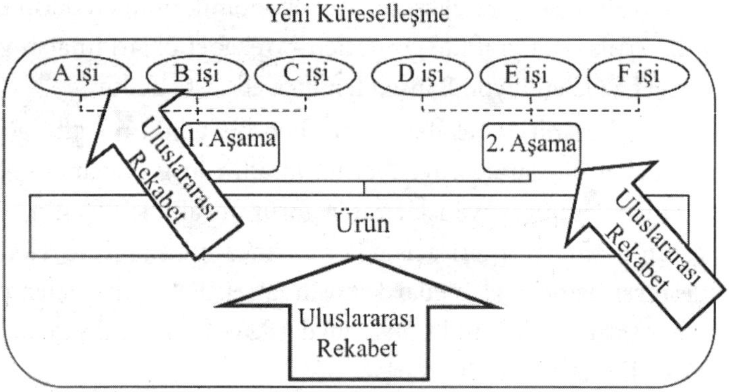

ŞEKİL 49: Küresel rekabet ülke ekonomilerini ince açılardan etkilemeye başladı.

İkinci çözülme öncesinde, şirketler "kara kutu" olarak düşünülebilirdi çünkü küresel rekabet, üst grafikteki şemada gösterildiği gibi, bir ülkenin ürününü diğerininkiyle çarpıştırıyordu. Ticaret serbestleştikçe bazı şirketler zenginliğini artırırken diğerleri tam tersini yaşadı. En ilgi çekici ayrışma şirketlerde oldu. Bir sektördeki çoğu şirket birlikte piyasaya tutunduğu ya da düştüğü için küreselleşme analistleri olayı sektörel açıdan ele aldı—mesela küreselleşme, G7'deki düşük-teknolojili işgücü-yoğun sektörlere zarar verirken, yüksek-teknolojili yüksek beceri isteyen sektörlere faydalı oldu. Sektörlerin gidişatı o sektörü oluşturan üretken faktörlerle paralel gerçekleşti, yani işgücü nitelik seviyeleri analiz için iyi bir ölçüttü (diyagramda gösterilmemiştir).

İkinci çözülme ile uluslararası rekabet baskısı, daha ince biçimler almaya başladı (alt grafik). Artık fabrikanın ta içine ulaşabiliyor, belirli üretim aşamalarına, hatta tek bir iş grubuna zarar ya da fayda sağlayabiliyordu. Ekstra-uluslararası rekabetten zarar gören iş, birçok sektörde var olan bir iş de olabilir. Örneğin veri girişi işleri, bir ülkenin hem rekabetçi hem de rekabetçi olmayan sektörleri tarafından deniz aşırı taşınabilir. Yani kazanan ve kaybedenleri, çalıştıkları sektöre veya ait oldukları vasıf grubuna göre sınıflandırmak yararsız olabilir.

KAYNAK: Richard Baldwin'in, Finlandiya Başbakanlığı için hazırladığı "Globalization: the Great Unbundling(s)" makalesinden adapte edilmiştir, 20 Eylül, 2006.

Şekil 49'da resmedilen değişim, "Yeni Küreselleşme'de yeni olan ne" sorusuna bazı önemli cevaplar sağlamaktadır.

Daha Bireysel bir Küreselleşme

Eski Küreselleşme'nin sektör bazında etkisi, işçiler açısından dolaylı sonuçlar yarattı. Bahsedildiği üzere üretimin ve ihracatın belli bir sektöre yayılmasıyla o sektörün en çok kullandığı üretken faktörlerin talihi olumlu yönde değişti. Çoğu G7 ülkesinde, küreselleşme sonucu işgücü-yoğun niteliksiz endüstrilerin talihi kötüye gitti, yani küreselleşme niteliksiz işgücünü ilk etapta olumsuz etkiledi. Ticaret serbestleştikçe nitelik-yoğun sektörler gelişti, yani artan küreselleşme yüksek nitelikli işçilere yaradı.

1980 sonlarından beri yükselişte olan Kuzey'den Güney'e deniz aşırı taşınma trendi, küreselleşmenin gelişmekte olan ülke ekonomilerini etkileme seviyesini değiştirdi. Üretim süreçlerinin ayrıştırılmasıyla Yeni Küreselleşme, rekabeti sektör-bazlı olmaktan çıkarıp aşama-bazlı yaptı. Bir anlamda, gelişmekte olan ülkelerdeki düşük-ücretli işçi rekabeti, Kuzey fabrikaları ve ofislerinin tam içine girmişti.

Küreselleşmenin etkisi, daha seçici olması bakımından daha bireysel hâle geldi. Diğer bir deyişle küreselleşme, deniz aşırı taşınma ile bir sektörde belli bir işi yapan işçinin çalışmakta olduğu aşamanın rekabet gücü artırmışsa, ona yararlı olabilirdi. Ama aynı şirkette aynı beceriye sahip aynı işi yapan başka bir işçinin çalıştığı aşama deniz aşırı taşınmışsa, o zaman küreselleşmeden zarar görmüş demekti.

Olayı daha iyi kavramak için Fransız hastanesi örneğine bakalım. Gelişen BİT sayesinde, eskiden yerel olarak icra edilen belli bazı tıbbi işler artık uzaktan yapılabilmekte. Mesela artroskopi (laparoskopik cerrahi), doktor tarafından bilgisayar ortamında uygulanabilmektedir. BİT yeterince geliştiği için hasta ve cerrah farklı ülkelerde olabilir. Bunun ilk örneği 2001'de New York'tan bir cerrahın Strasbourg'daki hastasını ameliyat etmesiyle oldu. Henüz yaygın bir uygulama olmasa da, uzaktan cerrahi, telekomünikasyon daha iyi ve güvenilir hâle gelirse eğer günümüz çağrı merkezleri gibi yaygınlaşabilir.

Böyle bir şey şimdi mümkün olsaydı, Fransa'nın en iyi cerrahları çok yoğun olur, yırtık menüsküsü olan herkes, ameliyatını dünyanın en iyileri tarafından yapılmasını talep ederdi. Vasat diz cerrahları başka alanlara yönelmek zorunda kalırdı. Ancak Yeni Küreselleşme'nin bireysel etkisi sadece yüksek-nitelikli iş gruplarıyla sınırlı değil. İş dünyasında yaşanan küreselleşmeye ayak uydurmak isteyen aynı hastane, muhasebe ve veri kaydı işlerini deniz aşırı taşıyabilir ve böylece düşük-nitelikli işçilerin bazılarına zarar verebilir. Bununla birlikte hastanenin artan verimliliği ve internet üzerinden tıbbi hizmet ihracat edebilmesi sonucu mesela temizlik ve güvenlik personeli gibi diğer nitelikli işçilere talep artabilirdi.

Bu kazanan ve kaybeden cerrahlar ve kazanan ve kaybeden niteliksiz işçiler örneği, kazanan ve kaybedenlerin birinci ve ikinci çözülmeler arasında birbirinden farklı gruplandığını göstermektedir. İkinci çözülmede uluslararası rekabet daha bireyseldir. İnce açılardan etkileyen küreselleşmenin doğası işte budur.

Bu bireyselleşmenin iki sonucu var ki önem arz etmektedir. İlki, küreselleşmenin bireyselleşen etkisinin sendikaların pazarlık gücünü zayıflatmış olmasıdır. Çoğu ülkede işçi sendikaları sektör veya meslek bazında örgütlenir. Sorun şu ki bireysellik, suyu bulandırmaktadır. Bir sendika küreselleşme sonucu bir üyesi fayda görüp diğeri zarar görürken küreselleşmeye nasıl bir tepki verebilir? İkinci önemli sonucu ise "ülke takımının dağılması" olarak adlandırılabiliriz.

1950'lerde General Motors Genel Başkanı Charles Erwin Wilson, "Ülkemiz için iyi olan General Motors için de iyidir" diyebiliyordu. İşgücü ve şirketler birbiriyle hep bir çatışma içinde olmuşlarsa da içten içe üretim aşamalarının kümelenmesinden beri aynı takımda olduklarını biliyorlardı. Üretim ulusal bir şeydi.

İkinci çözülme yaşanınca G7'nin işgücü-bilgi takımı dağıldı. Bunun sonucunda ülkenin çıkarları ve şirketin çıkarları eskisi gibi birbirine paralel değildi. Şirketlerin know-how'larını başka yere taşıma yeteneği, GM için iyi olanın Amerika için iyi olmayabileceği anlamına geliyordu. Bir anlamda ikinci çözülme, Amerikan işgücünün Amerikan know-how'ı üzerinde yarı-tekelini kaldırarak, Amerikan Takımı'nı bozdu.

Yeni Küreselleşme'nin ikinci yeni boyutu, değişimin hızıyla ilgilidir.

Daha Ani bir Küreselleşme

Birinci çözülmenin ülke ekonomilerine etkileri muazzamdı. 1945 başlarında bile küreselleşme, G7'yi tanınmayacak şekilde dönüştürdü. Ancak Eski Küreselleşme aylar ve haftalar değil yıllarca hayatta kaldı. İkinci çözülmeden sonra küreselleşme, çok daha ani etkiler hâle geldi.

Bunun bir çok nedeni var, biri de BİT devriminden önce üretimde gecikme yaşatabilecek darboğazların, G7 şirketleri tarafından artık üstesinden gelinebiliyor olmasıdır. Bunu kavramak için aşağıdaki örneği ele alalım.

Border Assembly Incorporated, San Diego merkezli bir şirket olup şirketlerin üretim faaliyetlerini Tijuana/Meksika'ya taşımalarında yardımcı olmaktadır (sadece, ABD sınırındaki San Diego'dan Meksika sınırındaki Tijuana'ya). Şirketin web sitesinde verilen bilgilere göre Kaliforniya merkezli 30 personelli ferforje mobilya üreticisi şirket, iyi bir satış rakamı yakalamış olmasına rağmen ABD işçi yasalarıyla bazı sorunlar yaşamaktaydı.

Bu mobilya şirketi, deniz aşırı üretimi sağlayan bir firma ile irtibata geçer, toplantı ayarlanır, bir hafta sonra ise üretimin Meksika'ya taşınma kararı alınır. Border Assembly aynı gün müşterisine üç bina seçeneği sunar, mobilya şirketi yaklaşık bin metrekarelik bir fabrika gösterir. Gerekli yasal, vergi ve muhasebe evrakları hazırlanır, bordro ve işçi yardım programları hazırlanır. 10 gün içinde mobilya şirketi sınır ötesi üretime hazır hâle gelir.

Taşınmayı asıl geciktiren şey, Meksika'daki bina tesisatının şirket ekipmanlarına göre tekrar kurulması işlemiydi. Jeneratörler getirilerek bu durum geçici olarak çözüldü. Web sitesinde söylendiği gibi "10 gün içinde çalışmaya hazır" idi. Tam gaz üretime geçmeye 30 günleri vardı. Mobilya üreticisi şirket işgücü maliyetinden yaklaşık yüzde 50 kar edecekti, yeni metal işçilerinden bazılarının dünyanın en iyilerinden olduğunu, çalışan sayısını 100'e çıkarmayı planladıklarını belirtiyorlardı. [7]

Örneğin birinci çözülme esnasında bir Meksika mobilya şirketinin dayatacağı rekabet, ABD-merkezli şirketi kepenk indirmeye zorlayabilirdi çünkü ticaret maliyetleri ve tarifeler düşüktü. Ama bu yavaş bir süreç olurdu. Meksika üreticisinin Amerikan modasına uyumlu ürünler geliştirmesi, üretim düzeneğini ona göre ayarlaması ve gerekli dağıtım ağını kurması gerekirdi. Bu varsayımdan yola çıkarak ABD-merkezli şirketin piyasadan çekilmesinin yıllar süreceği söylenebilir. Şimdiki gerçeğe dönersek, ABD üreticisinin çekilmesi bir ayda gerçekleşti. Ya da daha kesin ifadeyle buna pazarlama, yönetim ve teknik know-how'ını Meksikaya taşıması diyelim. Üretim taşınmıştı ama sadece know-how akışları, Meksika'nın belli bir mobilya türündeki karşılaştırmalı üstünlüğünü değiştirdiği için taşınmıştı. Bu yeni dünyada küreselleşme, etkisini çok ani gösterebiliyor.

Bir sonraki "yeni olan ne" sorusunun cevabını, bireysellik kavramının genişletilmiş versiyonu gibi düşünebiliriz.

Öngörmesi Daha Zor bir Küreselleşme

Eski Küreselleşme'nin ardındaki itici güç, düşük ürün taşıma maliyetleriydi. Doğası gereği düşen ticaret maliyetlerinin ticaret mallarını etkilemesi zaman aldı. Doğal olarak bir çakıl taşı ihracatı, bir kesme çiçek ihracatından çok daha farklıdır ancak her iki sektörde de niteliksel açıdan, 1985 yılında yüzde birlik bir ticaret maliyeti düşüşü, 1980'deki yüzde birlik düşüşle aynı etkiyi yaratıyordu. Bu da küreselleşmenin ulusal ekonomiler üzerindeki etkisini öngörmeyi zorlaştırdı.

Eğer 1980'de sevkiyat maliyetinin düşmesi bir ülkenin kesme çiçek sektörüne katkı sağlıyorsa, 1985'te daha da düşmesi o sektöre daha da katkı sağlıyordu. Kısaca rekabet sektör-bazlı olduğu ve küreselleşme düşük ticaret maliyetinden ibaret olduğu için, gelecekteki küreselleşmeden kazanacak veya kaybedecek olanlar ile yakın geçmişte kazanan veya kaybeden sektörler arasında bir benzerlik oluyordu. Bu "geçmişe bakarak gelecek yön verme" mantığı, hükümetlerin yükselen ve düşen sektörleri değerlendirmeye almalarında ön ayak oldu. Ya da Ricardo ağzıyla konuşursak derinleşen küreselleşme, ülkeleri, kaynaklarını rekabeti düşük sektörlerinden rekabet üstün sektörlere kaydırmaya zorladı.

Uluslararası rekabet sektör bazlı olmaktan çıkıp aşama bazlı olunca, geleceğe yön vermek için geçmişe bakma mantığı güvenilirliğini yitirmiş oldu. Ya da daha kesin ifadeyle, öngörüde bulunmak için kullanılacak geleneksel zihinsel modelde eksik olan bir unsur vardı, o da küreselleşme sonucu fabrika ve ofislerin çözülmeye başlamasıydı. Hem yükselen hem düşen sektörlerde bazı üretim aşamaları taşınmış, bazıları yerinde kalmıştı. Sonuç olarak küreselleşmeden kazanacak veya kaybedecek olanları tahmin etmek artık çok daha zor.

Asıl zorluk hangi aşamaların gideceğinin belirlenmesidir. Zor çünkü ilk etapta mikro-kümelenmeyi sağlayan "tutkalın" ne olduğunu ekonomistler de detaylı anlamıyor. Aşamaların doğası ve bunların diğer aşamalarla karmaşık ve yeterince iyi anlaşılmayan şekillerde etkileşime girmesi dolayısıyla, telekomünikasyonun doğrudan maliyetini bilmek de yeterli değil.

Konu o kadar kompleks ki deniz aşırı üretim taşıma üzerine kurulmuş bir yığın şirket var. Bu danışma şirketlerinden biri olan QS Advisory şirketi websitesine şöyle bir göz gezdirdiğimizde, deniz aşırı taşıma işinin karmaşıklığı hakkında bir fikir edinebiliriz. Deniz aşırı taşınmak isteyen birçok şirket olduğu fakat çok azının "potansiyelini, devamlı ve uzun-vadeli getirilere" dönüştürebildiği belirtilen sitede, işin zorluğu şöyle açıklanmış: "Kaynakların keşfedilmesi ve aralarından en uygun olanın seçilmesi, birçok iş kolunda uzmanlığı ve tecrübeyi gerektirir. Farklı perspektifler sunabilmek, yeni trendleri anlamak ve potansiyel iş etkisine ilişkin detaylı analiz sağlamak, tüm bunlar hayati önem taşır."[8]

Öngörülemezlik unsurunu konfeksiyon pazarlama firması Uniqlo örneğinde de görebiliriz. Uniqlo'nun hikayesi, karşılaştırmalı üstünlükler karması bir dünyada kaybeden sektörlerde de iyi iş kolları yaratılabileceğini göstermektedir.

Alt kalite giyim üretimi, geleneksel düşünme biçimine göre Japonya gibi ülkeler için klasik bir yükselen sektör. Sektörlerin burada-yap-orada-sat ticaretiyle meşgul olduğu ve üretimin ulusal bir şey olduğu zamanlara göre bir kıyas yaparsak, niteliksiz işgücüne dayalı, konfeksiyon gibi bir sektörün Japonya gibi yüksek-ücretli bir ülkede zorlukla hayatta kaldığı sonucuna varabiliriz. Ne de olsa Japonya'nın karşılaştırmalı üstünlüğü, yüksek-teknoloji sektörleri değil mi? Serbest piyasanın Japon şirketlerini konfeksiyonu bırakmaya zorlayıp yüksek-teknolojiye yöneltiyor olması gerektiği akla gelir.

Şu an Asya'nın en büyük giyim firması olan Uniqlo, geleneksel zihinsel modelin bir öngörme aracı olarak çok kullanışlı olmadığını gösteriyor. Daha kesin ifadeyle erkek iç giyimin niteliksiz-işgücüne dayalı bir iş olmasının ikinci çözülmeyle ilgisi yok. Uniqlo, bir "imalat" işi olduğu için Japonya imalat sektörünün başarısı değildir. Japonya'nın hizmet sektörünün bir başarısıdır.

Her şeyden önce Uniqlo'nun başarısı, piyasa araştırma hizmetlerinin bir zaferidir. Uniqlo'nun, sokaktan, mağazalarından ve müşterilerinden trend ve yaşam stilleri hakkında bilgi toplayan Tokyo ve New York'ta araştırma geliştirme merkezleri (ARGE) bulunmaktadır. Mesela kendi kumaşları "HEATTECH"ten üretilmiş en popüler atletlerinden biri, Uniqlo'nun pazarlama bilgisinin ve Toray Industries adında köklü bir Japon imalatçısının teknik kapasitesinin bir araya gelmesi sonucu ortaya çıkmıştır. Uniqlo'nun tüketici isteklerine dair öngörüsü ve Toray'ın teknik bilgisinin birleşimi, ne kadar satış yaptığına bakarsak insanların çok sevdiği benzersiz bir ürün ortaya koydu.

Aynı zamanda Uniqlo, koordinasyon hizmetlerinin, kalite kontrolün ve lojistik hizmetlerin bir zaferiydi. Şirket doğrudan bir şey imal etmiyor. Çin ve diğer ülkelerdeki üreticilerden pazarlıkla toptan şekilde yüksek-kalite ürünleri düşük maliyetle alıyor. Takumi Team olarak bilinen Çin'deki ortaklarıyla çalışan teknik uzman takımı var. Teknik talimat, tecrübe paylaşımı sağlıyorlar ve kalite ve üretim takvimi kontrolünü yapıyorlar.

Yeni Küreselleşme'nin son etkisi, BİT'in doğasıyla ilişkilidir.

Kontrolü Daha Zor bir Küreselleşme

Küreselleşmenin hızı, ardındaki itici güçlerin (gelişen bilgi teknolojileri ve iyileşen telekomünikasyonun) doğası gereği kontrolü çok daha zorlaşmıştı. Bu yeni etkiye dair bilinmesi gereken püf nokta, ürün ve fikir taşıma maliyetlerindeki düşüşlerin birbirinden farklı şekillerde gerçekleşmiş olduğudur.

Tarife indirimi ve ulaşımın iyileşmesi sonucu ticaret maliyeti düştü. Tarife indirimi ve ulaştırma altyapısında karar merci hükümetlerindi. Yerel şirketlerin ve işçilerin adapte olması adına süreci yavaş ilerletme yetkisine sahiplerdi, ki genelde öyle yaptılar. Örnek olarak GATT kapsamında yapılan tarife indirimi görüşmeleri beş ilâ on yıl sürüyordu.

Buna benzer birkaç istisna dışında, istikrarlı bir ilerleme kaydeden ulaştırma teknolojisi genelde büyük yatırım isteyen bir işti ve doğal olarak bu yatırımlar uzun yılları kapsıyordu. Bugün devasa konteynır gemileri, sevkiyatı dönüştürmektedir, gemi yapımı günümüzde aşama aşama ilerleme göstermektedir. Yirmi birinci yüzyıl BİT devrimi görece daha hızlı ve kaotiktir.

Daha da önemlisi bu teknolojik gelişmenin kontrolünde hükümetler çok az söz sahibiler. Çünkü ilerlemenin hızı, tarife indirimleri gibi Cenevre'deki diplomatlarca belirlenmiyor. Teknolojik gelişmelerin çoğu özel ve kazanç-odaklı ARGE çalışmalarının sonucudur. Çoğu hükümet internet ve telekomun yayılmasını zapt edebilecekken, çoğu bunu yapmamıştır. Kısaca, hükümetler Eski Küreselleşme'nin yayılma hızını kontrol etmişlerdi. Ancak Yeni Küreselleşme'yi kontrol eden biri yok.

KUTU 8: YENİ KÜRESELLEŞMEDE YENİ OLANIN ÖZETİ

G7 ülkelerindeki şirketler, üretim sürecini ayrıştırarak üretimin bazı aşamalarını yakın çevrelerinde bulunan düşük-ücretli ülkelere taşımaktadır. Uluslararası üretim ağlarının pürüzsüz işlemesi için şirketler, iş kollarıyla birlikte know-how'larını da götürmektedir. Bu iki değişim —üretimin uluslararası ayrıştırımı ve know-how transferi— dünya ekonomi üzerinde devasa etkiler yaratmıştır. Bunları iki gruba ayırabiliriz. İlki, Yeni Küreselleşme'nin uluslararası rekabetinin değişen doğasıyla ilgilidir.

İkinci çözülme sonucu rekabetin uluslararası sınırları yeniden çizilmiş ve karşılaştırmalı üstünlük ulusal olmaktan çıkmıştır. Diğer bir ifadeyle G7'nin rekabet gücü kaynakları—mesela, iyi yönetim ve know-how'ın pazarlanması— ile gelişmekte olan ülkelerin karşılaştırmalı üstünlükleri aynı çatı altına girmiştir. Bu çatı küresel değer zincirleri sınırlarıydı ve bu yüzden ulusal rekabetin sınırları artık ulusal sınırlarla belirlenmiyordu.

Teknolojinin sınırları yeniden çizmesiyle "küreselleşmeden kim kazanıyor" sorusunun cevabı değişmişti. Ticaretten tüm ülkeler kazançlı çıkar inancı artık geçerliğini yitiriyordu. Küresel değer zincirleri dışındaki ülkeleri de etkiledi. Sadece kendi ulusal rekabet güçlerine bel bağlayarak rekabete giren ülkelerin bir rekabet-güçleri-karması KDZ karşısında rekabet etmeleri artık gittikçe zorlaşıyor.

Bununla birlikte Yeni Küreselleşme, G7 ülkelerinin işgücü-teknoloji takımını da dağıttı. Örneğin Alman teknolojisi, artık Alman işçilerinin yarı-tekelinde değil çünkü Alman şirketleri bu teknolojiyi kolaylıkla sınır ötesinde kullanabiliyor.

Diğer bir etkisi de fabrikaların Yeni Küreselleşme ile sınır ötesi geçmesi sonucu oldu. Bu değişim bir zamanlar sadece G7 şirketleri sınırları içerisinde hareket etmiş olan ürün, hizmet, yatırım ve teknolojinin artık uluslararası ticarete tabi olması anlamına geliyor. Bu yeni ticaret türü —isterseniz buna yirmibirinci yüzyıl ticareti diyelim— görece çok-yönlü niteliktedir ve tüm yönleri birbiriyle yakından ilişkilidir.

İkinci etkiler dizisi, Yeni Küreselleşme'nin Eski Küreselleşme'ye kıyasla daha rafine açılardan işlediği gerçeğiyle ilgilidir.

Uluslararası üretim organizasyonlarının üretimi ayrıştırması sonucu uluslararası rekabet, ülke ekonomilerini (Eski Küreselleşme'nin yaptığı gibi) sektör sektör değil de, aşama aşama, hatta meslek meslek etkilemeye başladı. Sonuç olarak küreselleşmenin ülke ekonomilerine etkisi daha öngörülemez ve daha bireysel hale geldi. Bunun ardındaki etmen, bilgi ve iletişim teknolojilerinin ani ve kontrolü daha zor olmasıydı.

3. KISIM

Küreselleşmedeki Değişimleri Anlamak

Lewis Carroll'un muhteşem, absürtlük abidesi karakterlerinden birisi olan Mein Herr, haritacılık sanatını nasıl en üst noktaya taşıdığını böbürlenerek anlatır: "Ülkenin gerçek boyutta haritasını yaptık, hem de birebir ölçekte!"

Haritasının ne kadar rağbet gördüğü sorusuna Mein Herr "henüz hiç yaygınlaşmadı" diye cevap verir ve ekler: "Çiftçiler karşı çıkıyor: Tüm ülkeyi kaplarmış, güneş ışığını tamamen engellermiş! O yüzden biz de ülke haritası olarak doğrudan ülkenin kendisini kullanıyoruz, sizi temin ederim ki haritası kadar iyi."

Buradan çıkarılacak hisse şu ki her şeyi hesaba katarsanız hiçbir şeyi anlayamazsınız. İşte insan bu yüzden "zihinsel modeller" kullanır. Ekonomi buna istisna değildir. Ekonomik kuramlar gerçekliği saptırsa da hedefe giden her yol mubahtır; her şey, temel etkenleri birbiriyle ilişkilendiren ana ekonomi söyleminin dikkatle ve bütünsel şekilde incelenmesi adınadır.

Dünya ekonomisinin birinci ve ikinci çözülmeler esnasında şoke edici şekilde birbirinden farklı davranışlar sergilemiş olması, olayı kavramak için gerçekten de iyi bir kuramın gerektiğine bir örnektir. 3. Kısım'da, birinci ve ikinci çözülmelerin ekonomik etkisinin ve niye birbirinden farklı etki bıraktığının anlaşılması için olayın ekonomisinin derinliklerine inilmektedir.

6. Bölüm'de küreselleşme ekonomisine dair temel bilgiler—yani, küreselleşmenin 1820'den beri olan dünyayı şekillendiren etkisini anlamada gerekli en temel bilgiler— verilmiştir. 7. Bölüm'de bu temel bilgiler ışığında tarihi anlatıda verilen olaylara anlam kazandırılmaya çalışılmıştır.

6. BÖLÜM

Küreselleşme Ekonomisinin Temelleri

Küreselleşme ekonomisi geniş bir konu olmasına rağmen küreselleşmenin en önemli yönlerini —tarihi değiştiren sonuçları— şu dört ekonomik konsept ile anlamak mümkün.

İlk ve diğerlerinin dayanağı olan konsept, David Ricardo'nun karşılaştırmalı üstünlük kavramıdır. Sonraki iki konsept, 1990'larda geliştirilen teorilerden türemiştir. Bunlardan birisine Paul Krugman, Tony Venables, Masahisa Fujita ve diğerleri ile öncülük etmiştir. "Yeni ekonomik coğrafya" olarak bilinen bu konsept, bazı çevrelerde "gerçekten yeni mi" ve "gerçekten coğrafik mi" tartışmalarına yol açmıştır. 1990'ların bir diğer konsepti ise iç-kaynaklı büyüme teorisidir ki bu şüphesiz yenidir ve kesinlikle büyümeyle ilgilidir. Asıl çığır açan konsept ise New York Üniversitesi ekonomisti Paul Romer'den gelmiştir. Bu konseptin sunduğu analitik çerçeve, bilgi ve iletişim teknolojisinin üretimi deniz aşırı taşıma üzerinde yarattığı etkilere dair fikirlerin düzene oturtulmasına yardımcı olur. Karşılaştırmalı üstünlüğün mantığı ile işe koyulalım.

Ricardo ve Ticaretin Kazançları ve Kayıpları

Ricardo, rekabet gücü çok düşük ülkelerin bile nasıl bir konuda rekabetçi olabildikleri sorusuna net görüşler sağlar. Asıl ilginç olanı bu konsept, düşen ticaret maliyetinin yarattığı etki ile gerçekten önemli olan noktalar —ücret, iş, milli yaşama standartları, gelir dağılımı vb.— arasında bağlantı kurmaktadır. Önümüzdeki sayfalarda bu ticaret teorisine değineceğiz.

Karşılaştırmalı üstünlük basitçe, bazı ürünlerin bazı ülkelerde diğerlerine göre daha ucuza yapılması demektir. Ülkelerin ticaret yapmasının sebebi budur ve ülkelerin yaptıkları şeyi ihraç etmesine açıklık getirmektedir. Ayrıca ticaretin, ülkelerin toplam rekabet gücüne bakılmaksızın tüm ülkeler için *win-win (kazan-kazan)* olabileceğinin temel sebebidir. Basit bir ifadeyle tüm ülkeler kazanabilir çünkü ticaret denilen, "iki taraflı bir ucuza-al-pahalıya-sat" işidir. Buna örnek teşkil etmesi için 1950'lere ait İsveç-İtalyan kaçakçılık rakamları aşağıda verilmiştir.

2. Dünya Savaşı'nın hemen sonrasında, Avrupa'da yalnızca birkaç para birimi 'çevrilebilir'di; yani para birimleri kendi ülkelerinin dışında değersizdi. Mesela bir Fransız ya da ABD bankası, İtalyan lirasını dolara veya Fransız frangına bozmazdı. Sonuç olarak bir ürünün başka ürünle takası kaçakçılıkla yapılıyordu. Bunun bir örneği de İsviçre ve İtalya arasında yapılan kaçakçılık ticaretiydi— bu ticaretin çoğunu İtalyan pirincine karşılık takas edilen İsviçre sigaraları oluşturuyordu. İtalyan pirinci kısmını anlaması kolay çünkü kuzey İtalya pirinç yetiştirmek için ideal bir bölge fakat İsviçre Alpler'inde tütün gibi tropikal bir ürün olması da ne demekti?

İsviçre Frangı, Avrupa'nın az sayıda çevrilebilir para birimlerinden biriydi, bu yüzdendir ki İsviçreli tüccarlar kolaylıkla ABD doları edinebiliyor, bununla Latin Amerika'dan tütün satın alıyor ve bu tütünü Ren nehrinden ve oradan karayla İtalyan sınırına gönderebiliyorlardı. Aslında çoğu İsviçre sigara fabrikası, ticaretini kolaylaştırdığı için İtalyan sınırı yakınlarında konumlanmıştı. İtalyan hükümeti ise sigara ithalatını oldukça zorlaştırıyordu çünkü tütün devlet tekelindeydi ve zaten az olan dolar rezervini ilaç ve yakıt gibi zaruri mallara ayırmak istiyordu.

Bunun doğal sonucu olarak İtalya'da sigara fiyatları pirinç fiyatlarına göre yüksekti ama İsviçre'de düşüktü. 6. Tabloda bazı örnek rakamlar (yani gerçek fiyatı yansıtmayan) verilmektedir. Fiyatlar yerel para birimiyle gösterilmişti ama lira o zamanlar İtalya dışında değersiz olduğu için önemli olan sigara ve pirincin karşılaştırmalı fiyatlarıydı. Ne de olsa bu bir takas ticaretiydi. Tabloya göre İtalya'da bir kilo sigara yarım kilo pirince eşdeğerken, İsviçre'de bir kilo pirince eşdeğerdir. Bu fiyat farkı kaçakçılar için bir fırsat ortamı yarattı.

TABLO 6

İsviçre–İtalya arası kaçakçılık: Örnek fiyatlar.

	Yerel piyasa fiyatları	
	İtalya	İsviçre
Sigara (kilo başına)	100.000 lira	20 İsviçre Frangı
Pirinç (kilo başına)	100.000 lira	40 İsviçre Frangı

Tablodaki rakamlar gerçeği yansıtmamakta olup konuya netlik kazandırmak adına rastgele seçilmiştir fakat Adrian Knöpfel'in "The Swiss-İtalian Border-space" isimli kitabından İsveç-İtalyan kaçakçılığının uzun tarihini okuyabilirsiniz: (tez, Ecole Polytechnique Federale de Lausanne, 2014), http://archivesma.epfl.ch/2014/045/knoepfel_enonce/knoepfel_adrian_enonce.pdf, kaynaklar bu websitede listelenmiştir. Ayrıca bkz: http://www.swissinfo.ch/ita/la—tratta-delle-bionde—degli-spalloni-d-un-tempo/7405286.

İsviçre'deki bir kaçakçı, 2.000 İsviçre Frangı ile yurtiçinde 100 kilo sigara alabiliyordu ve malı Albrun Geçidi'nden İtalya'ya götürecek birkaç kuvvetli genç tutup pirinçle takas edebiliyordu. Peki kaçakçının bundan karı neydi? İtalya'daki kaçakçı 100 kilo sigaraya 100 kilo pirinç vermeye tabii ki yanaşmayacaktı, zaten kendi ülkesinde yasal fiyatı oydu. İsviçreli kaçakçı ise 50 kilonun altına inmezdi. Varsayalım 100 kilo sigara için 75 kilo pirince anlaştılar.

Döngünün tamamlanması için, İsviçreli, heybesini pirinçle doldurup İsviçre'ye döner ve 75 kilo pirinci, kilosu 40 franktan satar. Veya da belki daha düşükten verir çünkü müşterinin yerel dükkân yerine kaçakçıdan alması için ona bir sebep lazım. Varsayalım pirincin kilosunu 30 franktan sattı.

Bu kaçakçılıktan kim kazandı? Belli ki kazanan İsviçre tarafı oldu çünkü, ilk başta 2000 frank olan sermayelerini 2250 franga çıkardılar. İlginçtir ki İtalyanlar da kazanmış oldu. İtalyan, 75 kilo pirince karşılık 100 kilo sigara almış oldu, yani yerel olarak 10 milyon liraya temin edecekleri 100 kilo sigarayı 7.5 milyona getirmiş oldular. Yani kaçakçılığı, hem İsviçreliler hem de İtalyanlar açısından bir düşükten-al-yüksekten-sat fırsatı olarak görebiliriz.

Bu kesinlikle sarsılmaz bir mantık, isteyen okuyucular Tablo-6'daki rakamları değiştirip teyit edebilirler. Bu sonuç sigara ve pirincin fiyatının farklı olduğu her durum için geçerlidir —sigara ithalatını yapan ülke İsviçre olsa bile.

Ticaret bir yasal kaçakçılıktır, yani kaçakçılığın iki tarafa da kazanç sağlamasının sebebi, ticaretten her ülkenin kazanç sağlamasının sebebiyle aynıdır. Demek oluyor ki ülkeler arası fiyat farklılığı, iki-taraflı bir düşükten-alma-yüksekten-satma fırsatı yaratır. Asıl konumuza dönersek, yani ülke fiyatlarını imalat maliyetleriyle ilişkilendirecek olursak, bu mantığa göre imalat-maliyetlerinin farklılık gösterdiği durumlarda tüm ülkeler kazançlı çıkmış olur.

Ülkelerin Üretim Yönelimlerine Etkisi

Bu kaçakçılık örneği açıkça gösteriyor ki ticaret bir nevi arbitrajdır ve fiyatlar arası mevcut uçurumu daralttığı görülmektedir. Peki, fiyatların bu şekilde değişmesi yerel üretimi nasıl etkiler?

Açıkçası, fiyatı yükselen ürünü imal etmek daha zahmete değer olacak, fiyatı düşen ürünü imal etmek daha az zahmete değer olacaktır. Bir ürünün üretiminde iyi olmak demek ticaret-öncesi fiyatının daha düşük olması anlamına geldiği için her ülke, özellikle iyi olduğu şeyden daha fazla yapacak demektir, çünkü o ürünün yerel fiyatı artacaktır. Jargona göre her ülke, karşılaştırmalı-üstünlüğü olan sektörde uzmanlaşır.

Üretken kaynakların yeniden dağıtımı ticarette kazancın ikinci sebebidir (ilk sebebi iki-yönlü, düşükten-al-yüksekten-sat alışverişiydi). Ülkelerin üretken kaynaklarını, üretkenliği az sektörlerinden üretkenliği çok olan sektörlerine kaydırması her ülkede ortalama üretkenliğini artırır.

Fiiliyatta Karşılaştırmalı Üstünlük: Meiji Japonyası Örneği

Karşılaştırmalı üstünlüğün fiiliyattaki hâlini Daniel Bernhofen ve John Brown'un muhteşem çalışmalarında görebiliriz. Japonya'nın 1850 ve 1870 yılları arası sıfır ticaret duruşundan, çok daha serbest bir ticarete geçişinin ekonomik etkisini konu almışlardır.[1]

Ticaret serbestleştiğinde, uluslararası fiyatlara kıyasla bazı Japon ürünleri daha düşük fiyatlı ve bazıları ise yüksek fiyatlıydı. Ricardo'nun karşılaştırmalı üstünlük mantığına göre, Japonya'nın ihraç edeceği doğal ürünler, serbest ticaret-öncesi dönemin Japonya'sında fiyatı düşük ürünlerdi. İhracat ise Japon fiyatlarını uluslararası seviyeye yükseltti. Ticaret dengesinin diğer tarafında ise, ithal edilen ürünlerin çoğu Japonya fiyatlarına kıyasla yurtdışında daha ucuz olan ürünlerdi. Bu durumda ithal ürünün getirdiği rekabet sonucu Japon fiyatlarının düşmesi beklenir. Japon fiyatlarının ihracat sektörlerinde artması ve ithalat sektörlerinde düşmesi gibi bir net sonuç çıkması gerekir.

Net ihracat rakamlarına (burada negatif net ihracat tabiri ithalat demektir) ve 1851 - 1869 arası oluşan fiyat farklarına bakarsak, Ricardo'nun aşırı basitleştirme tahminlerinin aşağı yukarı doğru çıktığını görürüz (Şekil 50). Bir tamamlayıcı çalışmada yazarlar, ticaretin açılması ile Japon gelirlerinin yaklaşık %9 artış gösterdiği yönünde tahminde bulunmuşlardır. Söz konusu kazançlar ticaretten elde edilen "statik" kazançlardı çünkü ülkelerin karşılaştırmalı üstünlükleri zamanda dondurulmuştu. Doğru politikalarla bu statik kazançlar "dinamik" olarak bilinen kazançlara —yani zamanla oluşan ekstra kazançlara— dönüşebilirdi. Bu kazanç-artırıcıların bir önemli kaynağı da ortalama maliyeti düşüren imalat ölçeğindeki bir büyümeydi.

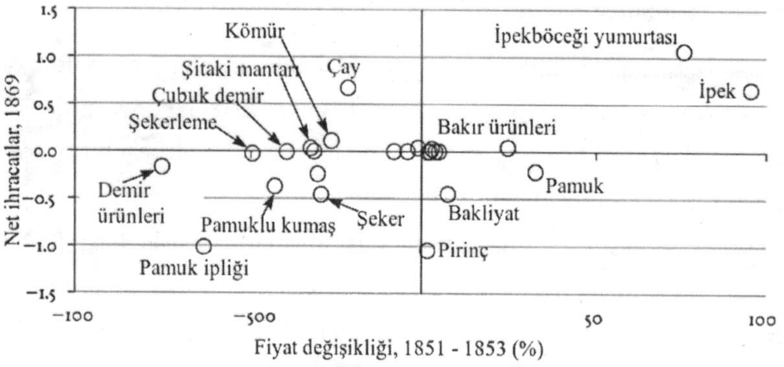

ŞEKİL 50: Japonya'nın ihracat büyümesi, fiyatı en çok yükselen ürünlere yönelik yaşandı.

Karşılaştırmalı üstünlük prensibine göre bir ülke, yerelde ucuz olan ürünleri ihraç eder çünkü o ürünü yapmada yabancılara kıyasla daha iyidir. Japonya'nın bir anda ticarete açılması gösteriyor ki bu teori gayet geçerli: ipek ve ipekböceği yumurtası gibi en büyük ihracat sektörlerinde fiyatlar, ticaretin serbestleşmesiyle uluslararası seviyelere yükselmiştir. Pamuk ve kumaş gibi en büyük ithalat sektörlerinde ise (grafikte negatif net ihracat olarak gösterilmiştir), ucuz ithal ürünün gelmesiyle Japon fiyatları uluslararası seviyelere düşmüştür.

VERİ KAYNAĞI: Daniel Bernhofen ve John C. Brown, "A Direct Test of the Theory of Comparative Advantage: The Case of Japan," *Journal of Political Economy* 112, no. 1 (2004): 48-67.

Büyüyen Ölçek Ekonomilerinin Getirisi

Günümüzün küreselleşmiş dünyasında bile yerel piyasanın büyüklüğü önemlidir. Standartlar ve mevzuatlar gibi bir dizi sebep yüzünden şirketler genellikle kendi ülkelerinde üstünken yabancı piyasalarda marjinal oyuncular olarak kalmıştır. Bu durum piyasa fragmantasyonu olarak bilinir.

Ancak piyasa fragmantasyonunun rekabeti düşürdüğü, fiyatları yükselttiği ve birçok işletmeyi faaliyette tuttuğu gözlenmiştir. Sonuç olarak küçük piyasalı ülkelerde, küresel rekabette güçsüz kalan fazla sayıda küçük çaplı işletmeler bulunur. Bu sorun özellikle gelişmekte olan ülkelerde yaşanır.

Sorun, şirket sayısının fazla olması değildir tabii. Sorun, yetersiz rekabet ortamı yüzünden yerel şirketlerin fiyatlarını yüksek tutabiliyor olmasıdır; öyle ki küçük çapta üretimin maliyetini bile karşılayabilirler. Ticaretin serbestleşmesinin bu gibi durumlara nasıl iyi geldiğini bir düşünelim.

Ticaret serbestleşince yabancı şirketlerden gelen rekabet sonucu rekabet-yanlısı bir ortam oluşur, bu da ülkenin endüstriyel yapısını değişime zorlar. Özellikle artan rekabete ve düşen kazanca tepki olarak şirketler, ölçek büyüterek maliyeti düşürmeye çalışır. En etkisiz şirketler yok olur veya birleşme yoluna giderek etkinliğini artırır. Birleşen şirketlerin pazar payı daha büyük olur ve böylece daha büyük ölçek ekonomisi oluşturabilirler. İşler iyi giderse, daha az sayıda, büyük ve etkin şirketler sayesinde etkin bir endüstriyel yapı ortaya çıkabilir. Dahası, ticaret serbestleşmesi demek büyük şirketlerle daha yakın rekabet demektir, yani ülke içinde nicelik olarak az rekabet olmasına rağmen endüstrideki şirketler, nitelik olarak daha güçlü rekabetle yüz yüze gelirler.

Küreselleşmenin Kayıpları

Her bir fiyat değişikliği, her yeni teknoloji, talepte yaşanan her bir kayma, kazananlar ve kaybedenler yaratır. Küreselleşmenin kazançları ve kayıplarına gelince iki tür ayrım vardır: tüketicilere karşı üreticiler ve nitelikliye karşı niteliksiz işçiler. Derinleşen küreselleşmenin her fiyat azaltışında, o ürünün tüketicisi kazanırken üreticisi kaybeder. Bunun gibi küreselleşme bir sektörü genişletirken diğerini daraltır, genişleyen sektörde en çok kullanılan üretken faktörler kazanırken, daralan sektördekiler kaybeder.

Küreselleşmenin kayıplarına ilişkin şu iki şeyi anlamak gerekir. İlki, küreselleşmede kaybetmeden kazanılmaz. İkincisi, bu ikilemi çözmek için "toplumsal bir sözleşme" ile kazançları ve kayıpları vatandaşlarla paylaşılmasının gerekmesidir.

Yeni Ekonomik Coğrafya

Ekonomi konseptinin ikinci paketi ya da meraklıları tarafından NEG (New Economic Geography) olarak bilinen Yeni Ekonomik Coğrafya, eşitsiz mekânsal gelişme bilmecesini şöyle açıklar: Nasıl olur da düşük ticaret maliyetleri —mesafenin önemini ortadan kaldırmaları gerekirken— kentler gibi çarpıcı bir biçimde dengesiz ekonomik faaliyet dağılımlarına ve G7'nin dünya gayri safi hasılasından ölçüsüz bir pay kapmasına yol açarlar?

NEG bu bilmeceyi şirketlerin mekân seçimlerine odaklanarak çözer. "NEG-atif mantığa" göre bu kararların ardında iki karşıt kuvvet arasındaki denge bulunur.

- Ekonomik faaliyetin coğrafi olarak dağılması yanlısı dağıtma kuvvetleri
- Ekonomik faaliyetin coğrafi kümelenmesi yanlısı toplulaştırma kuvvetleri

Bu ikisi arasındaki denge, örneğin çoğu İngiliz şirketlerinin niye Londra'da konuşlanırken hepsinin konuşlanmadığını belirler. Ya da G7'nin küresel ekonomik faaliyetlerindeki payının, neden daha fazlasına değil de üçte ikiye yükseldiğini.

Dağıtma ve Toplulaştırma Kuvvetleri

Birçok dağıtma kuvveti vardır fakat çoğu, yalnızca yerel ölçek seviyesinde etkindir (kent sıkışıklığı ve yüksek kiralar gibi). Bunların küresel gerçeklerle ilgisi yoktur. NEG, ürün fiyatları üzerinden etki eden iki dağıtma kuvvetine yoğunlaşır ve böylece ürün ticareti aracılığıyla küresel mekânsal seviyede etkinlik sağlayabilir. Bu dağıtma kuvvetleri ücret uçurumu ve yerel rekabettir.

Daha ayrıntıya inersek, imalat lokasyonunun seçilmesi, yüksek ve düşük nitelikli işçiler arasındaki ücret uçurumlarından etkilenir. Örneğin zengin ülkelerde yüksek eğitimli işgücü düşük eğitimli işgücüne kıyasla daha çok bulunmakla birlikte gelişmekte olan ülkeler için bunun tersi geçerlidir. Sonuç olarak beceri gerektiren sanayiler yüksek-ücretli ülkelerde, işgücü-yoğun sanayiler ise düşük-ücretli ülkelerde konumlanır.

Küresel seviyedeki ikinci dağıtma kuvveti yerel rekabettir — bu kuvvet şirketleri, ticaret maliyetlerini kendi aralarında ve rakiplerinin aralarında koymaya yöneltir. Mesela ABD Hükümeti on dokuzuncu yüzyılda İngiliz mallarına karşı yüksek ticari bariyerler koyduğu sırada ABD endüstrileşmesini teşvik eden bu kuvvetti. Şirketler Birleşik Devletler'de konuşlanmayı, orada iş yapmak çok ucuz olduğu için değil, daha çok ticari bariyerler kendilerini düşük maliyetli İngiliz rakiplerinden koruduğu için daha kârlı buluyordu.

Toplulaştırma kuvvetleri, dağıtma kuvvetlerinin tam zıddıdır ve coğrafi kümelenmeyi teşvik ederler. Teknik olarak ekonomik faaliyetin mekânsal yoğunlaşması, mekânsal yoğunlaşmayı daha da artırıcı kuvvetleri doğurur, işte toplulaştırma kuvvetleri olarak adlandırdığımız bunlardır.

Dağıtma kuvvetlerine gelince, toplulaştırma kuvvetlerinin büyük çoğunluğu tespit edilmiştir, fakat bunların çoğu o kadar yerel ölçeklidir ki bir açıklama getirmek zordur, örneğin İngiltere'nin endüstrileşmesi Çin'i nasıl sanayisizleştirebildi? Yeni ekonomik coğrafyada kullanılan iki ana toplulaştırıcı kuvvet arz-taraflı ve talep-tarafı döngüsel nedensellik taşır. Yirminci yüzyıl kalkınma düşünürü Albert Hirschman, bunlar için tuhaf bir biçimde "ileri ve geri bağlantılar" tabirini kullanmıştır.

Eğer bir ekonomide bolca ekonomik faaliyet mevcutsa (örneğin GSYH ölçümüne göre), o zaman o ekonomide iş yapmak müşterilerinin yakınında olmak isteyen şirketlere cazip gelecektir. Nüfus-yoğun ve üretimin çok olduğu bölgeler aynı zamanda insanların ve şirketlerin çok para harcadığı bölgelerdir. Böyle bir cazibe merkezi daha fazla şirket ve ekonomik faaliyet çekeceği için döngüsel bir nedensellik söz konusudur. Müşteriler üreticileri çeker, üreticilerin işçileri de yeni müşteriler olur, yeni müşteriler de daha çok üretici çeker.

Dağıtma kuvveti diye bir şey olmasaydı, aşırı yoğun bölgeler gözlemlenirdi. İşte bu, yüksek ücretlere rağmen G7 ülkelerinin hâlâ endüstri için bir çekim merkezi olabilmesinin anahtar nedenidir.

Şirket bir ada değildir. Şirketler diğer şirketlerden ara-mal girdiler satın alır. Tedarikçiler arası mesafe, maliyeti yükselteceğinden, belli bir bölgede çok sayıda şirket olması üretim maliyetine dayalı olarak o bölgenin cazibesini artırır. Bu durum, çok ara mal ve hizmet kullanan sektörler için özellikle geçerlidir.

Bu toplulaştırma kuvveti yüzünden geniş endüstriyel üsse sahip bir ülke daha fazla endüstriyi kendine çekebilir çünkü bu üs, üretim için bir cazibe merkezidir. Tedarikçiler daha çok tedarikçiyi çekeceğinden dolayı nedensellik kendi kendini takviye edici veya döngüseldir. Mesela Almanya'da yapılan arabaların Tayland gibi düşük ücretli ülkelerde yapılan arabalara niye rakip olabildiğinin kilit nedenidir.

Konuya genel bakarsak, talep bağlantıları ekonomiler bazında işler (örneğin Fransa'ya karşı Uruguay). Arz bağlantıları ise daha sektörel bazda işler (mesela araba sektörü veya yazılım sektörü). Çoğu durumda birlikte işlerler.

Bölgesel Denklik: Kuvvetlerin Dengelenmesi

NEG'e göre endüstrinin lokasyonu, toplulaştırma ve dağıtma kuvvetlerini dengelemek için yer değiştirir. Bunun nasıl işlediğini görmek için küçük düşünce deneyi yapalım. Dünya sanayisinin yarısını elinde bulunduran ve boyut olarak özdeş iki ayrı bölge olduğunu farz edelim. Deneyi başlatmak için teorimizin vakum odasının dışında kalan sebepler yüzünden bazı göç hareketleri yaşandığını var sayalım. Bu demektir ki bir bölge (Kuzey diyelim), pazar boyutu açısından diğer bölgeden (Güney diyelim) daha büyük olacaktır.

Endüstri yer değiştirmeseydi büyüyen Kuzey'deki şirketler, yerel rekabet seviyesi aynı kalırken ticaret maliyetine maruz kalmaksızın müşterilerin büyük çoğunluğuna erişebileceklerinden dolayı kazançlarını artıracaklardı. Madalyonun diğer yüzünde ise Güney-merkezli şirketler normalin altında getiri elde edeceklerdi.

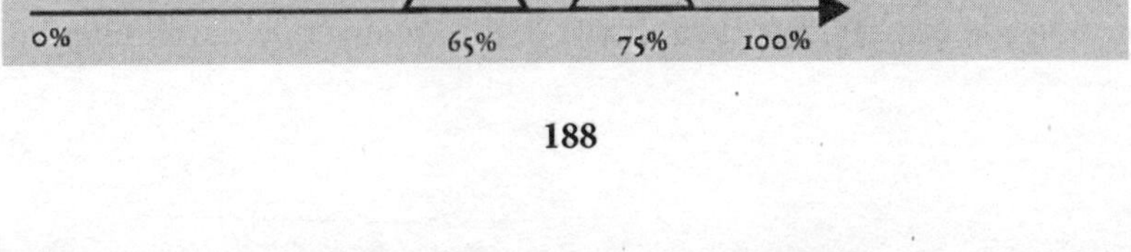

ŞEKİL 51: Lokasyonun dengelenmesi, toplulaştırma ve dağıtma kuvvetlerini dengeler.

Bu örnekte, başlangıçtaki durum, büyük bölgede yer alan sanayinin yüzde 75'ine sahiptir. Eğer toplulaştırmanın kuvveti bir şekilde zayıflarsa, bazı endüstriler büyük bölgeden küçük bölgeye kayar. Bu yer değiştirmenin yaşandığı sırada, dağıtma kuvvetinin etkisi azalır. Taşınan şirketler büyük bölgedeki yerel rekabeti zayıflatırken küçük bölgedekini güçlendirir. Ücret farkları, bütün şirketlerin küçük bölgeye akın etmesini önleyecek şekilde ayarlanır. Bu örnekte yeni oluşan denge, büyük bölgedeki endüstrinin %65'idir.

KAYNAK: Richard Baldwin, "Integration of the North American Economy and New-paradigm Globalization," Workin Paper WP049, Policy Horizons Canada, September 2009, http://www.international.gc.ca/economist-economiste/assets/pdfs/research/TPR_2011_GVC/04_Baldin_e_FINAL.pdf.

Gayet doğaldır ki bazı şirketler Güney'den Kuzey'e taşınır ve bu hareket sonucu iki bölgenin kazançlılığı dengelenir. Spesifik olarak, taşınan şirketler Güney'deki rekabeti zayıflatırken Kuzey'dekini güçlendirir. Bunun gibi Kuzey'de kümelenen şirketler, Kuzey'in ücretlerini yükseltirken, şirketlerin Güney'den dışarı çıkışı sonucu Güney'in ücretlerini düşürme eğilimindedir.

Yerel-rekabetin ve ücret farkının nasıl makas etkisi yarattığına dikkat çekelim. Daha çok şirket Kuzeye gittikçe Kuzey'de rekabet ve ücret artarken, Güneyde ikisi birden düşer. İlk göçün yarattığı şokun ardından neden şirketlerin hepsinin değil de sadece bazısının Kuzey'e gittiğinin açıklaması işte bu makas etkisidir. Bu yeniden dengelenme olayına bir örnek Şekil 51'de verilmiştir.

Ticaret Serbestleştikçe Daha Serbest Dolaşan Şirketler: "İç Pazar Büyümesi Etkisi"

Tüm bu akıl yürütme, ticaret maliyetleri sabit tutularak yapıldı. Temel sonuç, endüstrinin büyük pazarlarda orantısız yoğunlaşma eğiliminde olduğuydu. Ama şimdiye kadar yürüttüğümüz mantık, ticaret maliyetleri düşünce endüstrinin nasıl konumlanacağı konusuna açıklama getirmedi. Düşen ticaret maliyetleri, birinci çözülme dramının "Hamlet"i idi; bu yüzden bu mantığı, bu durumu kapsayacak şekilde genişletmek önemlidir. Buradaki ana etkimiz, sözde iç pazar büyümesi etkisi olarak bilinmektedir.

Ticaret maliyeti düşükken, konumun öneminin azalması, sözü edilen şokun daha az yer değiştirme ile sonuçlanması beklenebilir. Bu yanlıştır. Paradoksal bir biçimde, ticaret maliyetlerinin düşmesi sonucu şirketler daha az değil daha fazla serbest dolaşma eğilimindedir. Özetle, bunun nedeni, dağılım ve yığılma kuvvetlerini yeniden dengelemek için daha fazla yer değiştirmeye ihtiyaç duyulmasıdır; tam da konum daha az önemli olduğu için.

Düşünce deneyimizdeki şirketin Güney'e göre daha kazançlı hâle gelen Kuzey'e taşınmasının yaratacağı etkiye dair bir kafa yoralım. Şirket artık mallarını ticaret maliyeti üstlenmeksizin büyük olan Kuzey'de satmakta ve aynı zamanda Kuzeye artık ihraç etmemekte. Şirketin yer değiştirmesi yerel rekabet derecesini artırırken, diğer yandan Kuzey'deki ithalat malı rekabetini düşürmektedir. Kuzeydeki rekabet derecesine toplamda olan etkisi, iki zıt etkinin netidir (yerel rekabet artıyor fakat ithalat malın yarattığı rekabet ortamı zayıflıyor). Ticaret maliyetleri pozitif olduğu müddetçe, Güney'den Kuzey'e yer değiştirmeler Kuzey'deki rekabet derecesini artırır fakat ticaret maliyetler yüksekse net etkisi de yüksek olur. Bu demektir ki ticaret maliyetleri düşükken kazançlılığın dengelenmesi için daha fazla şirketin göç etmesi gerekmektedir.

Konuyu daha genişletirsek, ilk değişimden sonra kazançlılığı dengelemek için Güney'den Kuzey'e gitmesi gereken şirket sayısı, ticaret maliyeti düşükken daha çok olmalıdır. Aynı mantıkla, ticaret maliyetleri yüksekse rekabet daha yereldir, yani tek bir şirketin Güney'den Kuzey'e yer değiştirmesinin yaratacağı etki, ticaret maliyetleri yüksekse daha büyüktür. Rakamların dengelenebilmesi için, ticaret maliyetleri düşükken daha çok şirket Kuzey'e taşınmalıdır. Bu zıtlık teşkil eden bir durumdur ama mantık su götürmez. Ticaret maliyetleri düşükken şirketler daha serbest (daha az değil) dolaşmaktadır.

İç Kaynaklı Büyüme Yükselişleri ve Ekonomik Coğrafya

Buraya kadar bahsi geçen Statik NEG mantığı, durumun hangi yönde seyredeceğine dair yararlı bir göstergedir fakat küreselleşmenin asıl olayı büyüme oranlarıydı —sadece tek seferlik değişimler değil. Neyse ki lokasyon ve büyümeyi birbiriyle ilişkilendirmek gayet kolay.

Paul Romer'in 1980'lerde iç kaynaklı büyüme teorisini ortaya atmasıyla kaydedilen gelişme hem kavramsal hem de matematikseldi. Matematiksel yönünün bu kitapla ilgisi yok, kavramsal yönü ise o kadar kolay ki Romer'den önce kimsenin aklına gelmemiş olmasına inanmak güç. Aslında kavramsal yönü, Isaac Newton'un şu ünlü sözlüyle yakından alakalı: "Daha uzağı görebildiysem, devlerin omuzlarının üstünde olduğum için görebilmişimdir"[2] Ya da daha basit ifadeyle, bilgi yaratımı, gelecek inovasyonları kolaylaştıran "taşmalar" doğurur.

Diyelim ki her bir inovasyon iki çeşit bilgi yaratıyor. İlki belli bir şeye özgü ve doğrudan karşılık alıyor —"patent" alıyor diyelim. İkincisi ise genel bilgi seviyesini artıran genişletici minvalde bir şey ve yeni buluşlar yapılmasını kolaylaştırıyor ama patenti alınamayan türden bir bilgi—bir tür kamu malı. İkinci tür bilgi sayesinde, her bir inovasyon ile gelecekteki inovasyonların marjinal maliyetleri düşmüş oluyor. Teknik olarak bu, inovasyonun öğrenme eğrisine tabi olduğu anlamına geliyor; yani inovasyon tecrübesi arttıkça marjinal maliyet düşüyor.[3]

Anlaşılan o ki "bilgi sermayesi" stoğu arttıkça getirilerin azalmasını önlemenin yolu, inovasyon maliyetlerinin düşmesinden geçiyor. İlk olarak şunu bilelim ki sermaye dediğimiz şey üretimi-artırıcı bilgilerdir. Bilgi, tüketim malları gibi ilk kullanımdan sonra kaybolmaz. Üretime sürekli bir akış sağlamak amacıyla gelecek yıllarca varlığını sürdürür. Bunu anlamak için fiziksel sermayeyi ve bilgi sermayesini karşılaştırmak gerekir.

Fiziksel sermaye yararlıdır çünkü işgücü gibi diğer faktörlerin verimliliğini artırır ancak işçi başına sermaye miktarı arttıkça kademeli yararı da azalır. Örneğin az alet bulunan bir işyerinde, işçi başına yüzer euro'luk alet alımı yaparak hasılada büyük artışlar kaydedilebilir. Eğer bu işçi başına yüzer euro'luk alet alımı zaten yeterince aleti mevcut olan bir işyerinde yapılsaydı, hasıladaki artış görece daha az olurdu. Bu yüzden sermaye-işgücü oranı artar ama işçi başına alet alımının marjinal maliyeti ile marjinal faydası dengelendiği an duraksar. Fiziksel sermaye birikimi işte o an durur. Artışa devam etmesi için gereken tek şey, işgücünün genişletilmesi veya yüksek bir sermaye-işçi oranının faydasını artıracak teknik gelişmeler gibi dışsal bir değişimdir.

Know-how'ın kaderi ise farklıdır. Getirilerin azalmasından muzdarip değildir. Hatta Endüstriyel Devrim'den bu yana bilgi sürekli birikmektedir ve yeni bilgi artışları üretimi hiç olmadığı kadar artırmaktadır. Bilginin azalmayan getirilerine bazı matematiksel koşulları da eklersek inovasyon, büyümeyi sonsuza dek artırabilir. Bilgi stoğu genişledikçe inovasyonun marjinal faydası azalır fakat marjinal maliyeti de azalır, yani yeni ürün ve süreç inovasyonları katkı sağlamaya devam eder.

Şunu hatırlamakta fayda var ki bilgi stoğunun getirisi azalmaz ama bilginin *büyüme oranı* düşebilir. Eğer herhangi bir şey, inovasyonun getirisini bir miktar artırıyorsa, büyüme oranı da aynı miktarda artacaktır. Ya da jargonu kullanırsak, getirilerin azalması bilginin büyüme oranında yaşanır, bilgi stoğunda değil.

Bir sonraki adımda hikâyeyi biraz genişleteceğiz ki ilk çözülme esnasındaki düşen ticaret maliyetlerinin ve ikinci çözülme esnasında düşen iletişim maliyetlerinin büyümeye nasıl yansıdığı üzerine düşünebilelim. Romer'in analitiğinde küreselleşmeye ilişkin bir mesafeden bahsedilmemiş olsa da bu hususta yapılan son çalışmalar konuya biraz ışık tutmaktadır.

Küresel Ekonomide Büyüme

İnovasyon ve büyüme açısından mesafe önemli yer tutar; Isaac Newton'un inovatörleri, devler uzakta olsaydı omuzlarına çıkamazlardı. Gene Grossman ve Elhanan Helpman'ın, 1991 tarihli *Innovation and Growth in the Global Economy (Küresel Ekonomide İnovasyon ve Büyüme)*[4] adlı kitaplarında iç kaynaklı büyüme teorisini, uluslararası ölçekte ele almalarıyla bu görüş kurama dâhil edilmiş oldu. Tekrar edelim, anahtar içgörü, işin basitliği. Büyümeyi teşvik edici bilgi taşmalarının sınır ötesine gitmesini sağladılar fakat kusurlu bir şekilde.

Küçük bir düşünce deneyi yaparak mekanizmayı görebiliriz. Her ikisinin de, kendi kendine yeten, diğerinin büyümesinden bağımsız bir büyüme çizgisinde olduğu iki kapalı ekonomiyle başlayalım. Fikirlerin taşınamazlığından (yani, bilgi taşmalarının yalnız ülke içinde kalması), maliyetsiz fikir taşınmasına geçmek, her iki ülkenin de büyüme oranını artıracaktır. Eylem mekanizması, diğer ülkeden taşan inovasyon bilgisinin ülke içindeki inovasyonun maliyetini azaltıyor olmasıdır. Yani, bilginin sınır ötesine tamamen serbest taşması, inovatörlerin bunlardan iki kat daha fazla yararlanması anlamına gelir. Bu da inovasyonun marjinal maliyetini doğrudan azaltır, böylece her iki ülkede de büyüme oranı yükselir. Bir anlamda, yabancı-kaynaklı yeni bilgi taşmaları, yurt içindeki inovatörler için bir prim sağlar.

Bilgi Taşmaları, Büyük Iraksama ve Büyük Yakınsama

İç kaynaklı büyüme ve Yeni Ekonomik Coğrafya kuramlarını aynı çerçevede ele almak, buhar devriminin Büyük Iraksama'ya sebep olan toplulaştırmayı teşvik ederken BİT devriminin-Büyük Yakınsama ile sonuçlanan dağılmayı teşvik etmesine açıklama getirilebilir. Şekil 52'deki diyagramda bu mantık resmedilmektedir.

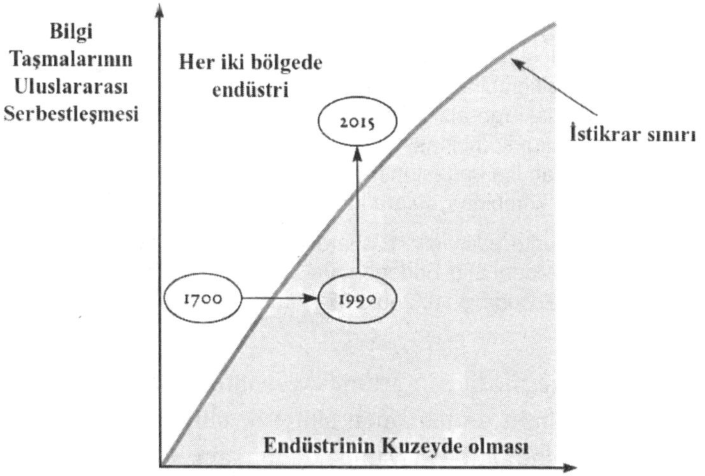

ŞEKİL 52: İstikrar kazanan ve istikrar kaybeden entegrasyon: Birinci ve ikinci çözülmeler.

Diyagram, serbest ticaret ve bilgi taşmalarının, endüstrinin tümden bir bölgede —Kuzey'de ya da Güney'de— kümelenip kümelenmediğini belirlemek üzere birleştiğini ya da aksine iki bölgede dengeli bir şekilde dağıldığını gösterir.

Ticareti serbestleştirmek, endüstrinin tek bölgede tam toplulaşmasını teşvik eder. Buna "mekânsal paradoks" adı verilmiştir çünkü mesafenin etkisi azaldıkça kümelenmenin artması paradoksal bir durumdur ama yaşanan tam da budur. Ardında yatan mantığı kitapta ele aldık ama günlük yaşamda da bunun yaşandığını görüyoruz. Mesela bir ülke içinde ulaşım kolaylaştıkça ekonomik faaliyet kentlerde kümelenmektedir. Bilgi taşmaları serbestleştirilmeksizin sadece ticaret serbest tutulsaydı, diyagramda 1700 - 1990 yılları arası okla gösterildiği gibi bir durum oluşurdu.

Bilgi taşmalarının serbestleştirilmesi, karşı yönde kümelenmenin yolunu açar. Tüm endüstri Kuzey'deyse (diyagramda 1990'da olduğu gibi) bilginin çoğu da Kuzey'dedir. Sonuç olarak, 1990 - 2015 arası dikey okla gösterildiği gibi, bilgi taşmalarının serbestleştirilmesi, endüstrinin dağılmasını teşvik eder. Böylesi bir dağılmayı bilgi birikimi ve işçi ücretleri yüksek Kuzey ile bilgi birikimi ve işçi ücretleri düşük Güney arası bir arbitraj gibi düşünebiliriz. Arbitraj yeterince kolaylaşırsa, yani bilgi taşmaları belli bir seviyeye yükselince, Kuzey'de bulunan endüstri için durum tersine döner ve sonuç olarak Güney ve Kuzey arası endüstri eşit dağılmış olur.

İki tür serbestleştirmenin karşıt etkilerini özetlemenin bir yolu da yukarı eğimli istikrar eğrisidir. Bilgi taşmasının serbestleşmesi, endüstrinin dağılmasına yol açarken serbestleşen ticaret de yoğunlaşmasına yol açar, yani bu iki serbestleştirme doğru kombinasyonda yükselebilirse endüstri dağınık kalır. Tam sağ kombinasyon istikrar sınırını tanımlar. Bu nedenle istikrar sınırının sağındaki (gri alan) kombinasyonlar tüm endüstrinin memnuniyetle Kuzey'de kaldığı kombinasyonlara tekabül eder. Diyagramın kuzeybatısındaki beyaz alan ise endüstrinin Kuzey-Güney arasında yarıya yarıya dağılım gösterdiği kombinasyonlara karşılık gelir.

KAYNAK: Adapte edilmiştir: Richard Baldwin ve Rikard Forslid, "The Core-Periphery Model and Endogenous Growth: Stabilising and Destabilising Integration," *Economica* 67, no. 267 (Ağustos 200): 307-324.

Şekil 52'de resmedilenin ardındaki mantık, sadece iki ülkenin bulunması ve ikisinin de tamamen simetrik olması bakımından Krugman-Venables kuramına dayanmaktadır yani yüzde 50'şer bölünen endüstridir. İlk olarak, diyagramda mesafenin iki ekonomik yönü belirtilmiştir. Ürün taşınma kolaylığı yatay eksende verilmiştir. "Ticaretin serbestleşmesi", 0 (hiç ticaretin olmadığı) ve 1 (ve tam serbest ticaret) olarak gösterilmiştir. Ürünlerin taşınma kolaylığı dikey eksende "bilgi taşmalarının serbestleştirilmesi" gösterilmiş olup sıfır (bilgi taşmalarının tamamen yerel kalması) ve bir (bilgi taşmalarının tam uluslararası olması) olarak ölçeklendirilmiştir.

Anlaşılan o ki toplulaşma söz konusu olduğunda serbest ticaret ve serbest bilgi taşması arasında bir ödünleşim mevcut. Bu ödünleşim diyagramdaki eğride etiketlendiği şekliyle bu "istikrar sınırı", endüstrinin simetrik dağılımının dengesel sonuç verdiği iki serbestleştirme biçiminin kombinasyonunu göstermektedir (Yeni Ekonomik Coğrafya görüşü kapsamında).

Şekildeki mantığın işleyişini görmek için 1700 ile gösterilen noktadan başlayın. Bu noktada ticaret maliyetli, yani endüstri iki bölge (Kuzey ve Güney) arasında eşit dağılmıştır. Ticaret serbestleşip bilgi taşması sabit kalınca, serbestleşme kombinasyonu diyagramda yatay hareket eder. Yeterince uzağa giderse istikrar sınırı geçer ve Yeni Ekonomik Coğrafya perspektifindeki gibi, tüm endüstri, bir bölgede (kesin olmak gerekirse Kuzey'de) kümelenir.

Fakat diyagram sadece endüstriyel kümelenmeyle ilgili değildir. Arka planında bir büyüme yükselişi de mevcuttur. 1700 gibi bir noktada endüstrinin dağılmasına yüksek fikir taşıma maliyeti de eklenirse sonuçta her iki bölgede de büyüme yaşanmaz. İnovasyonlar ender, bilgi taşmaları zor yaşanır, yani modern büyümenin fitili —inovasyon ve inovasyonu destekleyen bilgi taşmaları— henüz ateşlenmemiş olur. Diyagramda 1990 noktasında olduğu gibi endüstri kümelenince, fitil ateşlenir ve Kuzey'de büyüme yükselişe geçer.

Bilgi taşmaları uluslararası çapta serbestleşirse ne olur? Ticaret serbestliği seviyesine dokunmadan bilgi taşmalarının serbestliğini yükseltirsek, diyagramda dikey bir hareket oluşur. Taşmalar yeterince serbestleşince dünya ekonomisi istikrar sınırını bir kez daha geçer ve endüstri yarı yarıya dağılım gösterir. Burada asıl fark ise Güney'in sanayileştikçe büyüme patlamaları yaşayacak olmasıdır. Bununla birlikte taşmalar 2015 noktasında uluslararası çapta olduğu için, Güney'in büyümesi Kuzey'in büyümesi için de iyidir.

Tedarik Zinciri Çözülmesinin Ekonomisi

Daha önce bahsedildiği gibi, küreselleşmenin ikinci çözülmesiyle küreselleşmenin yörüngesi, sektörlerden üretim aşamalarına doğru kaydı. Bu kaymayı anlamak için yeni bir düşünsel modele ihtiyaç var.

Küreselleşmenin ekonomik etkileri hakkındaki geleneksel düşünce modelleri Ricardo'nun entelektüel altyapısı ve bunun günümüzdeki uzantılarına dayanmaktadır. Bu kavramlar üretimin çözülmesi olgusunu kasten ihmal etmiştir çünkü teorinin çıkış noktası başka şeylerdi.

Üretimi deniz aşırı taşımanın ekonomisini anlamak için en iyi yol bunu iki olguya ayırmaktır: Ayrıştırma ve dağılma. Ayrıştırma, üretim süreçlerinin daha küçük aşamalar şeklinde çözülmesi ile ilgilidir. Dağılma ise aşamaların coğrafi bakımdan çözülmesiyle ilgilidir. Bu ikisi arasında, üretim aşamaların coğrafi dağılmaya göre organize edilmesi bakımından bir bağlantı mevcuttur. Şimdi bu konuyu genişletelim.

Ayrıştırma Boyutu (Değer Zincirlerinin Dilimlenmesi)

G7 üretim aşamalarının gelişmekte olan ülkelere deniz aşırı taşınmasında 1990'lar ve 2000'lerde patlama yaşandı. Olayın kavranması açısından "niye" ve "nasıl'ın" anlaşılması önemlidir fakat BİT daha iyi, ucuz ve yaygın hâle geldiğinde yaşanacaklar hakkında kafa yormak daha da önemlidir. Bunun için üretimin şirket seviyesinde organizasyonunun analitik bir çerçevede ele alınması gerekli.

Diyelim ki bir şirketin üretim süreci dört seviyeden oluşuyor. En düşük seviyeyi oluşturan işler, ürünün imalatı ve müşterilere satılmasını sağlayacak işlerin tam listesi. Bu listede, araştırma geliştirme, ürün tasarımı, piyasa araştırması, proje finansmanı, muhasebe vb. fabrikasyon öncesi aşamalar, bununla birlikte sevkiyat, depolama, perakende, satış-sonrası destek gibi fabrikasyon sonrası hizmetler yer alır.

İkinci seviyede ise iş grupları oluşur ve en belirgin olanıdır. Bu seviyede yer alanlar, işçiler tarafından bireysel bazda yapılan işlerin tam listesidir. Bundan sonrası "aşamalardır". Aşamalar, birbirine benzer iş gruplarının bir araya getirilmiş hâlidir. Son sırada ise "ürün" —yani şirkete değer yaratan şey— yer alır. TOSP, bu işler, iş-grupları, aşamalar ve ürünlerle (tasks, occupations, stages, product) çizilen çerçevenin baş harfleridir. Bu çerçeve, şematik olarak Şekil 53'de verilmiştir.

TOSP kavramından ele alırsak (Şekil 53), "değer zincirlerinin nasıl bölümlendirileceğine" ilişkin iki seçenek ortaya çıkar: 1) Hangi işler hangi iş gruplarına tahsis edilmeli ve 2) Hangi iş grupları hangi aşamalara tahsis edilmeli?

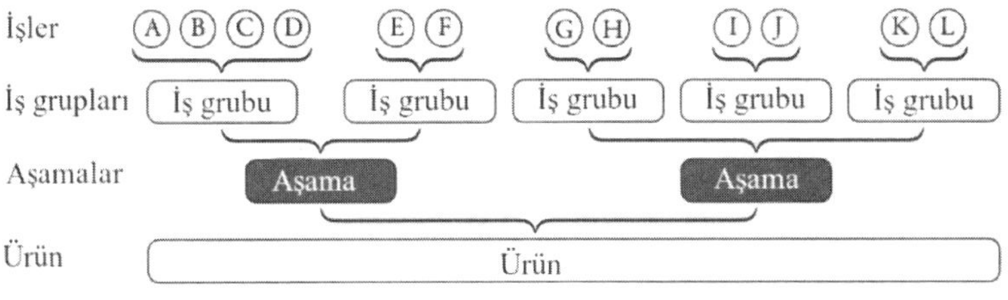

ŞEKİL 53: İşler, iş-grupları, aşamalar ve ürün kavramı (Tasks, Occupations, Stages, Product – TOSP)

Üretim süreçlerini, şirketin ürettiği her bir ürünün altında bulunan üç doğal gruplandırma olarak düşünmek yerinde olacaktır. İlk seviyede gereken tüm işler yer alır. İşlerin yapılmasından sorumlu birileri olması gerektiği için, bir sonraki seviye, işi (genellikle mekanik işler) icra eden işçileri tanımlayan "iş-gruplarıdır". Çoğu üretim süreçlerinde işçiler diğer işçilerle çok yakın konumlandırılır, bu da bir sonraki evreyi oluşturur: Aşamalar. Genellikle ikinci çözülme (yani deniz aşırı taşıma) üretim aşamaları ile ilgilidir, iş veya iş-gruplarıyla değil.

KAYNAK: Richard Baldwin, "Global Supply Chains: Why They Emerged, Why They Matter, and Where They Are Going," *Global Value Chains in a Changing World,* ed. Deborah K. Elms and Patricj Low (Geneva: World Trade Organization, 2013). Şekil 11.

Uzmanlaşmaya karşı Koordinasyon Ödünleşimi

Üretimin nasıl organize edileceği hususu gerçek dünyada —yani Mein Herr'in metresi-metresine birebir-dünya-haritasında— olabildiğince karmaşıktır. Gerçek hayatta şirketlerin yapacağı seçimler orta düzey bir yöneticinin günlerini ve yıllarını alır fakat tüm bu detay asıl ödünleşimi belirsizleştirir. Burada bir teori gerekiyor.

Neyse ki Adam Smith, konuya ilişkin yararlı bir yaklaşım ortaya atmış. Asıl ödünleşim *uzmanlaşma* ve *koordinasyon* arasında. 1776 tarihli kitabı *Ulusların Zenginliği* kitabında Smith, on sekizinci yüzyıl iğne fabrikası örneğinde, uzmanlaşmanın getirilerinden bahseder. Der ki, "İşçinin biri kabloyu sıyırsa, diğeri düzleştirse, üçüncü işçi kesse, dördüncüsü ucunu sivriltse, beşincisi zımparalayarak baş kısmını oluştursa; baş kısmına gelince iki veya üç operasyon gerekir; birleştirmesi başka bir iş, ağartılması başka bir iştir; tüm bu işi kâğıda dökmesi bile başlı başına bir ticarettir."

Sürecin bu şekilde ayrıştırılması işçilerin kendi iş-bölümlerinde uzmanlaşmasını sağladı. Smith'in on-sekizinci-yüzyıl'da şöyle bir gözlemde bulunmuş: "Yalnızca 10 çalışanın olduğu bu türden küçük bir fabrika görmüştüm. Vasat ekipmanlı bir yer olmasına rağmen her işçide gerekli alet mevcuttu ve gerçekten çaba sarf ederlerse kendi aralarında günde kırk sekiz bin iğne yapabiliyorlardı." Yani işçi başına dört bin sekiz yüz iğne.

Smith bu üretkenliği, her işçinin tüm işleri yaptığı alternatifle karşılaştırır. "Fakat hepsi birbirinden ayrı ve bağımsız çalışmış ve hiçbiri de bu işin eğitimini almamış olsaydı, kişi başına yirmi iğne bile yapamazlardı, belki günde tek bir iğne bile üretilemezdi." "Doğru iş bölümü ve farklı süreçlerin doğru birleşimi sonucu" üretkenlik kökten bir ilerleme kaydetti. Merak eden okurlar, Smith'in iğne fabrikasının örneğini, yirmi poundluk İngiliz banknotunun arkasında bulabilirler.

İşlerin bölümlendirilmesinin kötü tarafı, tüm sürecin koordinasyonunu zor kılmasıdır. Temel ödünleşim şudur: Uzmanlaşmanın sağladığı getiriye karşılık koordinasyonun yarattığı maliyet.

Bunu TOSP kavramından ele alırsak, iş-grubu başına daha az iş ve aşama başına daha az iş-grubu yaklaşımı, etkinliği artırır çünkü işçiler öğrenme eğrileri ekseninde daha aşağılara inerler ve işyeri kararlı şekilde optimize edilebilir. Fakat uzmanlaşma ile koordinasyon maliyetleri yükselir çünkü birisinin, uzmanların çelişen amaçlarla çalışmadığından emin olması gereklidir.

Daha İyi BİT: Bölümlendirme açısından İki Ucu Keskin bir Kılıç

İkinci çözülmenin tarihi ve geleceğini düşündüğümüzde, kritik bir faktör de BİT'de yaşanan gelişmelerin temel verimlilik-koordinasyon ödünleşimini nasıl değiştireceğidir. İlginçtir ki daha iyi BİT'in etkisi çift taraflıdır. Bir tarafta bazı BİT türleri işçinin verimlilikten ödün vermeden daha fazla iş yapmasını kolaylaştırdığı için uzmanlaşmanın faydalarını azaltır. Diğer taraftan farklı BİT yenilikleri koordinasyon maliyetini azaltarak daha çok nitelikli iş-grubu ve aşamanın idare edilmesini kolaylaştırır. Bu konuya ilişkin en iyi bakış açısı, Londra İktisat Okulu ve Stanford Üniversitesi'nden ekonomistlerce yani Nick Bloom, Luis Garicano, Raffaella Sadun ve John Van Reenen tarafından "*The Distinct Effects of Information Technology and Communication Technology on Firm Organization* (Bilgi Teknolojisi ve Haberleşme Teknolojisinin Şirket Organizasyonu üzerine Farklı Etkileri)" başlıklı 2009 tarihli makalelerinde ortaya atılmıştır.

BİT, bazı yönlerden haberleşme ve organizasyonel teknolojileri —buna *koordinasyon teknolojileri* (KT) diyelim— etkiler. Bu, fikirlerin, talimatların ve bilginin iletimini kolaylaştırır.[5] Koordinasyon teknolojileri, koordinasyon maliyetini düşürerek uzmanlaşmaya yardımcı olur. Daha iyi koordinasyon teknolojisi, üretimin bölümlendirilmesini —yani, değer zincirinin daha da ayrıştırılması, daha çok deniz aşırı iş taşıma, daha çok doğrudan yabancı yatırım (FDI) ve daha çok parça ve bileşen ticaretini— kolaylaştırır.

Buna karşın, BİT'in diğer yönleri, her bir işçinin daha fazla işte uzmanlaşmasını kolaylaştırır —buna *bilgi teknolojileri* (BT) diyelim. BT aslında otomasyon demek olduğu için daha iyi BT demek, daha fazla işin tek bir iş grubuyla sınırlandırma maliyetini azaltması açısından uzmanlaşmanın göz ardı edilmesi demektir. Bu durum birçok şekilde yaşanır. Günümüzde çoğu fabrikayı, çevresinde endüstriyel robotlardan, bilgisayarlı aletlerden ve kılavuzlu araçlardan oluşan bir merkezi bilgisayarlı sistemler olarak düşünebiliriz. BT sayesinde tek bir işçinin tek makineyi kullanarak tüm işlerin yapılabildiği eklemeli imalat (3B baskı olarak da bilinir) yöntemi buna uç örnektir. Belki de bu ileri imalat biçimine "bilgisayarlı imalat" denmelidir çünkü makineler işçilerin yardımcısı olmak yerine, işçiler makinelerin yardımcısı konumundadır.

Özetle, üretimin bölümlendirmesi açısından bakınca koordinasyon teknolojileri ve bilgi teknolojileri birbirine zıttır. Daha iyi KT, bölümlendirmeden yanadır çünkü maliyeti azaltır; daha iyi BT ise bölümlendirme ihtiyacını azaltır, yani karşıt rol oynar. TOSP kavramından bakarsak BİT'in gelişmesi iş grubuna düşen iş sayısını ve aşama başına düşen iş grubu sayısını azaltabilir de artırabilir de.

Mekânsal Boyutu (Deniz Aşırı Ürettirme)

Üretimin deniz aşırı taşınması diye bir şey olmasaydı, bölümlendirme sadece yerel seviyede endüstriyel yapılanmayı ilgilendirirdi ki bu da bir küreselleşme öğrencisinin çalışma alanına girmezdi. Ama gerçekte, deniz aşırı taşınma konusu yirmi-birinci-yüzyıl küreselleşmesinin ayrılmaz bir parçası olduğu için bulmacanın bir sonraki parçası üretim aşamalarının mekânsal —özellikle düşük-ücretli ülkelerde— dağılımıyla ilgilidir.

Buradaki yaklaşımımız tüm şirketlerin her bir üretim aşamasını —her tür maliyetin hesaba katıldığı— en düşük-maliyetli yerde konumlandırmaya çalışması ilkesinden yola çıkmaktadır. Gerçekte, üretimin taşınacağı yerlerin seçiminde birçok farklı boyut etkilidir. Örnek olarak, Dünya Ekonomik Forumu rekabet gücü endeksinde 110 farklı ölçüt mevcuttur. Burada amacımız Karl Popper'ın görüşünden yola çıkarak faydalı şekilde göz ardı edilemeyecek olan şeylere odaklanmak. Bu minvalde bir odak noktamız da verimlilik, kalite, mevcudiyet ve güvenilirlik gibi şeylere göre uyarlanmış ücretlere özellikle önem vererek üretken faktörlerinin maliyetidir.

Deniz aşırı taşımayı maliyetli yapan "ayrılma" maliyetleri, kazançlı yapan ise düşen imalat maliyetleridir. İmalat maliyetlerinin içinde ücretler, sermaye maliyetleri, ham madde maliyetleri ve de açık ve örtülü ödenekler yer alır. Ayrılma maliyetleri, artan risk ve yönetime harcanan zaman dahil olmak üzere iletişim ve ulaştırma maliyetlerini de kapsayacak şekilde yorumlanmalıdır.

Yer seçiminde çeşitli yerel unsurlar karara etki edebilir. Bazı sektör ve aşamalarda—mesela giyim sektöründe— tasarımcılar ve müşteriler arası coğrafi yakınlık kararda etkili olabilir. Diğer sektörlerde, belli fabrikasyon aşamalarının ortak konumlanması yoluyla ürün geliştirme aşamaları da daha ucuz, hızlı ve etkin hâle getirilebilir.

Deniz aşırı taşımanın şirketlerin faktör maliyetlerine etkisine ilişkin bazı muammalar mevcuttur. Eğer düşük-nitelikli üretim aşaması düşük-ücretli gelişmekte-olan ülkeye taşınırsa, şirket para tasarrufu edecektir. Ücret uçurumu, düşük-nitelikli ve yüksek-nitelikli olarak en azından iki sınıfa ayrılmalıdır.

Bir ülkede düşük-nitelikli işgücü ucuzken diğerinde yüksek-nitelikli işgücü ucuzsa şirketler, niteliksiz-işgücü gerektiren üretim aşamalarını ilkine; yüksek-nitelikli aşamaları ise ikinci ülkeye taşıyacaktır. Almanya gibi "genel merkez" ekonomileri, işgücü-yoğun aşamaları, Polonya gibi düşük ücretli "fabrika ekonomisi" komşu ülkelere taşımışlardır. Yüksek-nitelikli işgücü ise genel merkez ekonomilerinde bol ve görece daha ucuz olduğu için, yüksek-nitelikli işgücü gerektiren aşamalar yerinde kalır.

Değer zincirinin uluslararasılaşmasının ardındaki tek neden ücret uçurumu değildir. İkinci çözülmenin öncesinde de yüksek-ücretli ekonomiler arasında değer zincirleri vardı. Fakat üretim aşamalarının Kuzey-Kuzey arası dağılımı, uzmanlaşmaya dayalı çok daha mikro-kazançlar üzerinden şekilleniyordu. Örneğin söz konusu otomobil klimalarıysa, Fransız şirketi Valeo, Avrupa pazarında üstünlüğüyle rekabet ediyordu, düşük ücretleriyle değil. Avrupalı her araba üreticisi kendi klimasını üretme becerisine sahipti ancak ölçek ekonomileri demek, klimanın Fransa'dan tedarik edilmesinin İtalyan ve Alman araba üreticileri açısından daha ucuz olması demekti. Gittikçe daha da fazla bölümlere ayrışan ölçek ekonomilerinin artan rolü ve yaparak öğrenmenin sistematik açıdan önemi göz önüne alındığında, bölge birincilerinin belli parçalar ve bileşenlerde ortaya çıkması gayet doğaldır. Bu da, (3. Bölüm'de anlatıldığı gibi) 1960'lardan beri hâkim olan Kuzey-Kuzey üretim dağılımını açıklar.

Taşma Noktaları ve Koordinasyon Maliyetleri

Faktör maliyetlerini denkleme dahil etmek kolay olsa da ayrılma maliyetlerinin hesaplanması daha karmaşıktır. Tablo-7 bu noktayı ele almaktadır. Her biri diğerleriyle koordine edilmesi gereken altı aşamalı bir üretim sürecinin basitleştirilmiş bir örneğini sunar.

TABLO 7

Koordinasyon-maliyet matriksi

		Deniz aşırı taşınan aşama sayısı						
		0	1	2	3	4	5	6
Deniz berisi kalan aşama sayısı	6	0						
	5		5					
	4			8				
	3				9			
	2					8		
	1						5	
	0							0

Tablo, üretim sürecinin bölünüp uluslararası dağıldıkça koordinasyon zorluluğunun nasıl değişkenlik gösterdiğini göstermektedir. Bu basit örnekte, bazı aşama çiftleri arası bir koordinasyon gerektiğini varsayalım. Maliyeti ise aşamanın nerede olduğuna göre değişecektir. İki aşama da aynı ülkedeyse koordinasyonunun çok ucuz —diyelim kesin rakamla sıfır maliyet— olacağı sonucu çıkar. Şayet bu iki aşama farklı ülkelerde ise, koordinasyon maliyeti göz ardı edilemez oranda olur. Bu bakımdan deniz aşırı taşınan aşamaların koordinasyon maliyetini anlamının yolu, deniz aşırı ve deniz berisi arası aşamalarda gerekli uluslararası koordinasyon sayısını bilmekten geçer.

Bir üretim aşaması yurtdışı taşınırsa, sınır-ötesi gerekecek koordinasyon sayısı beş olur çünkü 1. Aşama'nın, 2'den 6'ya tüm beş aşamayla uluslararası koordinasyonu gerekmektedir. İki aşama deniz aşırı taşındıysa, koordinasyon sayısı 8 olur (1. ve 2. Aşamalar tek tek 3 – 6. aşamalar ile). Tabloda gösterildiği gibi, en çok koordinasyon sayısı dokuzdur ve henüz aşamaların yarısı deniz aşırı taşınmıştır. Deniz aşırı taşınan yarıdan fazlaysa, rakam gittikçe düşer.

Eğer tek bir aşama, diyelim 1. Aşama deniz aşırı taşınırsa, sürdürülmesi gereken sınır-ötesi koordinasyon çifti beş olacaktır. Deniz aşırı taşınan 1. Aşama'nın, beride kalan 2'den 6'ya tüm aşamalarla koordine edilmesi gerekecektir. Deniz aşırı giden iki aşama varsa, (diyelim 1. ve 2. Aşamalar) sınır-ötesi ilişki sayısı sekiz (1 ve 2 ayrı ayrı, beride kalan dört aşamayla) olacaktır. Deniz aşırı üç sektör olursa, sınır-ötesi koordinasyon sayısı dokuz olacaktır — 1, 2 ve 3. Aşamalar her biri 4, 5, 6. Aşamalar arası ikili iletişim gerecektir.

İletişim maliyetleri açısından, aşamaların yarısını deniz aşırı taşımak açıkça en maliyetli konfigürasyondur. Deniz aşırı giden aşama daha fazla olursa, sınır-ötesi koordinasyon maliyeti düşmeye başlar. Kümelenme deniz-aşırı veya deniz berisi nerede olursa olsun, uluslararası koordinasyon ihtiyacı azalır. Mesela 1'den 6'ya tüm aşamaların kademe kademe deniz aşırı gitmesi durumunda, gerekli uluslararası koordinasyon sayısı ilk olarak beş, sonra sekiz ve son olarak dokuza çıkar, sonrasında ise tekrar sekize, ardından beşe düşer.

"Taşma noktası ekonomisi" işte budur. Üç aşamanın deniz-aşırı taşınması taşma noktasıdır. Deniz aşırı götürmeye değer en az üç aşama olunca, üçten fazlası da götürmeye değer olur. Bu yaygın yaşanan durumun teknik adı "dışbükey koordinasyon maliyetleridir".

Şuna dikkat etmek gerekir ki dışbükeyliğin buradaki anlamı koordinasyon maliyetlerinin kümelendirici güç rolünü oynamasıdır. Yani, koordinasyon maliyetlerini en aza indirgemenin yolu tüm aşamaları birbirine yakın tutmaktan geçer.

Koordinasyon maliyetlerinin dışbükeyliğinin olağandışı bir özelliği de, deniz aşırı taşınmanın, yurtdışında daha ucuza yapılacak bir üretim aşaması koordinasyon maliyetinden tasarruf adına yurtiçinde kalacağından, ertelenmeye meyilli olmasıdır. Ancak deniz aşırı taşıma yapıldığında, "gereğinden" fazla aşama taşınır çünkü aşamaların kümelendirilmesi ile koordinasyon maliyetinden tasarruf sağlanır. Buna da deniz aşırı "hedef taşması" denir. Konuyu daha derinlemesine ele alırsak, koordinasyon maliyetlerinin daha da düştükçe, bazı aşamaların deniz berisine geri taşındığı anlamına gelir ki bu trend, 2010 yıllarında başlamıştır.

Bölümlendirme ve Deniz Aşırı Etkileşimler: Mesleklerin Doğası

Bölümlendirme ve deniz aşırı taşımayı şimdiye kadar ayrı ayrı ele aldık ancak bu ikisinin etkileşim şekli önemlidir, öyle ki şirketleri, deniz-aşırı olanaklardan faydalanabilmeleri adına işleri veya aşamaları oluşturan iş gruplarını değiştirmeye yöneltebilmektedirler. Bu konuyu bir örnekle açıklamak belki de en kolayı.

Atlantic dergisinde çıkan makalesinde Adam Davidson, Greenvill/Güney Carolina'da yakıt enjektörü imal eden bir fabrikada çalışan, biri kadın biri erkek iki işçinin yaşamını kıyaslar.[6] Kadın işçi, eğitim gerektirmeyen ağır iş yapmakta ve saatte 13 $ kazanmaktadır. Yaptığı iş, kısmen işlemden geçmiş yakıt enjektörünü makineye koyup düğmeye basmaktır ve makine üzerini lehimle kapatmaktır. İşi karar verme, beceri ve tecrübe gerektirmemektedir. Yani değer zincirindeki görevi aslında makineleştirilebilir.

Davidson'un makalesindeki ikinci işçi ise oldukça farklı bir dizi görev ve beceri grubuna sahiptir. Saatte 30 $ kazanmakta ve üç yıllık okul eğitimi ve beş yıl başka fabrikada tecrübe edindikten sonra bu işe girmiştir. Motor valflerini, metrenin çeyrek milyonda birine kadar frezeleyen 500.000 dolarlık bir makinede çalışmaktadır. Matkap uçları kullanıldıkça aşındığından bu iş, sık sık test ve yeniden ayarlama yapılmasını da kapsamaktadır.

Bu örnekten, bölümlendirme ve deniz aşırı taşınma ilişkisinin doğasına yönelik çıkarılacak birçok ders vardır. BİT'in BT kısmı beceri aralığını iki kola ayırır. Üst-teknoloji makine kullanımı eskiye göre daha fazla beceri ve eğitim gerektirir fakat kadın işçinin yaptığı yerleştirip düğmeye basma işi çok daha az beceri gerektirmektedir. Daha ileri BT sayesinde ağır işgücü işler, yüksek beceri ve pahalı makineleri kapsayan iş aşamalarına dâhil olur. Böylece BT'nin iki önemli etkisi ortaya çıkar: Daha nitelikli işlerin G7 ülkeleri içinde kalmasını sağlaması ve toplam işçi sayısını azaltması. Aynı zamanda bu durum, şirketlerin niteliksiz işleri belli aşamalarda gruplandırıp deniz aşırı taşımalarına imkân sağlar. Böylece gelişen BİT, G7 ülkelerinin belli imalat işlerini yurt içinde tutmasını sağlar ama bu işler yüksek-nitelikli işlerdir.

Diğer çıkarılacak ders ise endüstrisizleşmenin tek sebebinin küreselleşme olmadığıdır. Örnekteki kadın işçinin asıl rakipleri Çinli işçiler değil, Amerika-merkezli robotlardır. Saatlik 13 $ ücretle, 2012'de bir robota göre daha ekonomikti fakat çoğu iş arkadaşının görevi çoktan makineleştirilmişti.

Son olarak, bu ucuz ulaşım çağında bile mesafenin hükmü nitelikli ve niteliksiz işleri gruplanmaya zorlamakta. Kadının işi deniz aşırı gitmedi çünkü para, zaman ve koordinasyon maliyeti açısından saatlik değil de aylık ücreti 13$ ülkelere göre bile pahalı.

Bu konunun da ekonomisini verdiğimize göre, büyük resmi açıklamaya devam edelim.

7. BÖLÜM

Küreselleşmenin Değişen Etkisinin İzahatı

"Felsefe doğruyu söylüyor" demiş Soren Kierkegaard, "hayatı anlamak için geriye bakmak lazım. Ama o zaman da insan diğer ilkeyi unutuyor: Hayat ileri doğru yaşanmalıdır."

Tarihi geriye bakıp anlamak için, bu bölümde üç-katmanlı-kısıt perspektifi ve bir önceki bölümlerde verilen temel kavramlar ışığında rehberli bir on-dokuzuncu, yirminci ve yirmi-birinci yüzyıl küreselleşmeleri turuna çıkacağız. Bu tur, 2 ve 3. Bölüm'de sunulan önemli gerçekler üzerinden düzenlenmiştir.

Birinci Çözülme Gerçeklerini Anlamak

2. Bölüm'de küreselleşmenin ilk çözülmesinde yer alan en önemli beş olgu aşağıdaki gibidir:

- Kuzey sanayileşirken Güney sanayisizleşti.
- Ticarette patlama yaşandı.
- Dünya yaşanan büyüme yükselişleri Güney'e göre Kuzey'de daha erken ve hızlı oldu.
- Büyük Iraksama meydana geldi.
- Özellikle Kuzey'de, kentleşme hızlandı.

Tüm bu verilen olgular küreselleşmenin birinci çözülmesinin yarattığı etkiler olarak ele alınabilir. Açıklamasına ilk iki olguyla başlayalım çünkü bu ikisi birbiriyle sıkıca bağlantılı.

Kuzey'in Endüstrileşmesi, Güney'in Endüstrisizleşmesi ve Ticaret

"*Globalization and the Inequality of Nations* (Küreselleşme ve Ülkeler arası Eşitsizlik)" isimli ününü hak eden çalışmasında Paul Krugman ve Tony Venables ilk iki olguya yeni ekonomik coğrafya (NEG) çerçevesinde bir açıklama getirmiştir. "History of the World: Part I (Dünya Tarihi: 1. Kısım)" ismiyle bilinen bu çalışma göstermektedir ki NEG mantığı, düşen ticaret maliyetlerinin nasıl Kuzey'de endüstrileşmeyi, Güney'de ise endüstrisizleşmeyi yarattığına dair güzel bir açıklama getirmektedir.[1]

Krugman-Venables'in açıklaması—ki muhtemelen Immanuel Wallerstein'in Dünya-Sistemi'ndeki hikâye örgüsü üzerinden— olabildiğince gerçekdışı ancak bir o kadar aydınlatıcı bir kuramla işe koyulur. Yani, dünyayı sanki sadece Kuzey ve Güney'den oluşan iki bölgeden ibaretmiş gibi görürler. Kuzey günümüz zengin ülkelerini (Yediler Grubu, G7) temsil ederken, Güney ise günümüzdeki gelişmekte olan ülkeleri (Antik Yedi Medeniyet, yani günümüz Çin, Hindistan, Mısır, Irak, İran, Türkiye ve Yunanistan/İtalya ülkeleri) temsil etmektedir. Yunanistan/İtalya burada istisnadır çünkü on-dokuzuncu yüzyıl başında ilk çözülme tam hızlanmaya başlamadan önce bu ülkeler A7'den G7'ye geçmişti.

Krugman-Venables hikâyesinin devamında endüstri, Kuzey ve Güney arasında eşit dağılmış hâldedir çünkü insanlar bulundukları bölgeye bir anlamda mahsurdu ve kötü ulaşım yüzünden endüstri ve insan iç içeydi. On dokuzuncu yüzyılda ticaret maliyetleri düşünce, rekabet baskısı her iki bölgeyi belli şeylerde uzmanlaşmaya zorladı. Tarihte de görüldüğü üzere G7, endüstride uzmanlaşmaya başladı ve bu uzmanlaşma döngüsel bir nedensellik sürecini tetikledi. Yani Kuzey'in endüstrileşmesi Kuzey'deki gelirleri artırıp Kuzey piyasasını genişletti. Piyasanın genişlemesiyle Kuzey, endüstri için daha da bir cazibe merkezi hâline geldi ve döngü sürdü. Bu nedensellik döngüsü devir daimine bir başlayınca Güney endüstrisinin pek bir şansı kalmıyordu. Kısaca Kuzey'in endüstrileşmesi ve serbest ticaret Güney'i sanayisizleştirdi. Krugman-Venables mantığı, 2. Bölüm'de genel olarak, 6. Bölüm'de ise ayrıntılı olarak verilmiştir.

Tarihin Krugman-Venables kuramı çerçevesinden yorumlanmasındaki asıl sıkıntı Asya'nın boyutudur. 1820'den önce tek başına Çin, dünya gayrisafi hasılasının (GSH) yüzde 33'ünü —İngiltere'nin altı katını ve Kuzey Atlantik ekonomileri toplamının iki katını— oluşturuyordu. Hindistan'ın ekonomisi Kuzey Atlantik ekonomilerinin toplamı kadar büyüktü. Yani kazanan küçük bölgelerdi, büyük bölgeler değil. G7 ekonominin merkezi olurken A7 dışa kaydı. Krugman-Venables mantığına göre bunun tam tersinin olması gerekiyordu.

Tarihsel evrim Şekil 54'te gösterilmektedir. Şekilde A7 ve G7'nin dünya nüfusuna oranları yatay eksende, dünya gelirindeki payları ise dikey eksende verilmiştir. Eğer Krugman-Venables modeli tam anlamıyla uygulanacak olsaydı, ilk çözülmenin Büyük Iraksama'yı Asya önde gelecek şekilde yaratması gerekirdi. A7'yi gösteren noktaların 45-derece çizgisi üzerinde yükselişte olması gerekirdi. G7 noktalarının ise altında ve düşüşte olması gerekirdi. Ancak tarih bu sonucun tam tersini yazdı.

Bu sonuca açıklama getirmenin bir yolu da siyasi tarihe bakıp sömürgecilik ve emperyalizmi suçlu tutmak. Barut Çin'de icat edilmiş olsa da askeri kullanımı, yüzyıllar süren kıta içi savaşlar sonucu Avrupa'da geliştirildi. Keşif Çağı başladığında Avrupa'nın savaş teknolojisi çok ilerideydi ve takip eden yüzyıllarda uçurum artmaya devam etti. Bu açıklamaya göre, Avrupalılar silahı A7'yi sömürgeleştirmek ve endüstrisini bitirmek amacıyla kullanmıştır. Bu mantıkta tam yerine oturmayan bir şey var. Mesela —sonradan Birleşik Devletler olan— dönemin Amerikan sömürgelerinin imalat ürün ihraç etmeleri açıkça yasaklanmıştı fakat pamuk, odun gibi ham maddeleri ihraç etmeleri teşvik ediliyordu. Sömürgelerin İngiltere'ye ham madde tedarik etmeleri ve İngiliz yapımı ürünleri satın almaları bekleniyordu. Aynı şekilde nitelikli İngiliz imalat işçilerinin dışarı göçü ve İngiliz tekstil teçhizatlarının ihracatı parlamento kararıyla yasaklanmıştı.

Bununla birlikte ekonomik argümanlar da var. Mesela bir argümana göre Güney, Kuzey'in aksine inovasyon yanlısı değildi, yani boyut avantajını kullanamamıştı. Bunun yanı sıra Kuzey'deki kişi başına gelir miktarının Güney'e göre çok daha yüksek olması da önemliydi. 1820'de Çin'in ortalama gelir rakamı Birleşik Krallık ortalamasının sadece üçte biri kadardı. Geliri asgari geçim seviyesinde olan insanlar genelde imalat ürünlere daha az para harcadığı için, toplam GSH rakamlarının önem arz eden pazar boyutu —yani, imalat ürün pazarı—açısından yetersiz bir gösterge olduğu söylenebilir.

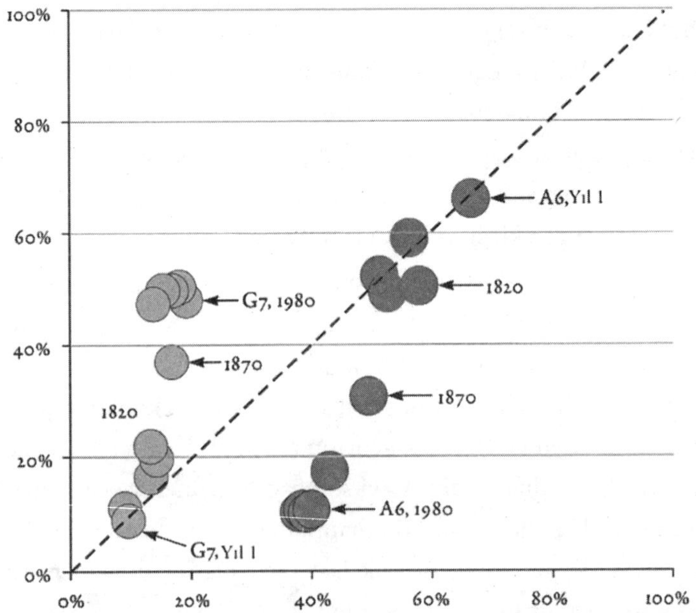

ŞEKİL 54: Dünya nüfusu ve GSH'nin Güney ve Kuzey'deki dağılımları, yıl 1'den 1990'a.

İlk çözülme sırasında GSH oranında yaşanan kaymalar, yeni ekonomik coğrafya (NEG) modelleri açısından yanlış doğrultuda ilerledi. NEG bakış açısına göre eskiden büyük olan bölgede (Çin ve Hindistan) endüstrinin oluşması ve büyümenin yükselişe geçmesi gerekiyordu ama ne var ki kazanan küçük bölge, yani Avrupa oldu. Grafikte, 1 yılında "antik altılı" (A6), yani İtalya hariç yedi antik medeniyet, G7'ye kıyasla çok daha büyüktü. Ne var ki GSH dünya payı küçük bölgede yükselirken büyük bölgede düştü.

VERİ KAYNAĞI: Maddison veri kaynağı (2009 versiyonu).

Fiziksel coğrafya da önemli etken olmalıydı. "Piyasaya erişim" kavramı, yüksek-gelirli büyük ülkelere yakın bulunan ülkelerin bundan sağlayacağı faydaya vurgu yapar. Çin ve Hindistan birbirlerinden ve Atlantik ekonomilerinden gayet uzaktadır. Kara ulaşımı Güneydoğu Asya'daki sık ormanlar ve Himalayalar yüzünden engellenmiş, deniz yolu ise doğrudan bir rota sunmayıp Malakka Boğazı'ndan dolanmayı gerektirmektedir. Bunun aksine Kuzey Atlantik ekonomileri görece birbirlerine daha yakındır. Avrupa ve Amerika kıtaları Atlantik yoluyla birbiriyle bağlantılı olup iki kıtanın da iç kesimlerine akarsu yoluyla erişim sağlanabilmektedir. Şurası kesin ki tam bir açıklama yapmak için siyasi, ekonomik ve coğrafik faktörler birlikte ele alınmalıdır.

Açıklama getirilecek sonraki iki olgu, Kuzey ve Güney'de birbirinden farklı yaşanan büyüme yükselişleri ve Büyük Iraksama'dır.

Büyüme Yükselişleri ve Büyük Iraksama

Krugman-Venables mantığı endüstriye ve GSYH'ye odaklanmakta ama büyümeyi göz ardı etmektedir. G7'de yaşanan büyüme yükselişlerine ve bunun sonucunda gelen devasa gelir ayrışmasına açıklama getirebilmek için büyüme de denkleme dahil edilmelidir. Bu denklem, Gene Grossman ve Elhanan Helpman tarafından geliştirilen büyüme mantığı kullanılarak kurulur. Bir önceki bölümde bahsedildiği gibi, bilgi yaratıldıkça bilgi yaratmak kolaylaşır.

Modern tarım, 1960'lardan sonra önemli teknik gelişmelere sahne olsa da küreselleşmenin ilk çözülmesi sırasında yaratılan inovasyonlar, büyük çoğunlukla endüstriyeldi. G7 ekonomileri endüstrisini artırdıkça ve A7 endüstri kaybettikçe, G7 için inovasyon kolaylaşırken A7 için zorlaştı. Kuzey endüstrileşmesi, bir diğer ifadeyle Kuzey'in büyümesini ilerletirken Güney'in endüstrisizleşmesi Güney'i büyümekten alıkoydu. Daha spesifik ifadeyle G7 ülkelerindeki endüstriyel kümelenme aynı zamanda inovasyonun G7 ülkelerinde mekânsal kümelenmesi anlamına geliyordu. Bilgi taşmalarının büyümede nasıl sürekliliği sağladığını ve yüksek fikir taşıma maliyetleri yüzünden nasıl yerelleştiğini de göz önüne alırsak, endüstrileşen bölge aynı zamanda daha erken büyüme yükselişine tanık oldu.

Ancak bunun ardındaki nedensellik, çift taraflıydı. Endüstrileşme ile tetiklenen inovasyon sayesinde Kuzey, Güney karşısında güçlü bir maliyet avantajı elde etti. Böylece Kuzey endüstriyi hepten kendine çekti ve inovasyonun Kuzey'de daha da gelişip Güney'de engellenmesine yol açtı. Böylelikle düşen yurtiçi ve yurtdışı ulaşım maliyetleri endüstriyel kümelenmeyi yaratarak Kuzey'in daha da endüstrileşmesine ve büyüme yükselişlerine ön ayak oldu. Güney'i sanayisizleştiren ve büyüme yükselişlerini geciktiren de aynı faktörlerdi.[2]

İlk çözülmenin büyümeyi niye Kuzey'de daha hızlı yarattığı açıklandığına göre Büyük Iraksama'yı açıklamak kolay. Sayısal yönü kuvvetli okurların anlayabileceği üzere Büyük Iraksama'yı, sadece birkaç on yılda "büyük" yapan tam da bu büyüme uçurumu —ve de büyüme oranının kaçınılmaz etkisi— idi.

Kentselleşme

Birinci çözülmeye ilişkin açıklama getirilmeyen tek olgu kentleşmeyle ilgilidir. Kent ekonomisinde küreselleşmenin ilk çözülmesi ve artan kent boyutu arası yakın ilişkiye dair birçok açıklama vardır. Aralarında en inandırıcı olanı Ed Glaeser'in kentlerin iletişim maliyetlerinden tasarruf etme yolu olduğu yönündeki basit iddiasıdır. İnsanların buluşup fikir paylaşımı yaptıkları yerler kentlerdir.

Glaeser'in 2009'da Economix blog sayfasında yazdığı gibi: "Küreselleşme ve teknolojik gelişmeler akıllı olmanın getirilerini artırmıştır; sosyal birer varlık olan insanlar akıllı insanlarla bir arada bulunarak akıllı olurlar. Bir programcı Himalaya yamaçlarında da çalışabilir fakat orada çok şey öğrenemez. Bengaluru'ya gelirse eğer programcı, hangi alan becerilerinin değerli olduğunu, hangi şirketlerde tecrübe edinilebileceğini ve kendi alanında hangi sermayedar girişimcilerin yeni fikirlere açık olduğunu öğrenebilir. Konumsal yakınlığın sağladığı bilgi akışları kendi girişimlerini hayata geçirmesine yardımcı olacak ilişkileri kurmasını sağlayabilir. Bilgi teknolojisi alanında Hindistan'da kurulan yeni şirketlerin büyük çoğunluğu, Bengaluru'da kurulan bağlantılar sayesinde hayata geçebilmiştir.[3]

Artan kent boyutuna dair bu örnek ve fabrikaların oluşmasının ardındaki mantık arasında neredeyse mükemmel bir benzerlik var. 4. Bölüm'de bahsedildiği gibi, ticaretin kolaylaşmasıyla endüstriyel şirketlerin hitap ettiği pazar genişledi ve bu ekstra ölçek şirketleri daha karmaşık üretim süreçlerini benimsemeye itti. Koordinasyon maliyetlerinden tasarruf etmek için üretim fabrikalarda kümelendi.

İkinci Çözülme Gerçeklerini Anlamak

3. Bölüm'de, Dördüncü Evre'nin yarattığı yedi önemli sonuç belirlenmiştir.

- Kuzey sanayisizleşirken gelişmekte-olan bir avuç ülke sanayileşti.
- Hızlı sanayileşen ülkelerde büyüme tavan yaptı.
- Emtia fiyatlarında yaşanan süper-döngü, emtia ihracatçısı ülkelerde büyüme yükselişlerini tetikledi.
- Büyük Yakınsama gerçekleşti.
- Kuzey-Güney arası ticaretin doğası değişerek karşılıklı al-sat ticaretini de içine aldı.
- Çoğu gelişmekte olan ülke ticarette serbestleştirmeyi benimsedi.
- Etkiler coğrafik olarak sınırlı kaldı.

İlk dört sonuç Güney'in endüstrileşmesiyle yakından bağlantılı, bu sebeple iyi bir başlangıç noktasıdır.

Güney'in Endüstrileşmesi, Kuzey'in Endüstrisizleşmesi ve Üretimin Deniz Aşırı Taşınması

Dördüncü Evre, Üçüncü Evre'de yaşanan talihin tersine dönüşünü kısmen tekrar tersine çevirdi —en azından bazı antik medeniyetler açısından. Buna örnek olarak 3. Bölüm'de G7'nin dünya üretimindeki payının üçte ikiden yüzde ellinin altına düşerken, bunun altı gelişmekte olan ülkede artış olarak yansıdığı belirtilmiştir.

Yeni Ekonomik Coğrafya perspektifinden bakarsak ekonomik faaliyeti merkezinde yaşanan böylesine devasa değişimlerin ardında, ilk çözülmede ortaya çıkmış olan toplulaştırıcı kuvvetlerin büyük oranda zayıflaması ya da dağıtma kuvvetlerinin güçlenmesi olmalı. İkinci çözülmenin tanımlayıcı özellikleri —Kuzey'den Güney'e yeni bilgi akışları— bize iki kuvvetin de sebep olduğunu söylüyor.

Temel odak noktamız, on dokuzuncu yüzyılda toplulaştırıcı kuvvet rolünde olan bilgi akışlarının, yirmi birinci yüzyıla gelindiğinde güçlü bir dağıtma kuvvetine dönüştüğü gerçeğidir. Yüksek fikir taşıma maliyeti yüzünden Kuzey'de kalan Kuzey'i üretimin çekim merkezi hâline getirdi. G7 şirketlerine özel know-how, gelişmekte olan yakın ülkelerin ucuz iş gücüyle birleşince, bilgi taşmaları Güney'i üretimin çekim merkezi hâline getirmiş oldu. Sonuç olarak endüstri "içten" "dışa" hareket etmeye başladı.

Toplulaştırıcı kuvvetlerden dağıtma kuvvetlerine geçince konu biraz muğlaklaşıp dağılma kuvveti olan ücret meselesine dönüyor. İlk çözülme esnasında, hızlı endüstrileşme sonucu toplulaşmayı yavaşlatan bir ücret yükselmesi yaşandı. İkinci çözülme esnasında, ücret ile endüstrileşme arası bağlantı, küresel değer zincirine has özellikleri sonucu zayıfladı. Daha kesin ifadeyle G7 şirketleri, belli know-know'larını Çin ve diğer yükselen piyasalardaki belli üretim tesislerine taşıdı ve halen taşımakta. Bu know-how'ların deniz-aşırı şirketlere yayılmasını engellemek için son derece titiz davranıyorlar.

Teknolojinin korunmasının ücret meselesiyle çok ilgisi yok ama birinci çözülmeye kıyasla ikinci çözülme sırasında ücret-sanayi arası bağlantı çok daha zayıftı. Şöyle ki deniz aşırı fabrikalarda işçi ücretleri "bir sonraki en iyi alternatif" ücreti zihniyetine —yani işçilerin kırsal bölgede kalmaları ve yerel know-how kullanmaları durumunda alacakları ücrete— göre belirleniyordu. Fabrikalardaki ileri seviye know-how fabrikalarda kaldığı için hızlı endüstrileşmeye rağmen bir-sonraki-en-iyi-alternatif ücretleri hemen artmadı.

Özetle dağıtma kuvvetleri, endüstrinin Kuzey'den Güney'e geçmesini belki yavaşlatabilirdi ancak bu olmadı çünkü know-how transferleri çoğunlukla küresel değer zincirleri içerisinde gerçekleşiyordu. Özetle, endüstrinin Kuzey'den Güney'e kaymasını yavaşlatmış olabilecek dağıtma kuvvetleri, know-how aktarımlarının çoğunlukla küresel değer zinciri içerisinde gerçekleşmesi dolayısıyla etkisizleştirildi.

Büyüme Yükselişleri, Süper-Döngü, Büyük Yakınsama

İkinci çözülmenin nasıl bir avuç gelişmekte olan ülkede endüstrileşmeyi yarattığını açıkladıktan sonra, yaşanan sıradaki üç sonuca açıklama getirmek kolaylaşıyor. 1990'dan itibaren küreselleşmeye hükmeden fikir taşınma maliyetlerindeki düşüşler oldu. Önceki bölümlerde sözü edilen büyüme teorisine göre, bilgi taşmalarının böylesine uluslararası serbestleştirilmesi sanayileşen Güney'e ekstra bir büyüme ivmesi sağladı. Çin ve diğer S6'nın hızlı endüstrileşmesiyle bağlantılı yaşanan büyüme yükselişleri tam da böyle oldu.

S6'nın büyüme hızlanışları ise üçüncü sıradaki sonuç olan emtiada süper-döngüyü ve bunun emtia ihracatçısı ülkelerde tetiklediği büyüme yükselişlerini yarattı. İkisi arasındaki bağlantı doğrudandır. Emtiaya talebi artıran S6'nın gelir artışı ile emtianın tüm kalemlerinde —buğdaydan süt tozuna, demir cevherinden yakıta her şeyde— fiyatlar yükseldi. Emtia ihracat eden ülkelerin çoğunluğu gelişmekte olan ülkeler olduğu için bu süper-döngü, Kuzey'in gelirlerinden çok Güney'in gelirlerini artırdı.

Dördüncü sonuç, yani Büyük Yakınsama, direkt olarak Güney'deki büyümede yaşanan patlamalardan kaynaklandı. 1990'lar ve 2000'lerde G7 ve gelişmekte olan ülkeler arası oluşan büyük büyüme uçurumları, Giriş kısmında bahsedilen "çarpıcı pay kaymasına" dönüştü.

Etki Niye Coğrafik Olarak Sınırlı Kaldı?

İkinci çözülme, yirmi-birinci yüzyıl üretimi gerçeklerini dönüştürdü. Gelişmekte olan ülkelerde üretimde patlama yaşandı, bu da düşük-teknoloji/düşük-ücret birleşimini temel alan rekabet güçlerini yüksek-teknoloji/düşük-ücret birleşimi bir rekabet gücüne çevirdi. Teknoloji ve ücretin ikisi birden yüksek olduğu veya ikisinin de düşük olduğu bölgelerde üretim düştü. Üretim devlerine (Birleşik Devletler, Japonya ve Almanya) çok uzakta bulunan veya uluslararası üretim ağlarına katılmak için gerekeni yapmaktan kaçınan gelişmekte olan ülkeler çok az değişim gördü.

Üç-katmanlı-kısıt söylemine göre, değişimler coğrafik olarak dar bir alanda yaşandı çünkü küreselleşme üzerindeki üçüncü kısıt —yüksek insan taşıma maliyeti— hâlâ etkisini sürdürmekte. Üretim devrimi, sadece yüksek-teknoloji firmaların üretim ağlarına davet ettiği gelişmekte olan ülkelerde yaşandı. Yüz-yüze iletişim maliyetlerinden tasarruf amacıyla bu şirketler, sadece yakınlarındaki bazı ülkelere üretim süreçlerini taşıdı.

Hindistan istisnai bir durumdu; yüz-yüze iletişimin çok gerektirmediği hizmetleriyle küresel değer zincirlerine katılmıştı.

Üçüncü sonuç daha direkt ve Kuzey-Güney üretim paylaşımının bariz etkisiyle ilişkili. Uluslararası üretim ağları içerisinde mallar, sınırlar ötesi birden çok kez geçer.

Gelişmekte Olan Ülkeler Niye Tavır Değiştirdi?

G7'nin üretim ağlarını kendine çekmiş gelişmekte olan ülkeler için ikinci çözülme gerçek bir devrimdi. Endüstrileşme ve büyümeye giden yeni bir yol açtı. 1970'ler, 80'ler ve 90'larda herkesin umutla beklediği teknoloji transferi artık gerçekleşiyordu ama yirmi-birinci yüzyılda kalkınma teorisinin öngördüğü şekilde değil. Tüm tedarik zincirini uluslararası rekabet gücü kazanmak adına yurtiçi seviyede inşa etmek (yirmi birinci yüzyıl usulü) yerine gelişmekte olan ülkeler, rekabet gücü kazanmak için küresel değer zincirlerine katılmaya ve katılımı derinleştirerek endüstrileşmeye başladılar.

Bu yeni endüstrileşme yolu sadece bir fırsat değil, aynı zamanda bir tehditti. Bu yeni yolla sanayileşen Çin karşısında diğer gelişmekte olan ülkeler artık eski yolla —Birleşik Devletler, Almanya, Fransa, Japonya ve son zamanlardaki Kore'ye yarayan yollarla— kalkınamazlardı. Basit ifadeyle, düşük-teknoloji/düşük ücret kombinasyonu, yüksek teknoloji/düşük ücret ile rekabet edemez.

Olaya pratik açıdan bakarsak, ikinci çözülmeye (küresel değer zinciri devrimi olarak da bilinir) katılmak isteyen gelişmekte olan ülkelerin belli politikaları benimsemesi gerekiyordu. Bu politikaları anlamak için küresel değer zincirlerini "sınır ötesi taşınan fabrikalar" olarak görmek yararlı olacaktır. Bu görüşe göre küresel değer zincirlerine katılımın teşviki iki tür teminat gerektirir: Değer zinciri teminatı ve üretimin deniz aşırı taşınması teminatı.

Değer zinciri teminatı sınır ötesi taşınan fabrikaların birbirine bağlanması gerekliliğinden yola çıkar. Yirmi birinci yüzyıl değer zincirleri ticaret-yatırım-hizmet-fikri-mülkiyet "bağlantı noktalarını" kapsar çünkü müşterilere yüksek-kaliteli ve rekabetçi fiyatlandırılmış ürünleri zamanlı şekilde sunmak için ürün, insan, fikir ve yatırım akışlarının iki-taraflı şekilde kesintisiz sağlanarak üretimin uluslararası koordinasyonunu gerektirir. Herhangi bir akışa karşı bir tehdit varsa küresel değer zincirine katılım ve endüstriyel kalkınma engellenir.-Endüstriyel korumacılığın yirmi birinci yüzyılda yıkımcılığa dönüşmesinin nedeni budur.

Bunlardan bahsettiğimize göre gelişmekte olan ülkelerin, ticaretin serbestleştirilmesi ve yatırım, hizmet, fikri mülkiyet yanlısı reformlara (IPR) olan tutumlarındaki kökten değişimi anlamak kolaylaşıyor. Politikadaki bu değişimlerin üretim ve ticaretteki değişimlerle niye eş zamanlı gerçekleştiğini de anlamak kolaylaşıyor. Hepsinin ardındaki itici güç ikinci çözülmeydi. Daha spesifik olmak gerekirse, ikili yatırım anlaşmaları (BIT) ve derin ikili bölgesel ticaret anlaşmaları (RTA), gelişmiş-teknolojili ülkelere bu teminatları vermek için imzalanmıştır.

İlginçtir ki birçok gelişmekte olan ülke bu prensiplerini benimsese de çok azı küresel değer zincirlerine olan katılımını derinleştirebildi. Bu, küreselleşmeye dair —özellikle yüz-yüze iletişim maliyetinde (yani günümüzün etkin kısıtı) mesafenin rolüne dair— yanlış anlaşılmaların klasik bir sonucudur. İnsanlar açısından, bir günlük gidiş geliş uçak yolculuğu ile bir günü aşan yolculuklar arasında büyük fark vardır.

Küresel değer zinciri devriminin Asya, Orta Amerika ve Merkez Avrupa'da hızla yayılırken niye henüz Güney Amerika ve Afrika'ya uğramadığı sorusunun cevabı bu olabilir. Basit ifadeyle, Afrika'nın çoğu bölgesi ve Güney Amerika'nın tamamı Kuzey'in know-how'ından fazla uzakta.

KUTU 9: ESKİ VE YENİ KÜRESELLEŞME'NİN YARATTIĞI ETKİLERİN İZAHATI

Ticaret maliyetleri düşünce endüstri, G7 ekonomilerinde kümeleşti ve bu büyümeyi-destekleyici inovasyonu tetikledi. Fikirlerin taşınma maliyeti çok daha az düşüş gösterdiği için inovasyonlar Kuzey'le sınırlı kaldı. Kuzey sanayileşirken Güney sanayisizleşti. Sanayileşmedeki bu eşitsizlik yüzünden Kuzey, Güney'e kıyasla daha erken ve hızlı büyüme yükselişleri yaşadı —ve sonuçta Büyük Iraksama ve uluslararası ticaret akışında hızlı büyümeler yaşandı.

BİT devrimi sonucu fikirlerin uluslararası üretim zincirleri sınırları içerisinde taşınmasının maliyeti azalınca, know-how'ın küresel dağılımındaki devasa eşitsizlikten faydalanmak isteyen G7 şirketleri, Kuzey know-how'ını Güney'e taşıyarak bir nevi arbitraj alım yaptı. Sonuç olarak küresel değer zinciri dahilindeki ülkeler hızla sanayileşirken G7 şirketlerine ev sahibi ülkeler hızla sanayisizleşti. Daha önce olduğu gibi hızlı sanayileşme yine hızlı gelir büyümesini tetikledi ama on dokuzuncu ve yirminci yüzyıllarda insanlığın yalnızca beşte birini etkileyen büyüme, bu kez insanlığın yaklaşık yarısını etkiledi. Sonuç olarak emtiaya olan talep arttı; bu da Avrustralya'dan Nijerya'ya kadar tüm emtia ihracatçısı ülkelerde büyüme yükselişlerini tetikledi.

Bu bölümde, tarihin akışını değiştiren sonuçların 6. Bölüm'de bahsedilen prensipler üzerinden açıklamasının yapılabileceği gösterilmiştir.

4. KISIM

Niye Önemli?

Küreselleşme yaklaşık 200 yıldır dönüştürücü güç konumunda. Bazı ülkeler —mesela günümüz Kuzey Kore'si ve 1990'lara kadar Arnavutluk— bu duruma başını kuma gömerek tepki verdi. Ama çoğu ülke küreselleşmeyi kabullenmeye ve tarihin onlara verdiği eli en iyi şekilde oynamaya karar verdi. Zengin ülkeler için bu durum genellikle işçileri yarının işlerine hazırlarken küreselleşmenin kayıp ve kazançlarını tüm vatandaşlarına dağıtacak politikaları benimsemek anlamına geliyordu. Gelişmekte olan ülkeler içinse, endüstrileşmelerini destekleyici politikaları benimsemek demekti.

Çoğu durumda verilecek tepkinin ardındaki mantık Eski Küreselleşme'ye olan geleneksel yaklaşıma dayalıydı. Küreselleşmenin ilk 170 yılı boyunca bu mantıkta bir sorun yoktu ama artık var. Bu kitabın temel iddialarından biri, günümüz zorluklarını geleneksel bakış açısından yorumlamanın yanlış olduğudur; bunun küreselleşmeyi yanlış anlamak anlamına geldiğidir.

Harvard ekonomisti Greg Mankiw, 24 Nisan 2015 tarihli *New York Times*'da çıkan yazısında net bir örnek vermiştir. Makalesinde, Trans-Pasifik Ortaklığı (TTP) ve Transatlantik Ticaret ve Yatırım Ortaklığı (TTIP) gibi anlaşmaların onaylanması için Başkan Obama'ya ABD Kongresi tarafından gerekli yetkinin verilmesi önerisinde bulunur. Makalesinde şöyle bir argüman ileri sürer:

> Serbest ticareti konu alan ekonomik argümanlar, *Ulusların Zenginliği* kitabının yazarı ve modern ekonominin büyük babası Adam Smith'e, 18. yüzyıla kadar dayanır... Amerikalılar, diğer ülkelere kıyasla üstün olduğumuz endüstrilerde çalışmalı ve yurtdışında daha ucuza imal edilen ürünleri ithal etmelidir.

Mankiw bu konuda yalnız değil. Aynı önerileri içeren ABD Kongresine yazılmış açık mektupta imzası bulunan önde gelen on üç ABD ekonomistinden biridir. Bu insanlar sıradan kişiler değiller; hepsi de önde gelen ekonomi profesörleri ve her biri zamanında Beyaz Saray'da baş ekonomist olarak görev yapmıştır.

Özgeçmişleri ne olursa olsun, bu ekonomistler ticaret politikasına yanlış açıdan bakıyorlar. Bir Yeni Küreselleşme ticaret anlaşmasına Eski Küreselleşme penceresinden bakıyorlar. Giriş bölümündeki futbol takımı analojisine dönersek, TPP'yi sanki bir oyuncu takası olarak nitelendiriyorlar. Bunun haricinde sürdükleri argüman tamamen sağlam. Daha serbest ticaret tüm ülkelerin "en iyi oldukları şeyi yapmalarını ve kalanı ithal etmelerini" sağlıyor. Ancak şu gerçek ki TPP daha çok diğer takımı çalıştıran futbol antrenörüne benziyor. TPP ileri seviye know-how'ın düşük-ücret ülkelere taşınmasını kolaylaştıracaktır —bu durum Adam Smith'in kuramında yer almamaktadır.

Küreselleşme politikası daha çok Eski Küreselleşme'ye göre planlandığı için bu politikalar ya yanlış şekillendirilmiş ya da en azından yetersiz kalmıştır. Birkaç bariz örneği ele alırsak, işçi sendikaları gibi ekonomik kurumlar, Eski Küreselleşme'nin ekonomileri etkilediği düzey olduğundan, sektörler ve beceri grupları tarafından örgütlenme eğilimindedir. Bununla birlikte ulusal eğitim kurumları, tipik olarak çocukları gelecek vadeden işlere ve sektörlere göre eğitmeye yönelik stratejiler yürütüyordu çünkü Eski Küreselleşme'nin belirlediği yolda geleceği parlak ve miadı dolmuş sektörlerin ne olduğu tahmin edilebiliyordu. Bunun gibi tüm dünyada hükümetler, belli sektör veya belli coğrafik bölgelerdeki (çoğunlukla geleceği parlak sektörlerde uzmanlaşmış yerlerde) gerilemeleri hedef alan politikalarla yeniden yapılandırmadaki zorlukları kolaylaştırmaya çalışmaktadırlar. Bu politikaların çoğu günümüz küreselleşmesine uygun değildir çünkü günümüz küreselleşmesi etki yönünden daha ani, daha bireysel, hükümetler açısından daha kontrol edilemez ve genel anlamda daha tahmin edilemezdir (5. Bölüm'de bahsedildiği gibi).

Sonuç olarak küreselleşmenin değişen doğası için sihirli bir çözüm olamaz. Yeni Küreselleşme hükümetlerin işini zorlaştırmaktadır. Birçok hükümet ve analistin Yeni Küreselleşme etkilerini anlamak için Eski

Küreselleşme'ye özgü zihinsel modelleri kullandığı gerçeğini de hesaba katarsak mevcut zorluk katmerlenmektedir.

4. Kısım'da, küreselleşmenin uğradığı köklü değişimler ışığında tekrar gözden geçirilmesi gereken bir dizi politikaya yer verilmiştir. 8. Bölüm'de gelişmiş ülkelerde küreselleşme politikaların nasıl tekrar gözden geçirilebileceği; 9. Bölüm'de ise aynı konu, gelişmekte olan ülkeler açısından ele alınmıştır.

8. BÖLÜM

G7 Küreselleşme Politikalarının Gözden Geçirilmesi

"İlerleme sanatı, değişim esnasında düzeni korumak ve düzen esnasında değişimi korumaktır." Filozof Alfred Whitehead tarafından söylenmiş bu söz, küreselleşmenin tüm dünyadaki hükümetlere, özellikle gelişmiş ülke hükümetlerine dayattığı zorlukları özetler niteliktedir.

Politik açıdan olayın özü, ilerlemenin değişim gerektirmesi ama değişimin kazançla birlikte kaybı da içeriyor olmasıdır. Eğer hükümetler sürekli ilerleme için destek istiyorlarsa, vatandaşların hem kayıp hem de kazançların paylaşılacağına dair inancı olmalıdır. En azından zengin ülkelerde bu inanç eksiktir. Pew Research Center'ın 2014 tarihli anketine göre İtalyanların yüzde 60'ı, Amerikan ve Fransızların yüzde 50'si ve Japonların yüzde 40'ı, ticaretin istihdamı yok ettiğine inanıyor.[1]

Bu bölüm, önceki bölümlerde bahsi geçen küreselleşmenin uğradığı değişimler ışığında yararlı olabilecek bazı gözden geçirmeleri konu almaktadır. Ele alınacak konular sırasıyla rekabet politikası, sanayi politikası, ticaret politikası ve toplumsal politikalardır.

Rekabet Politikasının Gözden Geçirilmesi

Rekabet ortamı eskisi gibi değil. 1990'larda popülerlik kazandığında bu olgu en iyi ihtimalle yararsızdı ve muhtemelen zararlıydı.[2] Güçlü metaforları ve kışkırtıcı diliyle dinleyenleri sarhoş eden "rekabet gücü sorunu" söylemini yayanlar, devlet katında dikkatleri topladı. Az bilgi tehlikeli olabilir ve bu durumda az bilgi sağlam hitabet gücüyle birleşince Paul Krugman'ın dediği gibi "tehlikeli saplantıya" dönüştü.[3]

Zarar, rekabet gücü gurularının sorunu ortaya koyma biçiminden doğal olarak akıyormuş gibi görünen çözümlerden kaynaklanıyordu. Günlük sıradan tüm rekabet türleri benim yaptığım ile diğerlerinin yaptığı —ister iş, aşk veya sporda olsun— arasında bir karşılaştırmadır.

"Rekabet" kelimesinin kendisi bir kaybet-kazan durumunu akla getirir; senin için iyi olan benim için kötüdür —ne de olsa rekabet ediyoruz. Başka bir deyişle politika belirleyicileri, ulusal sorunları bir koşu yarışı olarak görmeye başlamıştı ama aslında olan sorunların kilo kaybetmesiydi. Koşu yarışında bir kişi kazanırken geri kalanlar kaybeder; sonuç açısından görece performans önemlidir. Kilo kaybetme açısından bakınca herkes kazanabilir ve ortaya çıkacak sonuç kişinin çabasına bağlıdır, görece performansına değil.

İşin iyi tarafı, bundan ders çıkarılmıştır. Günümüzün rekabet gücü politikası seksi iç çamaşırı giymiş bir büyüme politikasıdır sadece. Odak noktaları, hayat standartlarını artırmak için ülkelerin ne yapması gerektiği konusuna geri gelmiştir. Diğer ülkelerle karşılaştırma yapmak ulusal bir değerlendirme ölçütü meselesidir, ulusal rekabet değil.

Rekabet Gücü Politikasına Yeni Bakış Açıları

Geleneksek küreselleşme paradigması, üretimi ulusal bir şey olarak görür. Bu görüş, kaçınılmaz büyüme mantığını da eklersek (bkz: Kutu 10), politikayı gayet net bir yere yöneltir. Büyüme taraftarı rekabet gücü politikaları beşeri, fiziksel, toplumsal ve bilgi sermayesine yatırımı desteklemeli ve yeni sermayelerin akıllıca tesis edildiğinden emin olmalıdır.

Bu sermaye türlerinden herhangi birine artırılmış yatırımın teşviki, üretim aşamalarının fabrikalar dâhilinde, en azından ülkeler dâhilinde kümelendiği bir ortamda büyümeden yana atılmış bir adım olacaktır. Bu durum hükümetleri, ne tür sermaye sorusunu bir kenara bırakmasına sebep olmuştur. Onun yerine, piyasa aksaklığı sorusuna, yani piyasanın neden yeterince yatırım yapmadığı sorusuna odaklanmışlardır. Taşmalar veya piyasa aksaklıkları genelde cevabın bir parçasını oluşturur. Bu basitleştirmeden yola çıkarsak gerekli politika açıktır. Hükümet, piyasa aksaklıklarına göre karakterize olmuş yatırım türlerine odaklanmalıdır. Seçilen politikalar genellikle şunları içeriyordu:

KUTU 10: KAÇINILMAZ BÜYÜME MANTIĞI

Yaşam standartlarını yükseltmek, bir ülkenin gelirinin üretimine bağlı olması gibi çok basit bir nedenden dolayı, üretimi artırmak anlamına gelir. Gayrisafi Hasıla (GDP) hem hasıla hem gelirin ölçütüdür çünkü biri üretiyorsa diğeri kullanıyordur.

Hasılanın yıldan yıla artırılması işçilerin, çiftçilerin, teknisyenlerin ve idarecilerin yıldan yıla daha yüksek değer üretmesini gerektirir. Bu da yıldan yıla daha çok ve daha iyi aletleri gerektirir —"alet" genel anlamıyla fiziksel sermaye (makineler, altyapı vb.), beşeri sermaye (vasıf, eğitim, tecrübe), toplumsal sermaye (teminat, hukukun üstünlüğü, toplumsal adalet anlayışı) ve bilgi sermayesi (teknoloji, ürün geliştirme vb.) demektir.

- Hükümet sponsorluğunda araştırmalar, özel-sektör AR-GE destekleri, vergi muafiyetleri ve araştırma üniversiteleriyle bilgi sermayesine yatırımın teşvik edilmesi.
- Eğitim, mesleki eğitim ve mesleki yeniden eğitime ilişkin politikalar ile beşeri sermayeye yatırımın teşvik edilmesi.
- Altyapı ve toplumsal sermayeye yatırımın teşvik edilmesi.

Bunların ardındaki mantık daha çok hangi politikaların en büyük taşmaları teşvik edeceğine (cevap genelde AR-GE idi) ya da en büyük piyasa aksaklıklarını düzelteceğine (cevap genellikle altyapı idi) odaklanmıştır.

Bölümlenmiş, Serbest Dolaşan bir Dünya için Rekabet Üstünlüğü Politikası

St. Gallen Üniversitesi ekonomisti Simon Evenet ve benim değer yatırımı ve imalat ticareti üzerine İngiltere Hükümeti için yazılan 2012 tarihli makalemizde dediğimiz gibi, ikinci çözülmenin bölümlenmiş ve serbest dolaşan dünyası için işler biraz daha karışık.[4]

Önemli nokta şu ki akıllı hükümetlerin, uluslararası taşınır üretim faktörleri ile uluslararası taşınmaz olanlar arasında dikkatlice fark gözetmesi gerekmektedir. İkisi de önemlidir. İkisi de ulusal gelire katkı sağlar. Ancak, Enrico Moretti'nin mutlaka okunması gereken *The New Geography of Jobs (Mesleklerin Yeni Coğrafyası)* adlı kitabında dikkat çektiği gibi, G7'de yaratılan iyi mesleklerin yerel bir çarpan etkisi varken, G7 şirketlerinin yurtdışında yaratılan mesleklerinde, yoktur.[5]

İki Boyutlu bir Değerlendirme

Bazı sermaye türlerinin yurtdışı kaçabileceği ihtimali, politika belirlerken çeşitli üretim faktörlerinin "yapışkanlığının" göz önüne alınmasının önemine işaret ediyor. Alışıldığı gibi, hükümet müdahalesi sadece piyasada bir eksik varsa iyi fikirdir, yani taşmalar da önem arz eder. Bu iki gözlemi birleştirince ve üretim faktörlerinin arzını güçlendirmeye yönelik hükümet politikalarını değerlendirdiğimizde doğal olarak üretim faktörlerinin iki-boyutlu yönü ortaya çıkar —yani taşınırlık ve taşma potansiyelleri. Şekil 55'de büyüme yanlısı politikaların potansiyel hedeflerine yönelik genel bir kavrayış şematiği sunulmaktadır.

G7 üretimini, finansal sermaye ve temel bilim gibi yüksek taşınır faktörlere yönelik politikalar ile teşvik etmeye çalışmanın yerel endüstrinin üretimine etkisi çok az olacaktır. Yeni yaratılan sermaye en çok ödülü getirecek ülkeye akar. Politikayı yürürlüğe koyan ülke, politikanın bedelini ödemek zorundadır ve gelecek faydanın sadece bir kısmını alacaktır. Buradan anlaşılması gereken açıkça şu ki böyle bir desteğe uluslararası koordinasyon eşlik etmelidir. Taşınırlık seviyesinin aşağısına geri gelirsek, fiziksel sermayenin uluslararası taşınırlığı daha azdır (batık duruma geldikten sonra) ve orta seviye taşmaları vardır.

Yüksek nitelikli işgücü düşük taşınırlıklı ve yüksek taşmalı özelliğiyle çekici bir kombinasyon sunar. Bu kombinasyon, tüm hükümetlerin rekabet güçlerini teşvik etmede en iyi yollardan birinin teknik eğitime finansal destek olduğuna inanmasının sebeplerinden biridir.

Bu durum hakkında düşünmenin iyi bir yolu da soruna farklı açıdan bakıp yabancı ülkelerin, diğer ulusların büyümeyi teşvik edici politikalarını nasıl sömürebileceğini görmektir. Mesela yurtdışı eğitimli ve yüksek nitelikli işçiler, bu çerçeveden bakınca gayet mantıklı görünmektedir. Ayrıca bu politika tüm ülkeler tarafından yürütülmektedir. Birleşik Devletler'in H-$_1$B visa programı bunun bilinen bir örneğidir. İsviçre'de ise aynısı doktorluk için geçerlidir.

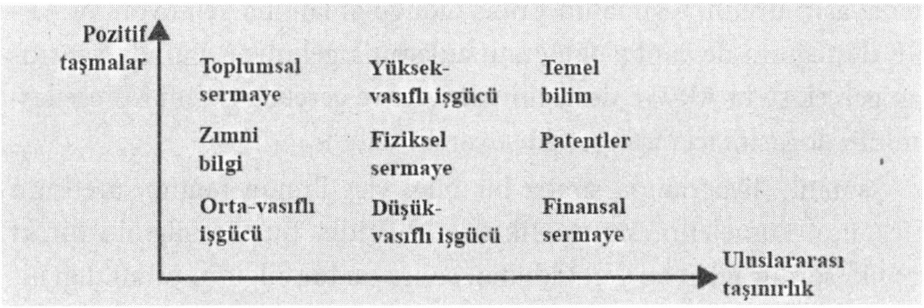

ŞEKİL 55: Politika hedefleri: Yapışkanlık ve taşma potansiyeli

Zengin ülkelerin rekabet gücü politikalarının bir standart özelliği de beşeri sermaye, bilgi sermayesi ve fiziksel sermaye gibi belli üretim faktörlerini teşvik edici olmasıdır. Bunun geleneksel gerekçesi, ülkenin bu tarz faktörlerin stokunu artırmasının verdiği toplumsal ödülün, özel ödülden (yani kendi hâline bırakılmış serbest piyasanın çok az faktör üretmesi) fazla olmasıdır. "Pozitif taşma" jargonu, toplumsal ödülün özel ödülü geçmesi durumunda kullanılır. İkinci çözülme öncesi dünyada, taşma boyutu belki de ekonomik politika analizine göre başlıca ekonomik faktördü.

Karşılaştırmalı üstünlük kaynaklarının sınır ötesi geçebildiği bir dünyada, hangi unsurun teşvik edileceğine karar verilirken üretim faktörlerinin "yapışkanlığı" da analize dâhil edilmelidir. Mesela Birleşik Devletler, yeni ürünlerin teşviki için büyük oranda bir vergi muafiyeti sağlarsa eğer, katma değerin büyük kısmı yurtdışında eklenmiş olur, finansal desteğin gerekçesi olan taşmalar, bilgi yaratımının bedelini vergileriyle karşılayan ABD vatandaşlarına fayda sağlamayabilir.

KAYNAK: Baldwin ve Everett (2012) Şekil 10'dan modifiye edilmiştir.

İsviçre'de görev yapan tüm doktorların yaklaşık çeyreğinin tıp diploması başka ülkedendir (çoğunlukla Almanya, Fransa, İtalya ve Avusturya). İsviçre'deki ücretler ve cezbedici iş koşulları nedeniyle doktorlar İsviçre'ye gider. Gönderen ülkelerde tıp eğitimi harcı talep edilmediği için, belli ki İsviçre sağlık sektörü komşularından sağlıklı bir destek almaktadırlar.

Eğitim politikalarının hesapta olmadan oluşan sonucu açıktır. Daha az açık olan şu ki aynı şey şimdi uluslararası üretim ağlarında yaşanmaktadır. Carrier 2016'da, Indianapolis'teki tesisini kapatıp üretimi Meksika'ya taşıyacağını söylerken, üstü kapalı olarak vergi-muafiyeti-destekli AR-GE'den yararlanarak yurtdışında iş yaratacağını söylüyordu. Bu, deniz aşırı üretim taşımanın yanlış olduğu anlamına gelmiyor. Ve AR-GE desteğinin de yanlış olduğunu anlamına gelmiyor. Burada yansıtılan gerçek şu ki AR-GE desteğinin doğası ve gerekçesi, Yeni Küreselleşme'nin doğasını içerecek şekilde uyarlanmalıdır.

Şematik diyagramda sırada bir bilgi var. Bunun tanımı, üretimin mekânsal kümelenmesini teşvik eden bilgidir. Bu tür bilginin direkt teşviki zordur fakat bu yaratıldıktan sonra bu tür bilginin yaratıldığı ülkede kalmaya olan eğilimi büyük avantaj sağlar. Bu eşsiz kombinasyon niye birçok ülkenin endüstriyel kümeler ya da ağlar yaratmaya çalıştığını açıklamaktadır. Orta ve düşük-nitelikli işçilerin bulunduğu konuma dair yorum yapmaya pek gerek yok; kamu ve özel sektör arası yakından bağlantıya göre oluşmaktadır.

Son olarak her bir ülkede, hatta her ülkedeki her bir bölgede çalışanlar ve şirketler için bölgenin cazibesine etki eden bir "toplumsal sermaye" vardır. Toplumsal sermaye, teminat ve güvenilirliğe dayalı insan etkileşimi demektir. Gezip görmüş okurların bildiği gibi, bu soyut faktörlerle şekillenen toplumlar gerçekten geniş bir çeşitlilik gösterir. Ekonomik etkileşimler güven gerektirdiği için, toplumsal adalet anlayışı ve güvenin varlığı ekonomik faaliyetlerin gelmesi açısından önemli bir mıknatıs olabilir. Taşmalar açısından toplumsal sermaye yereldir fakat birçok aşama ve sektöre faydalar sağlar.

Riski göz önüne katarak, yapışkanlığa karşı taşma mantığını genişletebiliriz. Yani, mesleklerdeki hassasiyet ve Yeni Küreselleşme'nin değişkenliği kısmen, küresel değer zincirleri içerisindeki konumuna bağlıdır.

Tüm değerin genelde tek bir fabrikada ya da en azından tek bir ülkede yaratıldığı dönemde, ülke işgücünün ekonomi değer ağı dahilinde nerede konumlandığına dair fazla endişelenmelerine gerek yoktu. Üretim süreçleri bölümlere ayrılıp kolayca uluslararası dağıtılabiliyorsa, değer ağının merkeziyeti önemli olabilir.

Eğer belli bir faaliyet tek tip müşteriye hizmet sağlıyorsa, müşterinin deniz aşırı gitmesi, tedarikçinin de deniz aşırı gitmesine sebep olabilir. Ne de olsa ekonomik faaliyet müşteriye yakın olmayı sever. Bunun aksine, çeşitli sektörlerde ürün veya hizmet üretmekte rol alan bir çalışan, geleceğin küreselleşmesinin kaprislerine daha kolay uyum sağlayacaktır. Bu mantığın özü, değişimlerin ani ve öngörülemez şekilde yaşandığı bir dünyada "tüm yumurtaları aynı sepete koyma" mantığından başka bir şey değildir.

Aynı mantık, hükümetlerin rekabet gücü politikalarıyla teşvik etmek isteyebileceği beceri türlerinde uygulanabilir. Burada da merkeziyet talebi önemlidir ve ek olarak göz önünde bulundurmalıdır. Benzer sebepler yüzünden, vasıfların esnekliği de iyi bir şeydir.

Anahtar Nokta Beşeri Sermaye

Bu politikaları, yeni bir rekabetçilik paradigmasından ele alınca, üretim faktörleri arasından belki de en önemlisinin insan ve nitelik olduğu sonucu çıkıyor. Çoğu çalışan, kişisel sebepler yüzünden uluslararası taşınır değildir, bundandır ki beşeri sermayeye yapılan yerel yatırımlar yerel seviyede kalır. Yapışkanlığın diğer kaynağı da toplulaştırma güçlerinden gelir. Nitelikli hizmet çalışanları sıklıkla toplulaştırma ekonomilerine tabidir. 6. Bölüm'de bahsedildiği üzere bu, niteliklere göre oluşmuş kümelerin parçalı hâlinden toplamda bakınca daha iyi olması demektir, bu da kümenin astronomik ücretleri karşılayabileceği anlamına gelir.

Beşeri sermayenin esnek olması ona artı bir cazibe kazandırır. Mükemmellik sağlayan nitelikler genelde sektörler ve aşamalar arası transfer edilebilir, bu da çalışanların değişen taleplere adapte olmasını sağlar. Beşeri sermaye aynı zamanda girdi-çıktı yapısında da merkezi niteliktedir. Nitelik-yoğun hizmetler birçok farklı aşama ve ürünlerin girdileridir, yani bu tür görevlere talep daha stabildir.

Sanayi Politikalarının Gözden Geçirilmesi

G7 hükümetleri imalat işlerine, özellikle fabrika işlerine uzun zamandır fazlaca dikkat veriyor. Ve hâlâ da verir. Bunun birçok politik sebebi olsa da ardında üretkenlik büyümesine dayalı sağlam bir ekonomik argüman bulunmakta.

Bir asırdan çok zamandır üretkenlik büyümesi deyince akla gelen ilk sektör imalat idi. Tabii, imalat işçileri hikâyenin sadece bir kısmıydı. İlerleme daha çok imalat sektörü ürünleri ve süreçlerine yapılan inovasyonlarla sağlandı ancak fabrika mekânsal bir çapa olarak görülüyordu. Durum ne olursa olsun, tüm aşamalar ulusal olarak kümelendiği müddetçe üretim ulusal bir şeydi ve her üretkenlik kazançları gibi fabrikalar da bir o kadar ilerleme ölçütüydü.

1990'larda başlayan üretim aşamalarının bölümlere ayrılması ve deniz aşırı götürülmesi trendi her şeyi değiştirdi. İmalat değer zinciri bölümlere ayrıldı, işgücü-yoğun fabrikasyon aşamaları birbirinden ayrıldı ve fabrikasyon ile birlikte G7 standartlarına uyumlandırılmasında gerekli G7 know-how da beraberinde deniz aşırı götürüldü. Bu yüksek teknoloji/düşük ücret kombinasyonu fabrikasyon maliyetini büyün oranda düşürdü. Bu metalaştırılmış fabrikasyon, fabrikasyon-öncesi ve sonrası hizmet aşamalarını metalaştırmadı. Bunun sonucunda 3.Bölüm'de bahsi geçen gülen eğri meydana geldi.

Hükümetler ister daha iyi işler arıyor, ister ihracat ürünlerinin rekabet gücünü artırmaya çalışıyor olsun, değerin hizmete kayması demek yirmi-birinci-yüzyıl sanayi politikasında daha az sanayinin yer alacağı anlamına geliyor.

İmalat İçermeyen İyi İmalat İşleri

Uniqlo gibi şirketler ileri teknik bilgisini düşük ücretle birleştirince, fabrikasyonun kattığı değer düşer. Bu durum Japon teknolojisi kullanan Japon çalışanların, Japon teknolojisi kullanan Çinli çalışanlarla rekabet etmesini neredeyse imkansızlaştırır. Bu gibi işleri Japonya'da teşvik etmeye çalışmak saflık olur. Japonya'da hâlâ imalatla ilgili iyi işler var, fakat gitgide artan bir şekilde bu işlerin çoğu hizmet işleri. Politika belirleyicileri "iyi işlere" daha geniş perspektiften bakabilmeliler.

Bahsi geçen topluluştırma ekonomileri bir önemli gerçeği daha ortaya koyar: "Yapışkan" işler iyi olan işlerdir. Moretti'nin dediği gibi: "Bir şirketin inovasyondaki başarısı onu çevreleyen tüm ekosisteme bağlıdır.... Geleneksel imalata göre inovasyonun yerini değiştirmek daha zordur.... Tek bir şirketten ziyade tüm ekosistemi taşımak gerekir." Aynı durum hizmetin birçok türünde geçerlidir.

İmalatın hizmetleştirilmesi ilerledikçe bir ülkedeki imalat sanayi ihracatının rekabet gücü, gitgide mükemmel ve makul ücretli bir dizi hizmetin yerel mevcudiyetine bağımlı olacaktır. Bir anlamda, mükemmel ve türlü hizmet sektörlerini yirmi birinci yüzyılın endüstriyel üsleri olarak düşünebiliriz. Sonuç olarak G7'nin endüstri politikası sadece endüstri üzerine, ya da en azından fabrika endüstrisi üzerine olmamalıdır. İmalatla bağlantılı hizmetlerin de teşviki üzerine olmalıdır.

Kaybedilen, İşlerin Bazıları mı Yoksa Hepsi mi?

İkinci çözülmeyi bizzat yaşamış bir şirket örneğinden daha çok ders çıkarabiliriz. Dyson, üretimini 2003'te Malezya'ya taşıdığında, şirketin attığı bu adım dönemin İngiliz basını tarafından alaya alınmıştı. *Daily Mail* gazetesinde çıkan haberde ticaret sendikası yetkili Roger Lyons şu sözleri kullanmıştı: "Dyson, işlerini yurtdışı taşıyarak ve tedarik zincirindeki şirketlerden yüzlerce işin kapanmasına neden olarak 800 çalışanına ihanet etmiştir. Onu ve markasını bugünkü konumuna taşıyan İngiliz imalatına ve İngiliz tüketicilere ihanet etmiştir."

Şirketin kurucusu ve sahibi James Dyson bu kararın ardında istihdamı kurtarmak olduğunu savundu. *Guardian* gazetesindeki röportajında şu ifadeleri kullanmıştı:

> Bu adım sayesinde artık işleri büyütmekte olan bir şirketiz, eğer bu adımı atmasaydık uzun vadede hayatta kalamayabilirdik.... Malmesbury (İngiltere)'de, mühendis, bilim adamı ve yönetici toplam 1300 kişiye iş imkanı sağlamaktayız. Üretimi Malezya'ya taşıma kararı İngiltere açısından tek yönden iyi değildi çünkü artık ağır işgücü istihdam etmiyoruz. Artık daha yüksek ücretli ve katma-değeri daha yüksek işler üstleniyoruz.

Görünen o ki Dyson haklıydı.

Financial Times'ın 2014 tarihli haberine göre Dyson, İngiltere'de 3000 adet bilim ve mühendislik işi yaratma planları olduğunu duyurdu. Ana sorun nitelik eksikliği idi. Dyson şöyle konuştu: "Onlar için burada, Malmesbury'de gerekli şartları sağlamayı umuyoruz ancak İngiltere'de her yıl 61.000 mühendis eksiği var ve bu eksiği karşılamak zor." Yine de Birleşik Krallığın mühendis eksiğine rağmen "icatlar için harika bir yer" olduğundan bahsetmişti.

Hizmetlere odaklanmak doğal olarak bu tür çalışanlar için altyapı sorularını beraberinde getiriyor. Ya da farklı ifadeyle, böyle bir "endüstriyel" faaliyet için endüstriyel bölgeler nerede olacak?

Yirmi Birinci Yüzyıl "Fabrikaları" olarak Kentler

Harvard'dan ekonomist Ed Glaeser'e göre yetenekli insanlar kentlerde toplanır çünkü bu onları daha üretken yapar. Bunun zengin-ülke rekabet gücü politikası açısından anlamı açıktır. Beşeri sermaye ve kentler, yirmi birinci yüzyıl çalışma hayatının temeli olacak gibi görünüyor. İnsanlar kentlerde tanışır ve yüz-yüze bağlantılar ve paylaşımlar için yerel ağlar oluştururlar. İnsanlar kentlerde fikir paylaşımında bulunurlar ve fikirler arası rekabet burada yaşanır. Kentler, çoğu yeni teknolojinin geliştirildiği ve genç şirketlerin büyüdüğü yerlerdir.

Kentler ayrıca çalışanlar ve şirket arası; ve tedarikçi ve müşteriler arası eşleştirmeyi optimize eder. Bu anlamda kentler nitelik-kümeleri ya da Enrico Moretti'nin deyimiyle "beyin ağları" olmuştur. Bir kentin başarısı ile beşeri sermaye arasında yakından bir bağlantı vardır. Son yüzyıldaki kent büyümelerinin en ısrarlı göstergelerinden biri, kentteki nitelik seviyesidir.

İmalatın dağıldıkça insanların topluluşmasının nedeni ticaret yapılabilir sektörlerdeki yüksek-nitelikli işlerin toplulaştırma ekonomilerine olduğu kadar yüz-yüze taleplere tabi olmasıdır (6. Bölüm'de bahsedilmiştir). Birleşik Devletler ile ilgili yazısında Enrico Moretti, toplulaştırma ekonomilerini şu şekilde açıklamıştır: "Geleneksel sanayiden ziyade, coğrafik toplulaştırmaya içsel bir eğilimi olan bilgi ekonomisidir.... Nitelikli çalışanları ve iyi işleri kendine çekebilen topluluklar daha da çekim merkezi hâline geldikçe, bir kentin başarısı daha çok başarıyı teşvik eder. Nitelikli çalışanları kendine çekemeyen topluluklar, avantajını yitirir."

Bu fikri benimsemiş hükümetlerden biri de Hollanda'dır. Hollanda Ekonomik Politika Analiz Bürosu tarafından yazılan *The Netherlands of 2040 (2040'ın Hollanda'sı)* adlı raporda, BİT gelişmelerinin çalışma ortamına gittikçe daha alacalı bir görünüm vereceği belirtiliyor. 2010 tarihli rapora göre, yirmi birinci yüzyılda "kentler yüksek-eğitimli insanların kümelendiği, genç şirketlerin büyüdüğü ve yüz-yüze etkileşimlerin üretkenliği artırdığı yerlerdir. Sonuç olarak kentler üretkenliğin büyüdüğü yerlerdir."

Hollanda raporunun yazarlarına göre bunun politikaya yansımaları gayet açıktır: "Kentler sadece insanların toplandığı bir yer olarak düşünülmemeli, yeni fikirlerin ve iş yapmak için yeni yolların yaratıldığı kompleks iş yerleri olarak görülmelidir."

İyi olan işler hâlâ imalatla ilişkilendirilebilir fakat fabrikasyon değil de fabrikasyon-öncesi ve sonrası aşamalardaki işler olacaktır. Bu işlerin çoğu kentlerde olacaktır.

Tüm bu bahsi geçenleri toplarsak G7 politika belirleyicileri şunları yapmalıdır:

- Sanayi ürünleri ihracatlarına odaklanmayı bırakıp hizmetin sanayi ürünleri ihracatına sağladığı girdiye odaklanmaya başlamak.
- İyi sektörlere odaklanmayı bırakıp iyi (hizmet) işlere odaklanmaya başlamak.
- Yerli fabrikaları endüstriyel üs olarak görmeyi bırakıp hizmet sektörünü yirmi birinci yüzyılın endüstriyel üssü olarak görmeye başlamak.
- Kentleri, çeşitlilik arz eden modern hizmetlerin hızlı kombinasyonunu besleyen üretim ağları olarak görmeye başlamak.

Yalın ifadeyle G7 hükümetlerinin, iyi işleri Çin etkisinden korumasının bir yolu iyi işleyen kentlerdir.

Takımı Yeniden Kurmak: Toplumsal Politika

Yeni Küreselleşme, ülkenin işgücü ve ülkenin teknolojisi arası bağlantı kurarak yazılı olmayan toplumsal sözleşmeyi bozdu. Eski Küreselleşme sırasında, yükselen bir teknoloji dalgası büyüklü küçüklü tüm gemileri yükseltirdi. Yeni Küreselleşme'de ise yükselen bir teknoloji dalgası, yabancı çalışanlar kadar yerli çalışanların da gemilerini yükseltebiliyor. Bu konu bir örnekle açıklanabilir.

Güney Carolina eyaletinde önceleri bolca dokuma atölyesi işi vardı. Artık yok. O eyalete özgü şöyle bir fıkra var: "Modern bir dokuma atölyesi, sadece bir adam ve köpeği işe alır. Adamın işi köpeği beslemek, köpeğin işi de adamı makinelerden uzak tutmaktır." Adam Davidson'un *Atlantic* dergisinde çıkan makalesinde (6. Bölüm'de bahsi geçmiştir) anlattığı bu hikâye, Çin ve Meksika kaynaklı rekabet sonucu çoğu atölyenin nasıl kapandığını ve kalanların dijital destekli imalat nedeniyle nasıl "neredeyse özerk bilgisayarlı makinelere" dönüştüğünü kanıtlamaktadır. Düşük nitelikli Amerikan endüstrisi çalışanları yurtiçinde robotlar, yurtdışında Meksikalılar ile rekabet içindeler. Her iki oyunda da durum iyi gitmiyor.

Ancak bu tam olarak doğru değil. Eski Küreselleşme varken Güney Carolina'daki çalışanlar, yüksek ücretleri ile rekabet gücü elde edebiliyorlardı çünkü ABD'nin yüksek teknolojisi yarı-tekellerindeydi. Yeni Küreselleşme bu takımı böldü. Günümüzde Güney Carolina çalışanları 1970'lerde olduğu gibi Meksika işgücüyle, sermayesiyle ve teknolojisiyle rekabet etmiyor. ABD know-how'ı ve Meksika iş gücünden oluşan neredeyse yenilmez bir kombinasyona karşı rekabet ediyorlar. Oy verenlerin küreselleşmeden korkmasının bir sebebi de, küreselleşmenin artık ulusal takıma yaramadığına dair yanlış kanıdır.

Sosyal politika açısından bunun anlamı nedir? İlerleme değişimle oluyorsa ve değişim sancılı bir süreçse, daha önce de bahsedildiği gibi ilerlemeyi sürdürmek isteyen hükümetlerin, ilerlemenin sancılarını ve kazançlarını vatandaşlara paylaştırmanın yollarını bulmaları gerekir. Bununla birlikte Yeni Küreselleşme, G7 hükümetlerinin, işler yerine çalışanları —her zamankinden çok— koruması gerektiği anlamına gelir. Ayrıca günümüz küreselleşmesi, çalışanları daha esnek olmaya itmesi dolayısıyla, çalışma esnekliğinin hayat standartlarında belirsizliğe yol açmasını önlemek daha önemlidir. Hükümetler, ekonomik güven sağlamalı ve çalışanlarının değişen koşullara uyum sağlamasına yardımcı olmalıdır.

Ticaret Politikasının Gözden Geçirilmesi

İkinci çözülmeden önce ticaret politikası daha çok ticaret üzerineydi. İhracatlar, tek olarak bir ülkenin üretim faktörlerinin "paketleri"ydi. Politik bakış açısından ticaret politikası daha çok yerli şirketlerin yurtdışına daha çok satması demekti.

İkinci çözülmeden sonra ticaret politikası sadece ticaret anlamına gelmiyor. İhracat ve ithalatlar birden çok ülkenin üretken faktörlerinin "paketleri"dir. Bir ülkenin üretken kaynaklarının kattığı değerin yükseltilmesi artık küresel değer zinciri dâhilinde yurtdışı ülke kaynaklarının kullanılmasını içeriyor. Mesela Dyson örneğinde deniz aşırı taşıma, Malmesbury'deki mühendisler için yeni işler ve yüksek ücret sağlamıştı. Bu nedenle ticaret politikası, küresel değer zincirlerinin daha iyi çalışmasını amaçlamalıdır.

G7 ülkeleri için bu, maddi ve gayri maddi varlıkların değerini yükseltmeleri için şirketlere yardımcı olacak ticaret kurallarının belirlenmesi anlamına geliyor. Bunu anlamak için mal kavramı üzerine tekrar düşünmek gerekiyor. Bir Toyota Land Cruiser bir araç gibi değil de Japon işgücü, sermayesi, inovasyonu, yönetimi, pazarlaması, mühendisliği ve imalat know-how'ının bir birleşimi olarak görülebilir. 1982'de Land Cruiser, ihraç edilen ülkenin mülkiyet hakları gözetilmeksizin herhangi bir ülkeye ihraç edilebiliyordu çünkü girdileri birbirinden ayırmak imkânsızdı. Toyota'nın gayri maddi mülkiyet hakları Japonya'da kanunlarca ve yurtdışında fiziken koruma altındaydı. Artık durum bundan çok farklı.[6]

Günümüzde Toyota'nın montajı birçok ülkede yapılmakta ve parça ve bileşenleri birçok gelişmekte olan ülke dâhil dünyanın çeşitli ülkelerindeki fabrikalardan tedarik edilmektedir. Tüm parçaların birbiriyle kusursuz uyumlu olması gerektiği için Toyota, yerel know-how'lara bel bağlamaz. Uluslararası tedarik zincirinde parçaların imalatını, Japon sermayesini, Japon inovasyonunu ve Japon know-how'ını yerel işgücüyle birleştirerek yapar. Sonuçta fizik kuralları Toyota'nın gayri maddi mülkiyetine çok az koruma sağlar.

Bir diğer deyişle üretimin çözülmesi, gayri maddi mülkiyette yeni zafiyetlere yol açar. Toyota'nın mülkiyet haklarına, Toyota fabrikasının konuşlandığı gelişmekte olan ülkelerce saygı gösterilmesini sağlayacak daha derin disiplinler gereklidir. Trans-Pasifik Ortaklığı (TPP) gibi derin bölgesel ticaret anlaşmalarının (RTA) ana amacı hemen hemen budur.

Fakat nasıl bir disiplin gerekli. 3. Bölüm'de, artık RTA'larda rutin şekilde yer verilen bu "derin" disiplinlerden bahsedilmiş ve somut örneklere yer verilmiştir. Burada, gerekli disiplinlerin doğasına ve türüne dair fikir üretebilmek için temel bir çerçeve sunulmaktadır.

Kurallar ve disiplinler hususunda, ticaret politikası açısından kritik farkı şudur ki sınır ötesi geçen —ticaret-yatırım-hizmetler-fikri-mülkiyet bağı gibi —şeylerin karmaşıklığını ve birbirine bağlantısı artış gösterir. Bu bağ 5. Bölüm'de "yirmi-birinci-yüzyıl ticareti" olarak anılmıştı ve iki disiplin kategorisi içerir.

İlk kategori, yurtdışında iş yapmayı kolaylaştıran önlemleri kapsar. Şirketler yurtdışında tesis açtığında —ya da yabancı tedarikçilerle uzun-vadeli ortaklık kurduğunda— teknik, yönetimsel ve pazarlama know-how'ları gibi sermayelerini de yeni uluslararası risklere maruz bırakmaktadırlar. Bu maddi ve gayri maddi mülkiyet hakları yirmi-birinci-yüzyıl ticaret bariyerleri olmuştur çünkü küresel değer zincirleri bu teminatları sağlamayan ülkelerde konumlanmaz. Örneğin:

- Örtük ve açık teknoloji ve fikri mülkiyetin paylaşımı, yabancı bilgi-sermaye sahiplerinin adil muamele göreceği ve mülkiyet haklarına saygı gösterileceği teminatı üzerine sağlanır.
- Çalışan ve yöneticilerin eğitimi, fiziksel tesisler ve uzun-vade iş ilişkisi geliştirilmesine yönelik yabancı yatırımlar, mülkiyet hakkı, kuruluş hakkı ve rekabet engelleyici uygulama yapılacağı teminatı üzerine sağlanır.
- Yeni yabancı direkt yatırım (FDI) ve kazancın ana yurda dönüşü gibi işle ilgili sermaye akışları üzerine verilecek teminatlar da ticaret-yatırım-hizmetler bağının yatırım kısmını teşvik etmede yardımcı olur.

İkinci kategori, uluslararası üretim tesislerinin bağlantıda kalabilmesini sağlayacak çeşitli politikalardan oluşur. Müşterilere yüksek-kalite, makul ücretli ürünleri zamanında sınabilmek için ürünlerin, insanların, fikirlerin ve yatırımların iki-yönlü sürekli akışı aracılığıyla üretim tesislerinin uluslararası koordinasyonunu gerektirir. Örneğin:

- Fabrikalar arası bağlantı kurulması, zaman-duyarlı sevkiyatı, modern telekom donanımlarını ve yönetici ve teknisyenlerin kısa-vadeli seyahatlerini içerir, yani altyapı hizmetleri ve vize üzerine teminatlar verilmesi ayrıca önemlidir.
- Tarife ve diğer sınır önemleri de yirminci yüzyılda olduğu gibi yine önemlidir, ancak günümüzde önemi daha fazladır çünkü bireysel sevkiyat değerine olan katma değer oranı üretim zinciri bölümlere ayrıldıkça düşer.

Listede, yirminci-yüzyıl ticaretinde bariyer teşkil etmeyen yirmi-birinci-yüzyıl ticaret bariyerlerinin dört türüne değinilmektedir: Rekabet politikası (Birleşik Devletlerde antitröst olarak bilinir), sermayenin hareketi, fikri mülkiyet hakları ve yatırım teminatları. Buna işgücü seyyaliyetini —yani teknisyen ve yöneticiler için kısa-vadeli vize onaylarını da— ekleyebiliriz.

Küresel değer zincirleri, küresel regülasyonlara çok az tabidir ya da tabi değildir. Gelişmekte olan ülkelerle amaca özel yapılan bölgesel ticaret anlaşmaları, ikili yatırım anlaşmalar ve çok taraflı reformlar, bu yirmi-birinci-yüzyıl uluslararası ticaretinin zemini oluşturur. Fakat değer zinciri yönetişimi hızla evrim geçirmektedir. Özellikle Birleşik Devletler olmak üzere G7 hükümetleri, amaca özel yönetişimleri sıkılaştırarak —Trans-Pasific Ortaklığı ve Translatlantik Ticaret ve Yatırım Ortaklığı gibi— "mega-bölgesel oluşum"lara ve AB - Kanada arası ya da Japonya - AB arası ikili anlaşmalar gibi mega-ikili anlaşmalara çevirmek için çaba sarf etmektedir. Bu önemli bir gelişmedir; küresel değer zincirleri ülkeler ağından oluştuğu için bir kurallar ağı gerekmektedir.

KUTU 11: ÖZETLE GELİŞMİŞ EKONOMİLER POLİTİKASINA YANSIMALARI

Bu bölümde anlatılanlar gösterdi ki, küreselleşmenin değişmiş etkisinin —özellikle küreselleşmede artık devasa miktarda Kuzey know-how'ının küresel değer zincirleri dâhilindeki bir avuç ülkeye hareket etmesinin— derin sebebinin anlaşılmasıyla, rekabet ve büyüme politikası, sanayi politikası, ticaret politikası ve sosyal politikalarına değinen zengin-ülke politikalarının yeniden düzenlenmesi gerekliliğine işaret etmektedir.

Spesifik olarak, bölümlere ayrılmış ve serbest dolaşan üretimin mevcut olduğu bir dünyada rekabet politikası, hükümet politikalarınca ve özel sektörün göz ardı ettiği —teşviklerin yarattığı— taşmalar ile teşvik edilen üretim faktörlerinin "yapışkanlığını" göz önünde bulundurmalıdır. Endüstriyel politika endüstriye daha az, endüstriye ilişkin hizmet sektörlerine daha çok odaklanmalıdır. Bununla birlikte, bu işlerin çoğu şimdide ve gelecekte Kuzey kentlerde bulunduğu için hükümetler, kentleri yirmi-birinci-yüzyıl fabrikaları olarak görmelidir. Kentleşme politikası uluslararası rekabet gözetilerek belirlenmelidir. Son olarak, Yeni Küreselleşme'nin G7 işgücü ve G7 bilgi sahipleri arasında yarattığı çatlak, güçlendirilmiş toplumsal politika önlemleriyle giderilmeli ve bu politikalar iş odaklı değil çalışan odaklı olmalı ve değişime direnmeye çalışmak yerine sektörlerin ve çalışanların küreselleşme değişimlerine adapte olmasına yardımcı olmaya yönelik olmalıdır.

9. BÖLÜM

Kalkınma Politikasının Gözden Geçirilmesi

2012 itibariyle, iki milyarın biraz üzerinde insan —yani dünya nüfusunun üçte biri— Dünya Bankası yoksulluk sınırı olan günlük 3.10 doların altındaydı. Normal şartlarda 3.10 dolar yiyecek, giysi ve barınak sağlar fakat bir şeyler yanlış giderse bu gelir seviyesindeki insanlar ölür. Kötü bir enfeksiyon, sel, soygun veya zorlu bir doğum ölümcül olabilir. Bu can sıkıcı bir istatistik olsa da gerçekten mucizevi olan Eski Küreselleşme'nin Yeni Küreselleşme'ye evrilmesinden bu yana bu rakam düşmüştür. 1990'da her üç kişiden ikisi 3.10 dolar sınırı altında yaşıyordu.

Yoksulluk konusunda küresel çapta ilerleme çoğunlukla Yeni Küreselleşme'den en çok etkilenen bir avuç gelişmekte olan ülkede —hepsinden çok Çin'de— yaşandı. Belli ki kalkınmayla ilgili yeni ve önemli şeyler yaşanıyor ve açık ki bu değişimler ikinci çözülmeyle ilişkili. Benim bakış açıma göre, bu değişimin ardında üretimin uluslararası yeniden organizasyonu yani diğer ifadeyle "küresel değer zinciri" (KDZ) devrimi var.

Yaklaşık 1990 yılı öncesinde, başarılı endüstrileşme demek yurtiçinde tedarik zinciri inşa etmek demekti çünkü küresel rekabet gücü elde etmenin tek yolu buydu. Günümüzün tüm zengin ülkeleri bu yolu izledi; bunların en sonuncusu Kore'ydi. Günümüzde ise farklı bir yol izleniyor. Gelişmekte olan ülkeler rekabet gücü kazanmak için uluslararası tedarik zincirlerine dahil olup sonra da hızla büyüyorlar çünkü üretimin deniz aşırı taşınması, normalde geliştirilmesi on yıllar sürecek imkanlar getiriyor.

Yeni Küreselleşme'nin devrimsel etkileri kalkınma kavramıyla ilişkilendirilirken yirmi-birinci-yüzyıl zihinsel modelleri hâlâ etkisini sürdürüyor. Bu bölümde bu kavrama kısaca değinilmektedir. Hiç değilse bu, yeni kavrayışa doğru mükemmel bir sıçrama tahtası olacaktır.

Bununla birlikte bu bölüm, benim "Trade and Industrialization after Globalization's Second Unbundling (Küreselleşmenin İkinci

Çözülmesinden sonra Ticaret ve Endüstrileşme)" başlıklı makaleme dayanmak ve ayrıca Dünya Bankası'nın kalkınma için küresel değer zinciri yaratma yollarının araştırıldığı yeni projesinden esinlenmektedir. [1]

Endüstriyel Kalkınma Üzerine Geleneksel Kavram

Kalkınma üzerine geleneksel kavram, önde gelen kalkınma ekonomistleri David Lindauer ve Lant Pritchett'e göre üç dalga—ya da iki dalgalanma ve teslim evresi—görmüştür. "What's the Big Idea? The Third Generation of Policies for Economic Growth (Büyük Fikir? Ekonomik Büyümede Üçüncü Nesil Politikalar) " başlıklı 2002 tarihli makalelerinde Lindauer ve Pritchett, birinci-nesil "büyük fikrin" nasıl inanılmaz etki yarattığını konu alır.[2] Entelektüel zarafeti ve örtük iyimserliği çoğu 2. Dünya Savaşı sonrası politika belirleyicilerini cezbetmiştir. Ve hâlâ Latin Amerika ve Afrika'nın çoğu bölgesinde etkisini sürdürür.

Paul Krugman, "The Fall and Rise of Development Economics (Kalkınma Ekonomisinin Düşüşü ve Yükselişi)" başlıklı meşhur online makalesinde bu birinci nesille ilgili olarak "yüksek kalkınma teorisi" ifadesini kullanır. Der ki: "Yüksek kalkınma teorisi, kalkınmanın dış ekonomilerin güdümündeki sanal bir döngü olduğu görüşü şeklinde tanımlanabilir." Gelişmemiş ülkeler bu sanal döngüyü harekete geçirememişlerdir. Yazar devam eder: "Yüksek kalkınma teorisinin çoğu versiyonunda, öz-pekiştirme, bireysel üretici bazında ölçek ekonomileri ile pazar boyutu arasındaki etkileşimden kaynaklanır."[3] Politika belirleyicilerinin işi bu sanal döngünün harekete geçmesini sağlamaktır.

Kavramın ilk dalgasında, "ilk itmeyi" uygulamaya koymanın standart yolu, ithalat tarifelerini aşırı yükselterek yerel pazarı yerel üretime bırakmaktı. Buna, "ithal ikameci endüstrileşme" stratejisi deniyordu. 1980 borç krizi sonrası geniş çapta yaşanan fiyasko ile herkes olaya uyandı.

"Washington konsensüsü" tabir edilen ikinci dalga teoriler, aynı sanal döngüyü temel aldı fakat döngü başlatıcısı olarak serbest piyasaya bel bağlıyordu. Lindauer ve Pritchett makalelerini kaleme alana kadar ikinci dalga durulmuştu. Deneyen çok oldu fakat azı başarılı oldu. Daha kötüsü, başarı öykülerinde sanki kavrama ters bir şeyler vardı. Asya'nın, özellikle Çin'in kükreyen başarısı, Lindauer ve Pritchett'e göre "şaşırtıcı" bir şeydi.

Sonrasında teslim evresi başladı. Harvard'dan ekonomist Dani Rodrik'in *One Economics, Many Recipes (Bir ekonomi, birçok tarif)* adlı kitabında yazdığı gibi "Belki de doğru yaklaşım "büyük fikir" arayışını hepten sonlandırmaktır."[4] Bu bölüm, Çin'in ve diğer hızlı sanayicilerin şaşırtıcı başarısının, yalnızca Eski Küreselleşme düşüncesi kullanılmaya çalışıldığında şaşırtıcı olduğunu öne sürüyor.

Bu mantığa daha somut bir açıdan bakmak için birkaç somut örnekten faydalanalım. Bu örnekler, bazı ülkelerin üst-sınıf otomotiv sektöründe nasıl başarıya ulaşırken diğerlerinin başarısız olduğuna odaklanmaktadır.

Anlamlı Bir Örnek Olay İncelemesi: Otomotiv

Kağıt üstünde otomotiv, ilk dalga kalkınma kavramına uyumlu bir ithal ikame stratejisi türü için idealdir. Herhangi bir ülke basit montaj süreciyle başlayabilir ve sonra montajdan doğan parça talebini kullanarak daha önce ithal ettikleri parçaları imal etmeye başlayabilir. Gerçekten de başlangıcı yapmak kolaydı.

İlk adım, endüstrideki tabirle "tam söküm" kitleriydi (CKD). Tam söküm kitleri tek bir araba imal etmede gerekli tüm parçalarla birlikte "ana" fabrikadan bir konteynırla ulaşır. Ana fabrikadan gelen yönetici ve teknisyenler yardımıyla, kiti satın alan gelişmekte olan ülke araba toplayabilir ve bu süreç plastik parçalardan model uçak toplama hobisinden çok farklı değildir.

CKD'lerin iyi tarafı yerel endüstri bakanı ülkesinin otomotiv endüstrisine başlama yolunda olduğunu iddia edebilmesiydi. Kötü tarafı ise bir sonraki aşama —ithal parçaların yerel imalat parçalarla değiştirilmesi— hayata geçmiyordu. Her seviyeden birçok ülke, ithal ikame stratejisi kullanarak uluslararası rekabet gücü yüksek bir otomotiv endüstrisi geliştirmeye çalışsa da neredeyse hepsi başarısız oldu. Başarısızlığın ardında iki ana neden vardı: Pazarların küçüklüğü ve teknik zorluklar.

Kitlerin ana fabrikada oluşturulması ve yerel olarak verimsiz küçük fabrikalarda monte edilmesinin dahil olduğu tüm masraflar göz önüne alındığında, bu tür arabalar dünya pazarında kesinlikle rekabet edilemezdi. Böylece satış sadece yerel pazarla sınırlı kaldı; yerel satış, nüfus azlığı, düşük gelir ve yüksek fiyatlar kombinasyonuyla sınırlı kaldı.

Görünüşe göre, tüm bu kit montajlama işi, ancak gelişmekte olan ülkenin nihai otomobillerde yüksek, CKD kitlerinde düşük bir tarifesi olması durumunda uygulanabilirdi. Mesela 1997'de, Malezya'nın küçük araba ithalatında koyduğu tarife yüzde 140 iken CKD'lerde tarife oranı yüzde 42'ydi. Yüzde yüzlük bir marjin, verimsiz Malezya montajını karşılamaya yetiyordu fakat bu, arabaların yerel fiyatının yüksek olması demekti. Arabada yüzde 140'lık bir tarife, yerel monte araba fiyatının uluslararası fiyatından yüzde 140 daha yüksek olmasını garantiliyordu. Bu, yerel satış rakamlarını ciddi ölçüde sınırladı.

Teknik bir problem olan ikinci problemin üç yönü var: 1) Otomotivdeki karmaşık teknolojinin çoğu, parçaların (mesela motorlar, egzoz sistemleri, soğutma sistemleri, elektronik) bünyesindedir; 2) Bu parçalar spesifik olarak belli otomotiv modelleriyle ilişkilidir ve 3) Parçalar, diğer parçalarla birbirine yakından bağlantılıdır. Mesela yerel bir firma, yerel yapılmış sistemle CKD'de ithal egzoz sistemini değiştirmeye karar verirse, sistemin motorla uyumlu çalışmasını bir şekilde sağlaması gerekir. Kaçınılmaz olarak bu durum yerel parça üreticisi olmak isteyen firmanın CKD kiti üretici yabancıların yardımına ihtiyaç duyması anlamına geliyordu. Böyle bir yardım her zaman gelmezdi.

Başarılı bir ithal ikame stratejisi yeni bir rakibin belirmesi demekti ki yabancı CKD üreticisinin olmasını istediği bir şey değildi. Mesela, Malezya'nın ilk otomotiv tedarik zinciri inşa etme atılımı, Mitsubishi Lancer Fiore'nin Malezya'da montajını yapan Proton Saga ile oldu. Doğal olarak Mitsubishi, Proton Saga'nın ihracatta başarılı olmasını ve böylece Lancer Fiore'sine rakip çıkmasını çok istemiyordu.

Buna rağmen, bir gelişmekte olan ülke, Kore, bu oyunu oynadı ve kazandı. 10 ya da 20 yıllık bir süreçte, motorundan frenine ön camından jant kapağına yerel bir otomobil tedarik zincirini inşa etti. Harika bir hikâye.

Kore'nin Başarısı

1962'den bu yana, Kore Ticaret ve Sanayi Bakanlığı oto tedarik zincirinin çeşitli segmanlarını hedef alan net sanayi politikaları benimsedi. Öncesinde, Kore kit montajı yapıyordu, yurtiçi endüstrinin kontrolü *chaebols* olarak bilinen büyük holdinglere verildikçe, Koreli diğer taraflar, çoğu gelişmekte olan ülkenin aksine, eşit pazarlık imkânları elde etmiş oldular.

İlk "büyük itme" Kore şirketlerini araba montaj işine girmesini sağlamak oldu. Montaj operasyonları, endüstri çalışanlarının basit yeteneklerinden yöneticilerin operasyonel tecrübesine yerel yeterlik inşa edilmesinde yardımcı oldu.

İkinci itme, kısmen, Kore'nin 1973 Ağır ve Kimyasal Endüstriler Projesi ile geldi. Kore montajcıları, hükümetin öne sürdüğü teknik özellikleri karşılayan düşük-maliyetli bir araba yapma planları yapması gerekiyordu. Böylece Kore'nin yerel arabaları; yani, Hyundai Pony ve Brisa isimli Mazda-tasarımı arabalar üretildi. Bu arabaların yerel katma-değer oranı yüzde 85'e ulaşıyordu. Bazı anahtar bileşenler hâlâ ithal ediliyordu.

Sonra, Hyundai'nin yeni arabası Kore tüketicileri arasında çok tutuldu. 1982'ye gelindiğinde neredeyse 300.000 araba satılmıştı. İhracatlar sınırlanmış olsa da yerel pazarda sağlıklı bir büyüme mevcuttu; 1990'lara gelindiğinde hasıla on kat artmıştı.

Hükümetin, 1978'de devreye soktuğu üçüncü teşvik, karışık sonuçlar doğurdu. Hükümet, şirketlerin büyük yatırımlar yapmasını teşvik etti ancak 1980'lerin başında başlayan gerileme ile bu yatırımlar kayıplara dönüştü.

Buna karşılık olarak Ticaret ve Sanayi Bakanlığı, şirketleri yeniden yapılandırdı ve tüm endüstrinin yönünü değiştirdi. Bununla amaçlanan, rekabet gücü kazanmak için gerekli yüksek üretim miktarına ulaşmak için ihracat pazarlarına, özellikle Birleşik Devletler'e, yönelmekti. Bu tekrar yapılanmanın önemli bir bileşeni kalite yükseltme ve yeni fabrikalara yatırımı içeriyordu. Hyundai'nin de müşterilere ulaşmak için Birleşik Devletler ve Kanada'da kendi satış ağını kurmuş olması çok önemli bir adımdı.

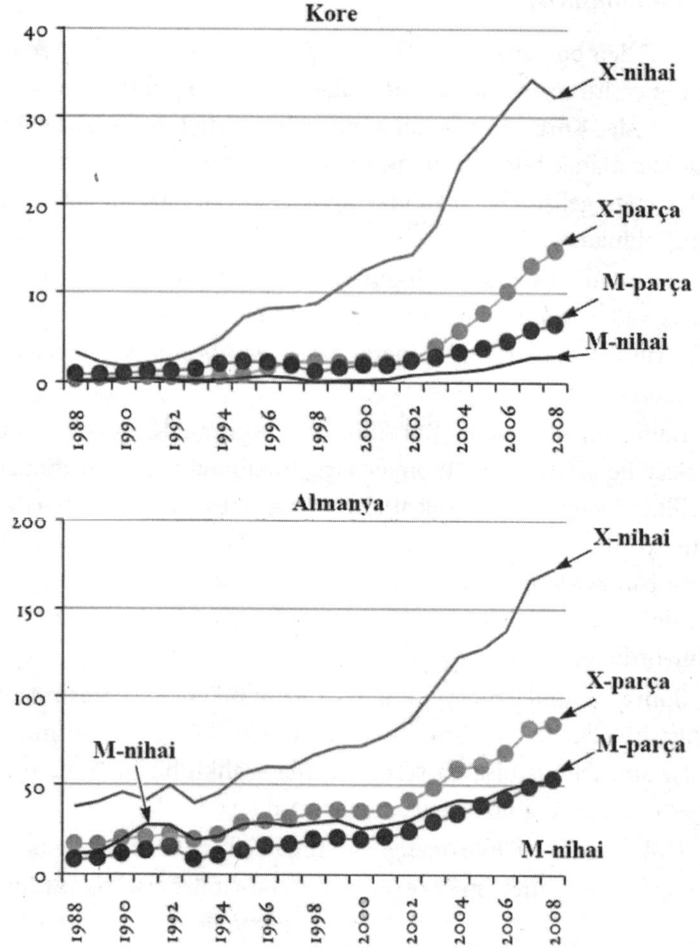

ŞEKİL 56: Almanya'nınkine kıyasla Kore araba ve parça ticareti.

Parça ve nihai arabalarda Kore'nin ticaret modeli artık birçok araba ihracatı (grafikte X-nihai) ve birçok parça ithalatı (M-parça) ve parça ihracatı (X-parts) yapılması bakımından Almanya'nın ticaret modeliyle benzerlik gösteriyor. Asya krizinden önce, Kore'nin modeli daha çok ithal ikame modeli gibiydi. Nihai araba ihracat rakamı yüksekti fakat parça ithalatı düşük ve parça ithalatı neredeyse hiç yoktu.

VERİ KAYNAĞI: Standard International Trade Classification (SITC) verisi, WITS online.

Çoğu başarı hikâyesinde olduğu gibi şansın önemli katkısı oldu. Japonya'nın 1980'lerde yakaladığı ihracattaki başarısı, Birleşik Devletler'in korumacı tavır takınmasını tetikledi; tam da Kore'nin Kuzey Amerika pazarına girmeye çalıştığı bir dönemde. ABD hükümeti Japonya'dan ithal arabalara kota koydu. Doğal rakipleri elenmiş olan Kore'nin alt-segman arabalarının ABD'ye ihracatında patlama yaşandı. Tam teoride olması gerektiği gibi, Birleşik Devletler'e ihracat sayesinde gerçekleştirilebilecek büyük ölçek ekonomileri, Kore-yapımı parça taleplerinde talep patlamasını yarattı ve böylece verimli ölçekte üretimin yerel olarak yapılmasının yolu açılmış oldu. Bu noktada Kore araba endüstrisi neredeyse tüm tedarik zincirine dâhildi.

Kore'nin bu başarısı Şekil 56'da görülebilir. Kore'nin nihai ürün araba ihracatı (üst panel), tıpkı Alman ihracatı gibi fırladı (alt panel).

Fırtına Bulutları ve Yüz Seksen Derece Geri Dönüş

Kore'nin bu sektördeki endüstriyel stratejisi ihracat araba bakımından muhteşem bir başarı olsa da bu zafer zayıf temeller üzerinde inşa edilmişti. 1990 ortalarında, yüzde 500'ün üzerinde borç-özsermaye oranıyla şirketlerin kaldıraç oranı çok yüksekti. Standart ithal ikame mantığını benimseyen otomotiv parça endüstrisine yabancı katkısı sınırlıydı ve yerel know-how'a bel bağlıyordu. Yerel parça ve bileşen tedarikçileri küçüktü ve kalite ve inovasyon sorunu yaşıyordu. Bu yüzden Birleşik Devletler'de bu ürünler, güvenilirliği düşük ve gelişmiş özelliklerden yoksun olmasıyla ün saldı.

1997 Asya krizi vurduğunda, dört araba şirketinden üçü iflas etti ve satın alındı. Kia, ayakta kalan tek şirket Hyundai tarafından satın alındı. Samsung Motors, Renault tarafından satın alındı. Daewoo Motors (eski ismiyle Shinjin) GM tarafından alındı.

Yerel tedarik zinciri, endüstriye yabancı yatırım artışıyla bir dönüşüm yaşadı. Finansal kriz esnasında doğrudan yabancı yatırım (FDI) politikasında serbestleştirilmeye gidince, düzinelerce üst-seviye bileşen üreticileri, Kore'de hisse çoğunluğuna sahip oldukları tesisler kurmaya başladı.

Böylece, yurtdışında rekabet gücü kazanmak için tüm tedarik zincirinin yurtdışında inşa etme stratejisi tersine döndü. Kore, yirminci-yüzyıl ithal ikame stratejisinden yirmi-birinci-yüzyıl küresel değer zinciri stratejisine geçiş yaptı. 1997 finansal krizi burada katalizör rol oynadı fakat asıl neden küresel rekabetin gerçekleriydi. Dünya otomotiv sektörü ölçeğini öyle genişletti, AR-GE maliyeti öyle artırıldı ki hiçbir şirket sadece ulusal tedarik zincirine bel bağlayarak ayakta kalamazdı.

2000'lere gelindiğinde, Kore'nin araba sektörü küresel değer zinciri kulübünün tam üyesi olmuştu. Bununla birlikte tedarik zincirini ikinci çözülmeden önce inşa ettiği için Kore, artık bir fabrika ekonomisi değil genel merkez ekonomisidir. Bu, Şekil 56'daki parça ihracat ve ithalatta yaşanan evrimle anlaşılabilir.

Tayland'ın Başarısı ve Malezya'nın Başarısızlığı

Kore örneği, bir ülkenin yurtiçi tedarik zinciri inşasından uluslararası tedarik zinciri inşasına geçtiğinde neler olduğunu göstermektedir. Sonraki iki örnek, "katılma stratejisini" benimseyen bir ülke (Tayland) ve "inşa stratejisini" benimseyen diğer bir ülkeyi (Malezya) ele almaktadır.

1960'ların hırsla gelişen çoğu ülkesi gibi, Tayland'ın otomotiv endüstrisi de yerel satışlar için montajlanan ithal kitlere bel bağlıyordu. Ülke, ince endüstriyel politikalar benimseyerek bu iş modelinin ötesine geçti. Spesifik olarak Tayland yerel içerik gereksinimleri belirledi. Buna tepki olarak ABD ve Avrupa üreticileri ayrıldı, ancak Japon şirketleri Tayland'ın Güneydoğu Asya ve ötesi için iyi bir ihracat platformu olacağına karar verdi. Gereksinimleri karşılamak için Japon montajcıları Japon tedarikçilerinden Tayland'da üretim tesisi kurmasını istedi. Montajcılar, kalite yönetim ve teknik hususlarda yardım sağlayarak Tayland tedarikçilerini de destekledi. Bu stratejiye Tayland'ın o dönem yaşandığı büyüme patlaması da (otomotiv ve diğer sektörlerde yaşanan küresel değer zinciri devrimiyle bağlantılı bir büyüme) teşvik etti.

Düşük üretim ölçeği göz önüne alındığında bu normalde mümkün olmazdı, ancak çeşitli Japon şirketleri kendi aralarında işbirliği yaptı. Ülke içinde gerekli parçaların yapılması için ortak tesisler kurdular.

Diğer bir inovasyon da tüm model çeşitlerinin üretimini yapmak yerine belli piyasa segmanlarına yönelerek ölçek ekonomilerini artırmak oldu. Hasılanın çoğu hafif kamyonetler ve ticari araçlardı.

Japon şirketleri Tayland'dan gelecek yeni rekabetten niye korkmuyordu? Cevap şu ki Tayland, tam bağımsız bir rakip olmaya çalışmadığına herkesi ikna etti. Değer zincirinde kilit bağlantı olmaktan memnundu. Bu, Japon şirketlerinin üst teknolojilerini ülkeye getirmesine güvence sağladı. Tayland şimdi "Doğu'nun Detroit'i" olarak biliniyor.

Malezya'nın hikâyesi de aynı şekilde başlıyor ama sonu farklı bitiyor. İlk olarak, kit-montaj adımı ölçek ekonomilerinin yokluğundan ötürü sekteye uğramıştı. Her yabancı araba üreticisi, üretim seviyesinin çok küçük seviyede olmasına rağmen Malezya'ya az miktarda ünite satmaya istekli ve yerel montaj faaliyetlerinin başlamasına dünden razıydı. Tabii ki model başına üretim ölçeğinin küçük oluşu, yerel bileşen geliştirilmesini imkânsız kılıyordu. Yerel içerik ortalama yüzde 10'un altındaydı.

Mazlezya diktatörü Mahathir Muhammed, 1981'de iktidarı alınca, Kore'nin 1960 ve 1970'lerdeki başarısını taklit etmek amacıyla devlet-destekli bir büyük-itme başlattı. Bu büyük-itme politikasının adı Malezya Ağır Endüstriler Kuruluşu (HICOM) idi. Odak noktası Proton isimli bir "milli araba projesi" idi. Mitsubishi ile ortak girişim olarak başladı fakat hisselerin yüzde 70'i HICOM elindeydi. Ana model, Proton Saga, Mitsubishi'nin Lancer'ına çok benziyordu.

Yerel satışlar açısından, yüksek tarifeler Saga'nın direk ithal arabalarından çok daha ucuz olduğu anlamına geliyordu. Böylece yerel pazara hâkim oldu fakat bu bir Pirus zaferiydi çünkü HICOM'un planları, ikinci çözülmenin kendin-inşa-ederek-endüstriyelleş stratejisini baltalamasıyla, meyvesini verdi. Dünya'nın başlıca araba üreticileri, üretimin belli aşamalarıyla beraber know-how'larını düşük-ücretli ülkelere taşıyorlardı. Bunun sonucunda maliyet rekabeti artışı, sadece tek bir ülkenin otomotiv üretmesindeki ekonomik mantığı geçersiz kıldı.

Ancak olayın özü o zamanlar tam anlaşılamamıştı. Hükümet desteğiyle Proton, ülke içinde daha çok parça imal etmeye başladı. Bu üretim az sayıda ölçek ekonomisine yaradı çünkü yerel piyasalara hâkim olmasına rağmen Proton'un hasılası küresel standartlara göre çok küçüktü.

Diğer bir büyük itme, 1990'larda Proton'un yeni modeller sunup çeşitli motor boyutlarında üretmesiyle yaşandı. Bu, Malezya'nın üretim miktarını 1990'dan 1997'e ikiye katladı. Hükümetin ana planı ise işi çok öteye taşıdı. "Proton City" isimli yeni bir proje anons edildi, entegre otomotiv üretim tesisi olan bu projede üretim kapasitesi 2003'te 250.000'e çıkarılacaktı. Ancak hükümetin büyük planı çok daha ileri gitti. 2003 yılında üretim kapasitesi 250.000 adede yükselen entegre bir otomobil üretim tesisi olacak yeni projesi "Proton City"yi duyurdu. Proton'un bu genişlemesi esnasında, ikinci ulusal araba şirketi Perodua kuruldu. Perodua, Japon araba üreticisi Daihatsu ile yapılan ortak bir girişimdi ve Daihatsu Mira'nın modifiye bir versiyonu olan Kancil'i üretiyordu.

1997 Asya krizi, Tayland'ı olduğu kadar Malezya'yı da aynı şiddette etkiledi ama bu Mahathir'i tamamen yurtiçi bir otomotiv tedarik zinciri inşa etme rüyasından alıkoymadı. Ciddi finansal zorluklar yüzünden Perodua, Japon ortağına satıldı fakat Proton devlet tarafından mali destekle kurtarıldı ve Proton City inşası Tanjung Malim yakınlarında tamamlandı.

Proton, İngiliz araba şirketi Lotus'u satın alarak elde ettiği know-how'ı kullanarak yerel tasarım bir araba piyasaya sürdü. Bu araba, kronik olarak ölçek-rekabet gücü muammasına takıldı. Düşük üretim hacmi araba başına maliyeti yükseltiyor, bu da Proton'un arabalarını piyasaya göre fiyatlandırmaktan alıkoyuyordu ki bu sonuç düşük üretim hacmini garantiliyordu.

Şirket şu an zor durumda. Sadece 150.000 adet satıyor ki bu 350.000 adetlik üretim kapasitesinden çok daha düşük. Yerel otomotiv pazarında patlama yaşanırken Proton, pazar payını, Perodua'nın yerel ürettiği arabalar ve direk ithal arabalar karşısında kaybetti. Yirmi yıl önce pik yapan ihracat satışları önemsiz bir oran.

Tayland ve Malezya'nın yaşadıkları arasındaki farklar, 1997 Asya finansal krizinden sonra dramatik biçimde görülmektedir (bkz: Şekil 57). Üst panelde, Tayland üretiminin 2000 yılından itibaren nasıl Malezya üretiminin önüne geçtiği gösterilmektedir. Alt panelde, Tayland otomobillerinin nasıl ihracat başarısı olduğu, Malezya otomobil ihracatlarının nasıl düşüverdiği görülmektedir.

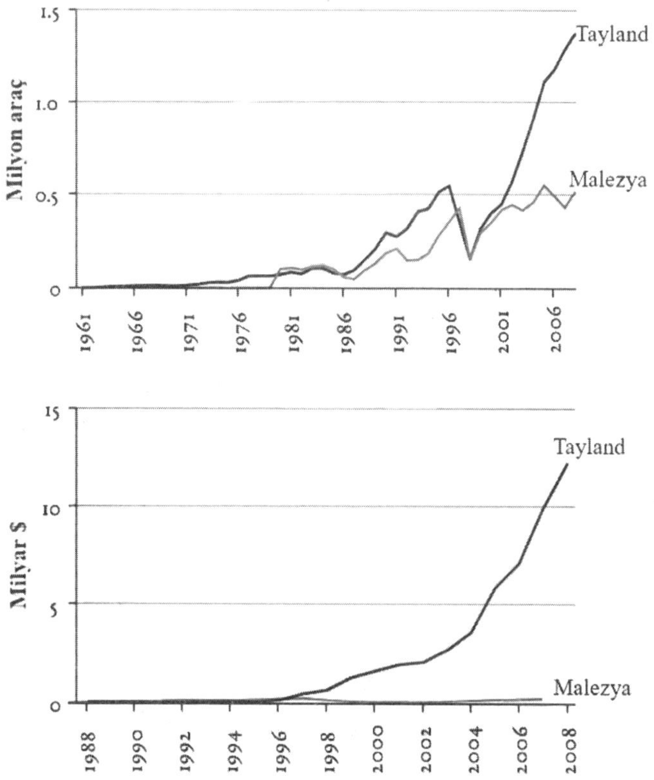

ŞEKİL 57: Otomobil üretimi ve ihracatlar, Tayland başarısı, Malezya başarısızlığı

Tayland'ın katılma stratejisinin başarısı ve Malezya'nın inşa etme stratejisinin başarısızlığı iki grafikte net görülmektedir. Tayland üretimi (üst panel) ve ihracatları (alt panel),. Japon otomobil şirketlerinin ihracat platformu seçimi olmasıyla yükselişe geçti. Malezya'nın üretim rakamları yukarı ivme gösterdi fakat arabalarının yurtdışında rekabet gücü yok.

İstihdam açısından yaşanan sonuçlar eşit şekilde açıktır. 2000 yılları ortalarında, Tayland'ın otomotiv endüstrisinde 180.000 çalışanı varken, Malezya'da bu rakam 47.000'dir (diyagramda gösterilmemiştir).

KAYNAK: Wanrawee Fuangkajonsak, "Industrial Policy Options for Developing Countries: The Case of the Automotive Sector in Thailand and Malaysia," Master of Arts in Law and Diplomacy Thesis, The Fletcher School, Tufts University (2006, tablo 9 şekil 1), Malaysia Automotive Association, and Thailand Automotive Institute. Adapte edilmiştir.

Endüstrileşmenin Gözden Geçirilmesi

ABD Başkanı John Kennedy'nin ekonomi baş danışmanı Walter Heller şu esprisiyle bilinir: "Ekonomist, bir fikir pratikte çalıştığında 'bakalım teoride çalışacak mı' diyen kişidir." Tedarik zincirini inşa etme ve katılma arasındaki farkın pratikte nasıl işlediğine yer verdiğimize göre şimdi işin teorisine yönelme zamanı. Bu bizim temel görevimiz çünkü değişenin aslında ne olduğunu görmemizi sağlıyor.

Endüstrileşmenin kökeni, bir ülkenin daha fazla endüstrisi olsa endüstride iyi olabileceği kavramına dayanır. Klasik tavuk-yumurta sorusudur; tavuk olmadan yumurta olmaz, yumurta olmadan da tavuk olmaz. Fakat burada yumurta ve tavukların yerini Malezya örneğindeki satış ve ölçek muamması alıyor.

Pozitif tarafından bakınca muamma şudur ki derin ve geniş endüstriyel üssü olan ülke bir dizi nihai üründe küresel çapta rekabet edebilir ve bu rekabet, endüstriyel üssün verimli ölçekte çalışmasına zemin sağlamaya yetecek satış rakamını sağlar. Malezya otomotiv sektörünün yaşadığı, olayın negatif tarafıydı. Düşük ölçek düşük satıştır ve tersi de doğru demekti.

Ekonomi jargonunda bu bir "çoklu denge" durumudur. Daha detaylı bakmakta fayda var.

Çoklu Denge Ekonomisi

Göreceğimiz üzere, küresel değer zinciri devriminin endüstriyel kalkınmaya etkisinin kalbi, çoklu-denge ekonomilerini etkileme biçimiyle ilgili. Bunun nasıl ve niye meydana geldiğini göstermek için, mevzuyu tam şekilde anlatan tahterevalli analojisini kullanalım (Şekil 58).

Endüstriyel kalkınmaya çizgisel bir taslaktan bakarsak, iki stabil sonuç, yani iki denge görürüz.

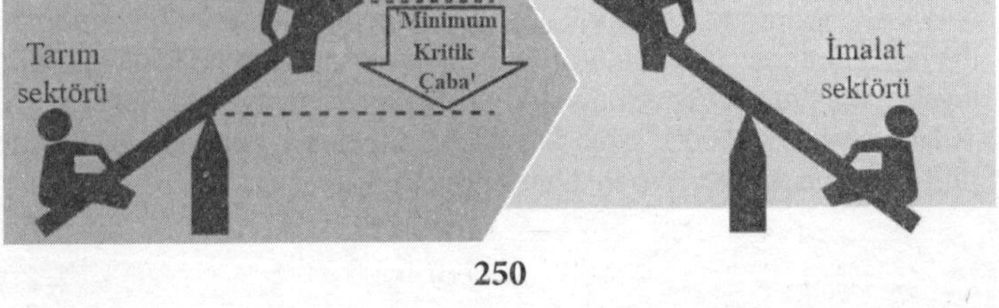

ŞEKİL 58: Çok dengeler, tahterevalliler ve endüstrileşmenin "minimum kritik çabası."

Soldaki tahterevalli çoklu dengenin olduğu sistemi göstermektedir. Soldaki çocuğun temsil ettiği (tarım sektörü) dünyanın bir tarafı aşağıda, çünkü çoğu insan toprak arazide çalışmaktadır. Buna karşın sağdaki çocuk (endüstri) yukarıdadır. Diğer dengede ise (sağ panel) sağ çocuk aşağıda çünkü çoğu çalışan endüstride, soldaki çocuk ise yukarıdadır.

Sistemi bir dengeden diğerine taşıma "büyük itme" gerektiriyor. Çocuğun kesik çizgiyle gösterilen seviyeye çekilmesi gerekiyor. Daha az herhangi bir itme ile sistem ilk durumuna dönecektir. Tahterevallide, itmenin boyutu tahterevallinin yüksekliğine göre değişir. Ekonomide ise, üretimin yığılım durumuna göre değişir.

Endüstri-dışı denge, ülkenin çoğu üretken kaynaklarının endüstriden çok tarımda bulunduğu yerdedir. Aynı şey tahterevalliler için de geçerli. Şekil 58 sol panelde bir çocuk aşağıda, yani işgücü tarım sektöründe yoğun. Bu, kaçınılmaz olarak imalatta istihdamın düşük olması anlamına gelir (diğer çocuk yukarıda). Fakat bu bir dengedir çünkü endüstriyel üs olmadan imalat sektörünün rekabet gücü düşük olur, yani endüstride iş olmaz. İşgücü ise doğal olarak tarımda daha üretkendir, yani insanlar tarım arazisinde çalışmaktan memnundur.

Endüstriyel denge her şeyin ters çevrildiği yerdedir. Şekil 58 sağ panelde gösterilen bu durum, ülkenin endüstriyel ürünlerde rekabet gücü yüksek olduğu hâldir çünkü endüstri rekabet edebilecek yeterli ölçeğe ulaşmıştır (sağdaki çocuk aşağıda). Bu geniş-ölçek üretimle gelen imalat etkinliği, endüstride iş yaratmayı ve kabul etmeyi cezbedici hâle getirir. Çalışanlar ve şirketler endüstriyel sektörde kalmaktan memnundur.

Tahterevalli analojisi derhal şu soruyu akıllara getirir: Bir ekonomi nasıl tarımsal dengeden endüstriyel dengeye geçebilir?

"Minimum Kritik Çaba"

1950'lerde, kalkınma ekonomisti Harvey Leibenstein, kötü dengeden iyi dengeye geçmenin yollarını tartışmıştır. Argümanına göre gereken şey, yetecek büyüklükte bir şok idi. Onun ifadesi olan "minimum kritik çaba" spesifik bir mekanizmaya değiniyordu ama temel probleme çoklu denge çerçevesinden bakıyordu.[5]

Şekil 58'de (sol panel), minimum kritik çaba ok ve kesik çizgiyle gösterilmiştir. Endüstrideki istihdam belli bir seviyeyi geçmezse (yani, sağdaki çocuk kesik çizginin altına itilmezse), endüstriyel denge elde edilemez. Tarımsa denge, endüstriye yapılan yapay teşvik kalkar kalkmaz kendisini tekrar gösterecektir.

Bunun yerine endüstriyel istihdam seviyesi taşma noktasının ötesine itilmezse eğer, endüstriyel denge öne çıkacaktır çünkü kendini-daim-ettirme mantığı devreye girecektir. Yeterince geniş endüstriyel bir üs, ülkenin endüstrisine rekabet gücü sağlar, bu da satışları endüstriyel üssü genişletecek şekilde artırır.

Aşama-Seviyesi Endüstrileşme Daha Kolay

Geleneksel sektörel baz kavramı —örnekteki tarıma karşı imalat— bilgi ve iletişim teknolojisinin (BİT) gelişiyle dönüşüme uğradı. BİT devrimi, Yediler Grubu (G7) ülkelerinin belli üretim aşamalarını ayırıp yakında bulunan ülkelere taşımalarını sağladı. Mesela Meksika, küresel rekabet gücü olan bir araba üretmeden araba üretiminin belli aşamalarında yüksek rekabet gücü sağlayabiliyordu.

Bu, endüstrileşmeyi, işlerliği açısından değil ama yapılmasının zorluğu açısından kökünden değiştirdi. İkinci çözülmeden sonra, küresel değer zincirlerine katılan ülkelerin endüstrileşmesi kolaylaştı ve bunun en azından dört nedeni vardı:

- "Büyük itme" küçük adımlarla yapılabiliyordu.
- BİT devrimiyle gelen gelişmiş koordinasyon imkânları, gelişmekte olan ülkeler için parça ihracatını kolaylaştırdı.
- Küreselleşmenin ekonomilere etkisi daha ince ve spesifik olunca, ülkelerin rekabet etme avantajları arttı.
- Aşamaların tek olarak kurulması için gerekli know-how'ın anlaşılması, tüm sektörün kurulması için gerekli know-how'a göre gelişmekte olan ülkeler açısından daha kolaydır.

Ayrıca, çok az detaylandırmayı gerektirecek kadar basit olan beşinci bir neden daha var: Denizaşırı tesislerini kuran çok uluslu firmalar zaten küresel rekabet gücünü elde ettiğinden, küresel değer zincirleri satış ölçeği muammasını buharlaştırır. Küresel değer zinciri içindeki şirketler için talep ve pazar boyutu, faktör olmaktan çoktan çıkmıştır.

Bu dört nedeni sırayla ele alalım.

İkinci Çözülme Endüstrideki Yığılmayı Azalttı

Gelişmekte olan bir ülke uluslararası tedarik zincirine katıldığında, diğer ülkelerin endüstriyel üslerinden serbestçe yararlanabilir. Böylelikle gelişmekte olan ülke, tüm aşamalarda rekabet gücü elde etmek zorunda kalmaksızın tek bir aşamaya ilişkin bir rekabet gücü kazanabilir. Çoklu denge mantığı hâlâ geçerlidir. Fabrikaların minimum seviyede bir etkin üretim ölçeği karşılaması ve yerel işgücünün hâlâ minimum bir yeterlik yelpazesi olması gerekecektir. Fakat tek bir aşamanın ölçeği ve yelpazesi çok daha küçüktür.

Bunun endüstrileşmeye doğrudan etkisi erişilebilirliği artırmasıdır. Bu durum Şekil 59'da şematik olarak gösterilmektedir. Tüm araba endüstrisinin rekabet gücünü artırmak yerine (Kore'nin yaptığı ve Malezya'nın yapamadığı gibi), gelişmekte olan ülke üretimin tek bir aşamasında rekabet gücü elde edebilir. Bu yaklaşım, küçük problemlere yönelik geniş yıllara yayılan ve çok-evreli "büyük itmenin" nasıl planlanacağı probleminin yarattığı zorluğu değiştirir. Şematik olarak, sektör seviyesindeki büyük itme soldaki tahterevalli ile gösterilmekte ve sağdaki ise aşama-seviyesindeki küçük dürtmeleri göstermektedir.

Farklı açıdan ele alacak olursak, ikinci çözülme endüstrideki yığılmayı azaltarak "minimum kritik çabanın" boyutunu azaltmıştır. Böylelikle uluslararası tedarik zincirlerine katılan gelişmekte olan ülkelerin endüstrileşmesi kolaylaşmış ve hızlanmıştır.

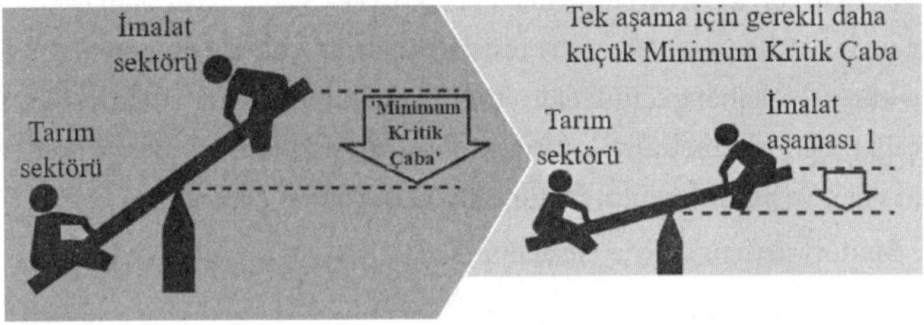

ŞEKİL 59: Küresel değer zincirleri, gerekli minimum kritik çabanın boyutunu azaltarak "büyük itme"nin bir dizi "küçük itme"lerle gerçekleştirilmesini mümkün kılıyor.

Bir dengeden diğerine geçmek için çabanın uyumlu olması gerekir. Tahterevalli örneğine gelirsek, itmenin gücü ve sürekliliği yüksekliğe bağlıdır. Yüksek tahterevallilerde kısalarına göre daha büyük çaba gerekir. Çoklu dengeye tabi ekonomilerde de bu geçerlidir. Endüstriyi sürdürebilmek çok geniş bir endüstriyel üssün varlığını gerektirir, "büyük itmenin" boyutu ve sürekliliği çoğu ülkenin kapasitesini aşabilir. Küresel değer zincirleriyle (KDZ) gelişmekte olan ülkeler diğer ülkelerin endüstriyel üslerinin sırtından geçinir, böylece büyük itme küçük adımlarla —her seferinde tek deniz aşırı tesis götürmek suretiyle— yapılabilir.

Gelişmekte olan Ülkelerin Parça İhracatı için Asimetrik bir Fırsat

BİT devriminin gelişmekte olan parça ve bileşen ihracatçısı ülkelere özellikle yaradığı gerçeği sayesinde (5. Bölüm'de açıklanmıştır), büyük itmelerin küçük dürtmelere çevrilmesi mümkün oldu.

Otomotiv örneklerinde gösterildiği üzere gelişmiş ülkeler, gelişmekte olan ülkelere çok eskidendir parça ihraç etmekteydi. İkinci çözülmenin yaptığı şey, gelişmekte olan ülkelerin bu iyiliğe karşılık vermesini sağlamaktı. BİT devrimi, gelişmiş teknolojiye sahip G7 şirketlerinin gelişmekte olan ülkelerdeki üretim süreçlerini, daha önce akla gelmeyecek seviyede izlemesine ve kontrol etmesine olanak tanıdı. Bu kontrol, düşük-ücretli ülkelerde yapılan parçaların küresel üretim süreçlerine güvenle uyumlandırılması anlamına geliyordu (Şekil 60).

Bir sonraki husus, değer zincirinin ayrıştırılmasının ülkenin rekabet üstünlüğünü nasıl artırdığını ele aldığı için mantıken daha ince bir konu.

Daha İnce Etki, Daha Güçlü Karşılaştırmalı Üstünlük Demektir

6. Bölüm'de bahsi geçen işler, iş grupları, aşamalar ve ürün (TOSP) kavramında belirtildiği gibi, her bir ürün veya hizmet, üretimin birçok aşamasının meyvesidir. Tüm bu aşamalar tek bir ülkede yapıldığı zaman nihai ürünün rekabet gücü, ülkenin her bir aşamadaki rekabet gücünün bir nevi ortalamasıdır.

Şekil 60'ın sol panelinde gösterilen nokta, gelişmekte olan bir ülkenin, örneğin susturucularda muazzam bir rekabet avantajına sahip olsa bile, sadece susturucu ihraç edemeyeceği için bu avantajı kaybedeceği anlamına gelir. Gelişmekte olan ülke, ancak motor ve dişli kutusunu da üretebilseydi, yani nihai üründe rekabetçi olabilseydi, susturuculardaki avantajından yararlanabilirdi.

Gelişmekte olan ülke, egzoz susturucusunda sahip olduğu avantajı, ikinci çözülmeyle birlikte sömürmeye başlayabilmiştir. Gelişmiş BİT ile örneğin, yabancı motosiklet şirketleri, gelişmekte olan ülkenin egzoz susturucusu fabrikasını çok az maliyetle ve gerçek zamanda izleyebilir ve koordinasyon sağlayabilir. Bu sayede gelişmekte olan ülkenin diğer imalat aşamalarındaki dezavantajının, o ülkenin egzoz susturucusundaki karşılaştırmalı üstünlüğüne dayattığı zincirler kırılmış olur.

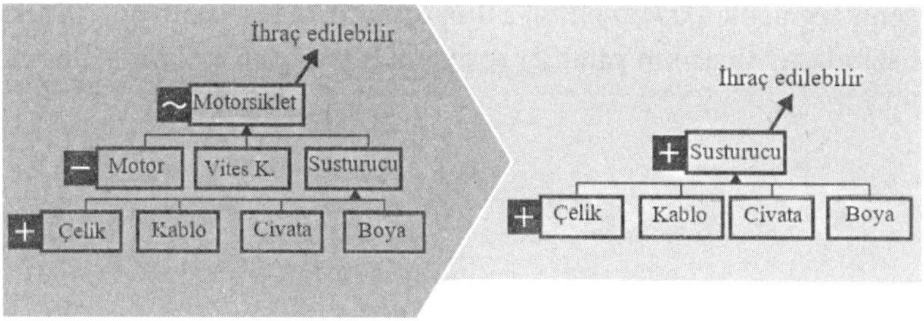

ŞEKİL 60: Yığılmanın az olması, karşılaştırmalı üstünlüğün güçlü olması demektir.

İkinci çözülme karşılaştırmalı üstünlüğü artırır çünkü karşılaştırmalı üstünlüğün zayıf olduğu aşamalar, karşılaştırmalı üstünlüğe sahip diğer aşamaların ortalamasını düşürmez. Gelişmekte olan bir ülkenin örneğin susturucu üretimindeki rekabet gücü, susturucu yapımının, vites kutusu ve motor üretimiyle zorunlu hâle getirildiği durumda asla söz konusu olmayacaktır. İkinci çözülme ile ülkeler, rekabet güçlerinin en yüksek olduğu belli üretim aşamalarına odaklanabilmektedirler. Bu durum hem zengin hem yoksul ülkeler için geçerlidir. Birbirine yakın konumlandırılmış aşamaların maliyet avantajı, tüm aşamaların ortalamasıdır ki bu da mantıken tüm aşamalar içinde rekabet gücü en yüksek olan aşamadan daha az rekabetçi olacaktır.

Know-How'ların Sektör-bazlı yerine Aşama-bazlı Hareketleri

Aynı durum, Vietnam'ın aşama düzeyinde karşılaştırmalı bir üstünlükten yararlanabildiği tesisat kabloları örneğinde (Kutu 12) görülebilir. Japonya'dan Vietnam'a know-how transferleri hikâyenin önemli kısmı değildi. Bununla birlikte çoğu durumda, know-how transferi, deniz aşırı üretimi rekabetçi kılmak için elzemdir. Fakat sınırlayıcı faktör genellikle gelişmekte olan ülkenin gerekli teknoloji transferini özümseyebilme yetisidir. Ne de olsa teknoloji transferi genelde ekip çalışanlarını eğitmek ve uyumlu çalışmayı öğretmek anlamına gelir.

Bu, ikinci çözülme öncesi endüstride oluşan yığılmanın ana nedenlerinden biriydi. Bu şu demek ki endüstrileşenülkelerin karşılaştığı tavuk-yumurta probleminin en önemli nedeni gerekli bilginin edinilmesinde ve gerekli yerel yeterliğin geliştirilmesinde yaşanan zorluktu. Üretim kümelenmiş hâldeyken, ufak tefek know-how'ların tek başına bir kullanışı yoktu. Ülkenin bir sektörde rekabet gücü elde etmesi için geniş segmanlarda know-how'a ihtiyacı vardı, fakat know-how'ın sektör bazında yığılmasının yarattığı zorluğun üstesinden az sayıda ülke gelebilirdi.

KUTU 12: TESİSAT KABLOLARI: OTO PARÇASI İHRAÇ EDEN VİETNAM

Sumitomo Electric Industrial Ltd. Japonya'nın en büyük kablo, tesisat ve optik fiber tedarikçisi. 1996'da tesisat kablosu üretimini, Sumi-Hanel Wiring System şirketi açarak Vietnam'a taşıdı.

Tesisat kabloları otomobil ve diğer makinelerde kullanılan kablolar demetidir. Bu tesisat kablolar hasara karşı korur ve nihai üründe fazla yer işgal etmemesini sağlar. Hazır tesisat kablolar nihai ürünün montajını daha hızlı ve standart hâle getirir.

Tesisat kablosunun fabrikasyonu, kabloların doğru uzunlukta kesilmesini, izolesinin soyulmasını ve konnektörlerin uçlara bağlanmasını içerir. Kablolar birleştirilir ve atölyede sıkıştırılır ve de koruyucu mil geçirilir. Süreç gittikçe daha makinize olsa da çoğu iş hâlâ elle yapılmaktadır çünkü birçok süreci ve dizayn çeşitliliği çok fazladır. Bu tesisatlar standart değildir; her bir nihai ürüne özel tasarlanır.

Tesisat kabloların yaratılmasını nihai ürünün üretiminin tek bir aşaması olarak düşünülebilir. Bu aşama deniz aşırı taşımak için idealdir çünkü çoğu ham madde ithal edilir (böylece kalite kontrolü yapılmış olur), fazla ileri mekanizma gerektirmez ve işgücü yoğun bir aşamadır.

Vietnam'ın, üretimin özellikle bu aşamasındaki karşılaştırmalı üstünlüğünü kullanması ikinci çözülme öncesinde zor olurdu. Kablo tesisat aşamasının sistemin bir bütün olarak uyum çalışmasını sağlamak için bir dizi diğer aşamayla paralel şekilde yapılması gerekirdi. İkinci çözülme meydana gelince gelişmekte olan ülkeler, yurtiçinde kendi tedarik zincirlerini inşa etmeleri gerekmeden, bu gibi karşılaştırmalı üstünlüklerini aşama aşama daha iyi şekilde kullanmaya başladılar.

KUTU 13: BİLGİ TRANSFERİ: KOLOMBİYA'DA TABASCO

Tek bir aşamaya ilişkin know-how'ların transferi, ABD acı sos markası Tabasco'nun uluslararası tedarik zinciri örneği için çok önemliydi. Tabasco'nun sahibi Amerikan şirket McllHenny, acı kırmızı biberleri düşük maliyetle dışardan tedarik etmek istiyordu ve Kolombiya şirketi Hugo Restrepo y Cia'ya yöneldi. Devam eden süreçte, kırmızı biberlerin ve ezme biberlerin Tabasco standartlarına uygunluğunu sağlamak için iki-taraflı bir bilgi paylaşımı gerekiyordu. Mcllhenny, sadece kendilerine satış yapma sözü karşılığında Hugo Restrepo'ya gerekli uzmanlığı sağladı. ABD şirketi, kalite ve güvenilirlik üzerine çalışma yapmaları için Kolombiya'ya yılda iki kez deneyimli agronomlar gönderdi. Neticede, mahsul ve ürün yönetimine ilişkin önemli bir know-how transferi yaşandı.

Gelişmekte olan ülkelerin tek seferde tek bölüme ya da tek aşamaya odaklanmalarını sağlayan küresel değer zinciri devrimi, bilginin özümsenmesini kolaylaştırdı. Ürünü yapmak için gerekli temel teknoloji ve beceriler lokma lokma sindirilebiliyordu. Aynı şekilde gelişmiş teknoloji şirketleri, kendileri için bir rakip yaratmadıklarını bildiklerinden, bu bilgiyi aktarırken daha rahat davranabiliyordu. Tedarikçi tabanlarının üretkenliğini ve kalitesini geliştiriyorlardı. Bu unsurlar Kolombiya'daki Tabasco örneğinde görülebilir (Kutu 13).

Teoriden Politikaya

Bazı örnek çalışmalara ve küreselleşmenin endüstrileşmeye olan etkinin niye ve nasıl değiştiğini anlamayı sağlayacak analitik çerçeveye kısaca yer verdiğimize göre şimdi sıra, değişimin politika üzerine yansımalarına göz atmak ve endüstrileşme politikasını gözden geçirmekte.

Otomotiv örneğinde görüldüğü üzere, satış-ölçek problemi, endüstrileşme görüşünü nesillerce biçimlendirdi. Gelişmekte olan ülkelerin endüstrileşmeyi yayma ve rekabet gücünü yükseltme döngülerini başlatma amaçlı aktivist politikalar yürütmesinin sebebi buydu. Ancak insan kaynakları sınırlı olduğu için tüm endüstrilere aynı anda itme yapılamayacağı açıktı. Bu durum sektöre-özel itmelerin doğru zamanlanması gibi önemli bir sorunu meydana getirdi.

Geleneksel Kalkınma Merdiveni: Sektörleri Sıraya Koymak

Büyük itmeyi kolaylaştırmak için, ikinci çözülme öncesi endüstrileşme sessiz adımlarla gerçekleştirildi. Gerçekten de çözülme-öncesi görüşe göre bir "kalkınma merdiveni" vardı. Ülkeler, fazla bir endüstriyel üsse ihtiyaç duymadan rekabet üstünlüğü elde edebilecekleri basit endüstrilerle işe koyulurdu. Giyim, tekstil, ayakkabı, mobilya vb.den oluşan bu başlangıç endüstrilerinde ilk olarak faydalı olabilecek endüstriyel yeterliklerin toplanması teşvik edilir ve sonra da daha sofistike ürünlerin yapımına geçilirdi. Bu sürecin klasik bir yorumu için Bela Balassa'nın yazıları okunabilir.

Change and Challenge in the World Economy (Dünya Ekonomisinin Değişimi ve Zorluğu) başlıklı 1985 tarihli makale derlemesinde Balassa, zamanlama sıralamasını şöyle tanımlar: "Bu ithal ikamenin ilk aşaması, tekstil dokuma ve deri gibi dayanıksız tüketici ürün ithalatının yerli ürünle değiştirilmesini içeriyordu. Buna, ithal ikamenin "kolay" aşaması da denirdi." Bu sektörlerdeki imalat süreçleri genellikle vasıfsız işgücünü içeriyordu ve ölçek ekonomisi cüzi seviyedeydi. Bu ürünlerin "üretiminin verimli olması için bileşen ve aksesuar tedarikçi ağının olmasına gerek yoktu." Diğer bir deyişle, kalkınma merdiveninin en aşağı basamaklarında kalan sektörler açısından tavuk-yumurta problemi pek söz konusu değildi.

"İthal ikamenin ikinci aşaması," der Balassa ve devam eder; "ara mal, üretici ve dayanıklı tüketim mallarının yerli üretimle yer değiştirilmesini içerir." Geniş ekonomik ölçekler ve örgütsel/teknik zorluklar yüzünden bu aşama çok daha zordur.[6]

Tayvan Örneği

Endüstrilerin bu şekilde ilerletilmesinin basitten daha karmaşığa doğru bir biçimde —küresel değer zinciri devriminden önce sanayileşmiş az sayıda gelişmekte olan ülkeden biri olan— Tayvan deneyiminde görülebilir.

Savaş sonrası ilk yıllarda Tayvan gayet kapalı bir ülkeydi. Daha çok çay ve şeker ihraç ediyordu. Şekil 58 açısından bakacak olursak, Tayvan tahterevallisinin tarım ayağı 1950'lerde kesinlikle aşağıdaydı. Ülkenin kalkınma stratejisi, tarımı teşvik etme ve endüstriyi ithal ikame aracılığıyla teşvik etmeye yönelikti.

Ada'nın ithal ikame politikası, niteliksiz-işgücü-yoğun sanayi malı ihracatını teşvik edici politikalarla değiştirildiği 1950 yılı sonlarına kadar devam etti. İç talep arayışından dış talep arayışına bu geçiş, basit ve işgücü-yoğun ürünlerdeki başarıyı beraberinde getirdi. Tablo 8'de gösterildiği gibi, tarım mallarındaki ihracat payı, 1952'de yüzde yüzden 1965'te yüzde ellinin altına ve 1975'te yüzde ona kadar düştü.

Tekstil, yükselişe ilk geçen sanayi ihracatı oldu, birkaç yıl sonra bunu giyim ve ayakkabı izledi. Sırada elektrikli makineler vardı. 1970 ortalarında elektriksiz makine ve ulaşım ekipmanları yükselişteydi. Okurlar hikâyenin geri kalanını tahmin edebiliyordur. Tayvan şu an yüksek-teknolojili hassas cihazlarda, özellikle Acer bilgisayar gibi elektronik ürünlerde santral ihracatçı konumunda. Dahası, ABD, Avrupa ve Japon şirketlerinin uluslararası üretim ağında kilit rol oynayan Foxconn gibi şirketleriyle Tayvan, küresel değer zinciri devriminin artık tam bir üyesi oldu.

TABLO 8

Kalkınma merdiveninde yükselen Tayvan, 1952'den 1976'ya ihracat

	İhracat oranları, ana emtialar						
	1952	1955	1960	1965	1970	1975	1976
Tarımsal Ürünler	**13,0**	**26,4**	**6,8**	**19,9**	**2,3**	**0,4**	**0,2**
İşlenmiş tarımsal ürünler	**74,4**	**58,5**	**52,5**	**25,5**	**10,0**	**8,1**	**4,2**
İmalat ürünleri	**2,4**	**4,0**	**21,3**	**34,7**	**64,6**	**65,1**	**66,5**
Tekstil	0,1	0,9	11,6	10,3	13,8	10,1	10,0
Giyim ve ayakkabı	0,8	1,4	2,6	4,9	16,8	20,4	20,7
Plastik maddeler	0,0	0,0	0,0	2,6	5,1	6,5	6,5
Elektrikli alet ve cihazlar0	0,0	0,0	0,6	2,7	12,3	14,0	15,7
Kontrplak	0,0	0,1	1,5	5,9	5,5	2,5	2,3
Elektriksiz aletler	0,0	0,0	0,0	1,3	3,2	4,4	4,0
Ulaşım ekipmanı	0,0	0,0	0,0	0,4	0,9	2,2	2,5
Metal ürünler	0,0	0,0	0,6	1,1	1,9	2,6	3,0
Çimento	0,7	0,0	0,7	1,9	0,7	0,1	0,2
Temel metaller	0,8	1,6	3,7	3,6	4,4	2,3	1,6
Diğer	**10,2**	**11,1**	**19,4**	**19,9**	**23,1**	**26,4**	**29,1**
Toplam ihracat (milyon $)	13	12	164	450	1.481	5.309	8.166
İhracat GSYH oranı (%)	8,5	8,2	11,2	18,4	29,5	41	51,9

Tayvan, "uçan kazlar" kalkınma modeline klasik bir örnektir. Tarımsal ürünlerle başlamış ve daha sofistike sanayi malı ihracatına geçmeden basit sanayi ürünlerine yönelmiştir. Her yeni adımdan önce, bir önceki adıma egemen olmuş ihracatlarını düşürmüştür.

KAYNAK: T. H. Lee ve Kuo-Shu Liang, "Tayvan," *Development Strategies in Semi-Industrial Economies,* World Bank Research, ed. Bela Balassa (Baltimore and London: Johns Hopkins University Press, 1982), 310 – 350, Tablo 10.12.

İkinci çözülmeden önce yaklaşım sektörler odaklıydı, yani ana soru şuydu: Ülkenin bir sonraki geliştireceği sektör hangisi olmalı? İkinci çözülmeyle birlikte bu değişti.

Sıralama Sorusu Değişti: Sektörlerden Aşamalara

İthal ikame politikalarının geleneksel sıralaması ve tüm kalkınma merdiveni fikri, BİT devrimi ile gelişmekte olan ülkelerin uluslararası tedarik zincirine katılmasıyla gittikçe anlamını yitirdi.

Bu yeni beceri "hangi sektör" ya da "hangi ürün" olan soruyu "hangi aşama" ya da "hangi bölüm" sorusuna yöneltti. Bu geçiş, küresel değer zincirlerine girebilmiş gelişmekte olan ülkelerin, büyük itmeyi, küçük dürtmeler ile yapabilecekleri anlamına geliyordu.

Kalkınma paradigmasının büyük itmeden küçük dürtmelere yönelmesinin üç ana sonucu olmuştu.

Karşılaştırmalı üstünlük, ulusal bir kavram olmaktan çok bölgesel bir kavram hâline geldi. Rekabet gücüne küresel değer zincirleri perspektifinden bakarken, ülkeler izole kalmış gibi algılanmamalıdır. Mesela bir Myanmar'ın, benim tabirimle "Fabrika Asya'ya" katılmakta hiç zorlanmaması gerekir.[7] Bölgede sürekli bir düşük-işgücüne talep bulunmakta ve bu talep ürün, fikir ve insanların taşınması bağlamında Japonya, Kore, Çin, Tayvan ve Singapur'a göre çok uygun.

Kıyas yapmak için, Birleşik Devletler'den gelen üretim aşamaları için Meksika'yla rekabet etmeye çalışan bir Güney Amerika ülkesi düşünelim. BİT devrimi koordinasyon kısıtının bağlayıcı gücünü büyük ölçüde eritti fakat parça ve bileşenlerin sevkiyatı ve yönetici/teknik personelin deniz aşırı tesislere seyahat etmesi hâlâ zaman alıyor. Bu faktörler yüzünden Güney Amerika'daki lokasyonların Orta Amerika'dakiler kadar bir cazibe merkezi olması çok zor.

Coğrafi seviyede çoklu dengeye bir başka örnek de budur. Çok sayıda tedarikçinin varlığı, üretim açısından lokasyonu çekim merkezi yapar fakat bu durum daha çok tedarikçiyi oraya çeker ve döngü devam eder. Bu şekilde, toplulaştırma ekonomileri G7 ülkelerine yakınlığın doğal avantajını katlar. Bu konuyu daha direk şekilde de ele alabiliriz.

Mesafe, farklı açılardan önemlidir. Endüstrileşme çabalarında lokasyon hep önemliydi. On sekizinci yüzyıldan beri Avrupalılar geniş ve yakın Pazar avantajları (birbirleri) vardı ve bu Avrupa'nın yükselişinde bir faktördü. Fakat BİT devriminden önce mesafe, ürünlerin sevkiyat maliyetini etkiliyordu.

Küresel değer zinciri devrimi sonrası bile dünya hâlâ yüz-yüze iletişim kısıtıyla karşı karşıya, yani seyahatin zaman maliyeti önemli bir faktör. Mesafe, geleneksel burada-yap-orada-sat ticaretine kıyasla farklı açıdan önem arz ediyor (Bkz: Kutu-14'te verilen örnek).

Endüstriyel politika daha az riskli. Kore ve Malezya'daki araba örneklerinde görüldüğü üzere eski usul, büyük-itme endüstriyel politikaları oldukça pahalıya mal oluyordu. Bununla birlikte politik açıdan yakın takip edilmesini gerektiriyordu. Tüm süreçteki yığılmayı azaltarak küresel değer zinciri devrimi, politik hataların maliyetini azaltmış oldu.

Kaz Sürüsünden Sığırcık Sürüsüne

Endüstrileşme denince insanların aklına ilk gelenler kalkınma merdiveni ya da sıralama perspektifidir. Mesela çoğu analist, sanki sektörlerin doğrusal bir sıralaması varmış gibi sıklıkla değer zincirinde "yükselmekten" bahsederler. Bu yanlış kavrayışa karşılık olarak şu örneklemi göz önüne alalım.

Kuzey-Güney üretimi 1990'lardan sonra çözülmeye başladığında sıralama meselesi, "uçan kaz sürüsü" kalkınma modeliyle (ilk olarak Hitotsubashi Üniversitesi'nden Japon ekonomist Kaname Akamatsu ve öğrencileri tarafından ortaya atılmıştır) uygun bir tanımı verilmişti. Bu kalkınma modeli, ülkelerin zenginliğe doğru ilerleyebileceği iyi-tanımlanmış bir endüstri sıralaması verir. Yani bir anlamda bir kalkınma merdiveni olan temel-yapıdır.

KUTU 14: LOKASYON, LOKASYON, LOKASYON AVIONYX ÖRNEĞİ

Kilit mevkideki personelin yapacağı seyahat maliyetinin önemini, "yakın-deniz aşırı" Kosta-Rika şirketinin pazarlama materyalinden anlayabiliriz. "Tıpkı emlak alımında olduğu gibi deniz aşırı giderken de önemli olan şey Lokasyon, Lokasyon, Lokasyondur!" demiştir Avionyx Başkanı Larry Allgood, deniz-aşırı tümleşik yazılım mühendisliği fırsatlarına atıfta bulunarak. (Tümleşik yazılım, havacılık dahil birçok endüstri için önemlidir.)

Allgood, Hindistan'ın (Kosta Rika'nın ana rakibi) da bazı avantajları olmasına rağmen yirmi saatten fazla uçuş süresi yüzünden 12-saatlik zaman farkına bağlı olarak bir günlük bir gecikme yaratacağını, bu durumun "haftalık telekonferans durum toplantısına tüm ekip üyelerin iştirak etmesinin imkânsız olmasa da çok zora sokacağını" öne sürer.

Bu sektörde ileri-ve-geri sevkiyatlar da önemlidir. Bu tür yazılımlar, tasarlandığı donanıma paralel geliştirilir. Bu sebeple donanımın sınır ötesi birçok kez taşınması gerekir. Bu sevkiyatların Hindistan'da haftalarca ve bazen aylarca gecikebileceğini belirten Allgood, Kosta Rika'ya yapılan sevkiyatların bir-iki günlük kapıdan-kapıya gönderi gibi sevk edilebileceğini (FedEx Evrak Gönderisi), ya da sevkiyat büyükse üç ilâ beş günde ulaşabileceğini ileri sürer.

Uçan kaz sürüsü, işin uluslararası uzmanlaşma boyutunu da gösterir. Lider ülke/kaz —ki bu genellikle bu Japonya'dır— kalkınma merdiveninin bir sonraki basamağındaki sektöre rekabet kazandıracak yeterliliği elde eder. Aynı süreçte ise Japonya ücretleri artar, böylece alt basamaklardaki sektörün rekabet gücü düşer. Bu durum sırada bekleyen kazlar için yeni kapılar açar. İlk dalga takipçiler (Hong Kong, Singapur, Tayvan ve Kore) yeni sanayileşen ülkeler olarak, ya da daha renkli tabirle "dört dragon" olarak adlandırılmıştır. İkinci dalga ülkeler (Tayland, Filipinler, Endonezya ve Malezya) "dört kaplan" olarak adlandırılır.

İthal ikame ve düzenli kalkınma merdivenine ilişkin geleneksel görüşler, üretimin çözülmesi konusundan gittikçe uzaklaşmıştır. Sürünün en sonundaki kazlar, bir anda sofistike parçalar diyebileceğimiz ürünleri ihraç etmeye başlamıştır. Evrim süreci artık sektör sektör değil aşama aşama gelişmeye başlamıştır, yani geçmişin değişmez görünen sıralaması değişmeye başlamıştır.

Bu değişen sıralamaya açıklama getirmenin bir yolu, uçan kaz düzeninin daha çok bir serçe sürüsü görünümüne büründüğünü anlamaktır (Şekil 61). Serçeler de bir düzende uçarlar ama bu düzen hep dönüşür —güzel ve düzenli fakat öngörmesi gerçekten çok zordur.

Kolay Kazanç İllüzyonu

Küresel değer zinciri sayesinde imalat hakkı elde etmenin çok daha kolaylaşması, endüstrileşmenin kolaylaştığı anlamına gelmiyor. Küresel değer zinciri devrimi sonucu politikanın gündemine yerleşen yeni sorulara yönelmeden önce bu konuya eğilmek gerekiyor.

Büyük itmelerden küçük dürtmelere geçiş ile gelişmekte olan ülkelerin imalat işlerini elde etmesi kolaylaştı, ancak bu beklendiği kadar anlamlı bir sonuç olmadı. Az müdahaleci endüstriyel politikalar ile işler hızla geldi çünkü küresel değer zinciri devrimi endüstrideki yığılmayı ve endüstrileri arası yurtiçi birbirine bağlılığı azalttı. Konuyu anlamak için fazla basitleştirmek gerekirse, gelişmekte olan ülkenin tek yapması gereken değer zinciri yakınında bulunuyor olmak, güvenilir çalışanlar sağlamak ve konuksever bir iş ortamı yaratmaktı. Tabiri caizse bu bir "hazır" endüstriydi —işgücü ekle ve karıştır.

ŞEKİL 61: Kaz sürüsü ve serçe sürüsü: İkinci çözülme kalkınma merdivenini sekteye uğrattı.

İkinci çözülmeden önce, endüstrileşmenin sektör sektör gerçekleşmesi gerekiyordu çünkü bir ülke yurtdışında rekabet gücü elde etmeden önce kendi tedarik zincirini yurtiçinde inşa etmek zorundaydı. Kalkınma merdivenindeki ilk basamaklar basit tedarik zincirine sahip nihai ürünler (örn. giyim ve ayakkabı) idi. Bu "hafif" endüstrilerde kazanılan deneyim ülkenin bir sonraki adıma, daha sofistike endüstrilere hazırlanmasını sağladı (ya da en azından öyle olması gerekiyordu). Endüstrinin bu düzendeki sıralaması Asya'da "uçan kazlar" modeli olarak bilinir (sol panel).

İkinci çözülme sayesinde ülkeler uluslararası tedarik zincirlerine katılabildiği için, düzenli ilerleme sekteye uğradı. Ülkeler aşama aşama endüstriyelleşiyor, endüstri endüstri değil. Mesela Vietnam, buzdolabından hava araçlarına kadar bir dizi nihai ürün için parça (tesisat kablosu) üretiyor. Otomotivden havacılığa geçmeden önce buzdolabında ustalaşması gerekmedi. Bu kalkınma modeli için V şeklinde uçan kazlar yerine serçe sürüsü benzetmesi daha uygun.

Küresel değer zinciri endüstrileşmesinin tam da bu sebepler yüzünden çok bir anlamı yoktu. Kore'nin ABD'ye ihracat yapması ithal ikame oyunlarında bir ödül, bir altın madalya gibiydi. Bu ihracatlar, Kore'nin küresel pazarda gerekli tüm yeterliliklere sahip olduğunun bir kanıtıydı. Vietnam'ın Japonya'ya araba parçası ihracatı da kesinlikle alkış hak eden bir olaydı, ancak bu ihracatlar daha çok ülkenin uluslararası değer zincirindeki konumunun bir kanıtıydı. Gerekli yeterlilikler tekmili birden Vietnam şirketlerince sağlanamıyor.

Farklı açıdan bakarsak, uluslararası zincire katılma yetisi —Kaesong sendromu olarak da tabir edilebilecek— yeni bir kalkınma tuzağı yarattı. Kuzey Kore'deki Kaesong Endüstriyel Bölgesi ne yapılmaması gerektiğine dair belki de en iyi örnek. 2000 yılları başında kurulan Bölgede,

Güney Kore şirketleri Kuzey'in düşük-ücretli işgücünden yararlanabilmekte. Kuzey, bu sağlam para birimini bir "sağmal inek" olarak görürken Kaesong, Kuzey'in imalat sektörünü teşvik edecek bir şey yapmış değil. Gerçekten de ülke, ekonomisinin diğer yönlerini olumlu etkileyebilecek her türlü taşmayı engellemek için elinden gelen her şeyi yaptı.

Diğer gelişmekte olan ülkeler içinse küresel değer zincirine katılmanın çekici olan tarafı, tam da Kuzey Kore'nin elinden geldiğince engellemeye çalıştığı bu taşmalardır. Buradaki zorluk küresel değer zincirinin hayat standartlarını yükseltmeye zorlamak ve kendini-körükleyen bir endüstrileşme süreci yaratmaktır.

Asıl soru kısaca şudur: Küresel değer zincirine katılımın, daha iyi ücretli işler, daha iyi yaşam koşulları, üst seviye eğitim, altyapı vb. yollarla milli ekonomiye bir bütün olarak faydalı olması politika ile nasıl sağlanabilir? Bir sonraki konumuz bu. Ancak fazla umutlanmayın çünkü bu sorulara bir cevabım yok.

Yeni Politika Soruları

Politika belirleyiciler için kritik olan; küresel değer zincirlerinin, ülkelerinin kalkınmalarına nasıl katkı sağlayabileceği konusudur. Serbest üretim bölgelerinde birkaç yeni iş yaratan birkaç deniz aşırı üretim tesisi çekmek yeterli değildir. Endüstrileşme ve kapsamlı kalkınma, bu uluslararası üretim ağlarına olan katılımı derinleştirmek suretiyle gerçekleştirilemez. Küresel değer zincirleri darboğazları kaldırdıkça bu gerçekleştirilebilir fakat küresel değer zincirleri sihirli değnek değildir. Sadece kapıyı açanlar içindir. Ülkenin orta-gelir seviyelerine ve ötesine yükselmesini sağlayacak asıl iş kendi evinde, yurtiçinde yapılmalıdır.

Kalkınma demek bir ülkenin üretken faktörlerinin daha fazla katma değer yaratması demektir. Bunun için işgücü vasfının ve teknolojik kabiliyetlerin geliştirilmesi ve bir o kadar da yurtiçi piyasa aksaklıklarının düzeltilmesi ve çoğunluğun ekonomik ilerlemeden yana olmasını sağlayacak şekilde toplumsal uyumun geliştirilmesi gerekir.

Making Global Value Chains Work for Development (Küresel Değer Zincirlerinin Kalkınmayı Desteklemesini Sağlamak) başlıklı Dünya Bankası 2014 raporunda Daria Taglioni ve Deborah Winkler, küresel değer zincirlerine ilişkin şu üç politik soruna vurgu yapar:[8]

- Küresel değer zincirine nasıl girilir?
- Küresel değer zincirine katılım nasıl genişletilir ve güçlendirilir?
- Küresel değer zincirine katılım sürdürülebilir kalkınmaya nasıl dönüştürülür?

KDZ'ye Nasıl Girilir Sorusu

Küresel değer zincirlerinde, tıpkı tango gibi iki kişi gerekir. Milli hükümetler tek taraflı olarak küresel değer zincirine katılım kararı veremez. Yeni üretim tesisleri kurmak ya da mevcut ulusal şirketleri ağlarına davet etmek için yabancı ortakları ikna etmek zorundadırlar.

8. Bölüm'de bahsedildiği üzere, küresel değer zinciri üretimi için iki tür politika gerekir. İlki, yabancı şirketleri gelişmekte olan ülkede güvenle iş yapmalarına ikna edecek politikalardır. Bu şirketler üretim tesisleri kurduklarında —ya da tedarikçilerle uzun-vadeli bağlar kurduklarında— maddi ve gayri maddi mallarının çalınması riskine maruz kalmaktadırlar. Eğer bir ülke küresel değer zinciri üretimini kendine çekmek istiyorsa, mülkiyet haklarının korunacağına dair teminatlar sağlamanın bir yolunu bulması gerekir.

İkinci tür politikalar, uluslararası üretim ağının bir ağ gibi işlemesini sağlayacak şeylerin sınır-ötesi akışlarına olan engellerle ilgilidir. Bu engeller başlıca, son seviye iş hizmetleri, kilit konumdaki personelin kolay taşınması, girdilerin ülke içine ve çıktıların ülke dışına sorunsuz ve güvenilir taşınmasını kapsar.

Bahsettiğim küresel değer zinciri-yanlısı politikalar, gerekli politikalardır ancak küresel değer zincirine nasıl girilir sorusuna bakınca daha spesifik sorular ortaya çıkar. Örneğin, gelişmekte olan ülkenin teşvik etmesi gereken üretim aşamaları hangileridir?

Bu, duruma özel unsurlar barındıran karmaşık bir soru fakat bir nokta var ki üstünden geçmeden olmaz: Aşama seçimi, gelişmekte olan ülkenin coğrafik konumuna göre yapılmalıdır. İleri-ve-geri parça ve bileşen ticaretinde, uzak kalan bir ülkenin (mesela Peru), G7 ülkelerine yakın bir ülkeyle (mesela Meksika) rekabet edebilme şansı çok azdır. Bu gösteriyor ki Peru, fiziksel mesafenin daha az önemli olduğu sektörlere —mesela, hizmet içeren üretim aşamalarına— odaklanmak zorunda kalabilir.

Bu sorunun diğer bir yönü katılınacak küresel değer zinciri türündeki yaşanan evrimdir. Buradaki kilit nokta, alıcı-odaklı ve satıcı-odaklı küresel değer zincirleri arasındaki farktır. 3. Bölüm'de verilen Bombardier incelemesi, Duke Üniversitesi'nden sosyolog Gary Gereffi'nin tabiriyle "üretici-etkin değer zincirlerine" bir örnektir. "Küresel değer zinciri" teriminin isim babası ve küresel değer zincirlerinin bir doğrudan-yabancı-yatırımdan daha fazlası olduğuna ekonomistlerin ikna edilmesinde hayli etkili olmuş Gereffi, üretici-etkin ağlarda yabancı üretimi düzenlemekle ve yerel üretim, pazarlama, satış ve satış sonrası vb. hizmetler ile arası koordinasyonu sağlamakla yetkili olanın imalatçı olduğunu belirtir.

Diğer uluslararası üretim ağları, alıcı-odaklı türdendir. Burada yetkili olan alıcıdır; örneğin Tommy Hilfiger gibi büyük bir satıcı şirkettir. Neyin iyi sattığını bilen alıcıdır ve Li & Fung Limited gibi geniş tedarik ağlarıyla koordinasyon sağlayan aracılara siparişini verir. Li & Fung'un fabrikası yoktur ama altmıştan fazla ülkeden 15.000 üzerinde tedarikçiyle uzun-dönemli ilişkileri vardır. Alıcı; renk, kesim, tekstil fermuar tipi vb. gibi çok spesifik talimatlar vererek zincire şirkete-özel bilgi sağlar.

Nihai ürün, diyelim 150 dolarlık bej bir pantolon, karşılaştırmalı üstünlük kaynaklarının tam bir karışımıdır. ABD'nin pazarlama ve satış bilgisini, Hong Kong'lu aracının lojistik, kalite kontrol ve arz yönetimi bilgisini ve mesela bir Malezya fabrikasının imalat kapasitesini kapsar.

Bu konu daha çok araştırma gerektirse de üretici-odaklı değer zincirlerinde know-how transferi yaşandığını düşünmek yerinde olacaktır. Alıcı-odaklı zincirler genellikle gelişmekte olan ülke şirketlerinin daha yüksek standartları yakalamasında yardımcı olurken, bu gibi ağlardaki şirketler imalatçıdan çok satıcı konumdadırlar. Bu durum gelişmekte olan ülkenin üretim yöntemini geliştirmeye yönelik alacağı yardımı kısıtlar, fakat bu sadece bir varsayımdır.

Genişleme Sorusu

Kaesong sendromunu —yani birkaç iyi iş alıp taşmalardan faydalanmama durumunu— önlemek için kalkınma politikasının küresel değer zincirindeki ilk atılımları ile yurtiçi ekonomi arasında daha geniş bağlantı kurmanın yolları bulunmalıdır. Daha sıkı bağlantılar ile bu katılım, endüstriyel yeterliliklerin kapsamını artırmak, know-how'ı yaygınlaştırmak ve yöneticilere yönelik eğitim verilmesi gibi zincirleme faydalar üretecektir. Nihai hedef; çalışanlar için daha çok ve iyi iş yaratmak ve yerel şirketlerin yeni faaliyetlerde bulunmasını teşvik etmektir.

Hükümetlerin bu hedeflere nasıl ulaştığına dair yeni bir yöntem yok çünkü iletişim kanalları küresel değer zincirlerinde nasıldıysa şimdi de öyle. Ekstra faydalar, arz taraflı bağlantılardan (çözülme öncesi kalkınma literatüründe ileriye doğru bağlantı olarak geçer), talep taraflı bağlantılardan (ya da geriye doğru bağlantılar) ve beceri oluşturmadan kaynaklanır.

Eski ithal ikame yaklaşımının merkezinde talep-taraflı bağlantılar vardı. Mesela, Kore'nin Birleşik Devletler'e çokça araba ihraç etmesinde hedeflerinden biri, yerel motor üretimini ekonomik kılacak büyüklükte bir motor talebi yaratmaktı. Tayland'ın Japon araba üreticilerine dayattığı yerel içerik kısıtlamalarının ardındaki amaç da aynen buydu.

Arz-taraflı bağlantılar biraz daha ilginç. Mesela bir Bangladeş, Zara marka gömleklerin hızlı üretimine tedarik edilen tekstil boya üretiminde bir anda dünya lideri olursa, bu durumda diğer Bangladeşli giyim imalatçıları, bu tür boyaların ithalatında gecikme yaşayan diğer ülkelere karşı bir avantaj yakalayabilir.

Beceri yükseltimi olgusunu anlamak kolay çünkü mesele, iş esnasında öğrenilen bir şey. Yönetici ve teknisyenler işlerini yaptıkça beceri kazanırlar. Böylece, küresel değer zincirindeki üretim tesislerinde edinilen tecrübe, daha yüksek ücretli işlerin ya da yerel şirketlerde işe girmenin yolunu açmış olur. Kalitenin yükseltimi de bununla ilintili bir konudur.

Önceki bahsedilen örneklerin çoğunda kalite yükseltimi temasından bahsedilmiştir. Modern imalatın rastgele kaliteye toleransı çok azdır, ama neyse ki yüksek kalite standartlarına ulaşmak öğrenilebilen bir şey. Bu konu, şu an Avrupa üreticilerine motosiklet parça ve bileşenleri tedarik eden Vietnam şirketi Hai Ha örneğinde görülebilir (Bkz: Kutu 15).

KUTU 15: AVRUPA'YA MOTOSİKLET PARÇASI İHRACATI

Hollanda yardım kuruluşu CBI'ın danışmanları, Hai Ha şirketinin devamlı gelişimi için bir program başlattı. Üretim bölümünü düzene koymak için danışman Rolf Hoffman, daha iyi kalite için 5-S formülünü kullandı. İlk S, "sorting (sınıflandırma)" aşaması üretim bölümündeki aletlerin sınıflandırılmasını içeriyordu. Gerekli olmayan her şey elendi. Daha sonraki aşama "stabilizing (sabitleme), her şeyin bir yerinin olması ve her şeyin yerinde olması demekti. Üçüncü S "shining (parlatma) tabiri, iş ortamına çekidüzen verilmesi ve organize edilmesi için kullanılıyordu. Son iki S harfi sırayla "standardizing (standartlaştırma)" ve "sustaining" (sürdürülebilirlik sağlama) idi. Biri tüm çalışanlar arasında prosedürlerin standartlaştırılması; sürdürülebilirlik sağlama ise ilk dört S'in supervizörler tarafından devamlı denetim altında tutulması anlamına geliyordu.

Bu basit uygulamalar, Hai Ha'nın Avrupa'nın kalite ve güvenilirlik standartlarını yakalamasında yardımcı oldu. Bunlar, know-how'ın ikinci çözülme açısından ne anlama geldiğine iyi bir örnektir. Know-how, sadece teknik bilgi ve ileri yönetim tekniklerinden çok daha fazlasıdır. Belki de yoksul ülkeler için en önemli olan şeyler, G7 işyerlerinde kıymetini bilinmeyen bu en temel uygulamalardı.[9]

Sürdürülebilirlik Sorusu

Son soru belki de hakkında yazması en kolay fakat yapılması en zor olanı. Toplumları dönüştürmekten az kalır yanı yok. Toplumsal yükseltim, küresel değer zincirlerinin yarattığı fırsat ve sonuçların, işgücü piyasası düzenlemeleri ve denetimleri ile iş güvenliği, sağlığı ve çevre kuralları vb. desteğiyle adil dağıtımı anlamına geliyor. Bu kritik düzeyde önemli politikalara ilişkin eylem mekanizmalarının ya da gereğinin sadece küresel-değer-zincirlerine has bir tarafı yok.

Gerçekten de, küresel değer zincirlerinin refaha giden yeni bir yol açtığını anlamak önemlidir ancak bunlar kalkınmayla ilgili gerçekten zahmetli olan şeylerin zorluğunu azaltmaz.

Eski Sorunlar Hâlâ Bizimle

Yeni Küreselleşme'nin endüstrileşmeye olan etkisinin bir diğer yönü de "ana planın (master plan)" doğasını değiştirmiş olmasıdır. Kore ve Tayvan'ın izlediği sektör-bazlı projeler artık eskisi kadar önemli değil. Fakat gerçek hayatta "değişim yönetimini" tecrübe etmiş okurlar bilecektir; doğru ana plana sahip olmak sizi ancak bir yere kadar götürür. Zor bir şeyin başarılmasında en zor üç şey hayata geçirme, hayata geçirme ve hayata geçirmedir.

Kalkınma deyince ilk sırada yapılacak şey insanlarla ilgilidir. İnsanlar, yeni endüstri işlerde gerekecek belli becerileri edinmeleri için ilk olarak temel becerilere sahip olmalıdır. Bununla birlikte işlerin olduğu bölgeye gitmeleri gerekir ve bu da yeni evler, okullar ve yerel hizmetlerin sağlanmasını gerektirir.

Daha ileri seviyede kalkınma, tedarikçiler ve satıcılar ağının ve de şirketler içinde daha küçük üretici ağların kurulmasını gerektirir. Bununla birlikte toplum, ülkenin durgun tarımsal ekonomiden hızlı-değişen endüstriyel ekonomiye geçerken oluşacak sosyal, ekonomik, siyasi ve nesilsel rahatsız edici değişimlere hazır olmalıdır.

Hayata geçirmeye ilişkin tüm diğer problemlerin üstesinden gelinmelidir. Yollardan köprülere, havaalanlarından limanlara kadar kurulması gerekecek fiziksel altyapılar vardır. Aynı şekilde kalkınma beşeri, fiziksel ve bilgi sermayesinin hızlı birikimini destekleyici yasal altyapıyı gerektirir. Politik zorluklar iç karartıcı olabilir, özellikle de ülke derin toplumsal, ekonomik ya da etnik çatlaklardan işe koyulursa.

Kısaca, kalkınmanın kolay bir tarafı yoktur, fakat açık olan şu ki gelişmekte olan ülkelerin küresel değer zincirlerden nasıl fayda sağlayacağına yönelik dünyanın daha çok araştırma yapılmasına ihtiyacı vardır.

KUTU 16: ÖZETLE, GELİŞMEKTE OLAN BİR EKONOMİ ÜZERİNE POLİTİK YANSIMALAR

Bu bölümde, küresel değer zinciri devriminin gelişmekte olan ülkeler üzerine yansımalarından bahsedilmiştir. Ana mesaj şudur ki gelişmekte olan ülkeler artık tedarik zincirlerine katılarak endüstriyelleşebilmektedir. İkinci çözülmeden önce, yurtdışında rekabet gücü elde etmek için tüm tedarik zincirini yurtiçinde inşa etmek zorundalardı. Artık uluslararası üretim ağına katılarak yurtdışında rekabet gücü elde edebiliyorlar. İşin sırrı, bu ağlara katılımlarını daha iyi işler yaratacak ve kendini-sürdürebilen büyümeyi tetikleyecek şekilde genişletmek. Bunun pratikte nasıl başarılacağı konusu hâlâ araştırılması gereken bir olgu. Bu sebeple bu bölümde örnek incelemelere yoğun şekilde yer verilmiştir.

Birkaç genel nokta tespit edilmiştir. İlki, küresel değer zincirlerinde endüstrileşme aşama aşama meydana geldiği için (Eski Küreselleşme dünyasında sektör sektör idi), endüstrileşme politikası daha kolay ve riski daha az. Birkaç büyük itme yerine bir dizi küçük itmelerle endüstri kurulabilmekte. İkinci nokta, küresel değer zinciri devriminde mevcut iş-bölümlendirme yüzünden sektör sıralaması sorusuna net cevap vermek zorlaştı. Gelişmekte olan ülkeler, hava-uzay ya da otomotiv gibi çok ileri seviye gibi görünen sektörlerde doğrudan ihracata atılabiliyorlar. Bu sorunun yerini şu yeni sorular aldı: Hangi küresel değer zincirlerine katılmalı? Bir ülke, küresel değer zincirine olan katılımını nasıl genişletip güçlendirebilir? Ve en önemlisi, küresel değer zincirine katılım nasıl sürdürülebilir kalkınmaya dönüştürülebilir?

Son kilit nokta şu ki küresel değer zinciri sihirli bir değnek değil. Endüstrileşme için yeni bir yol açıyor fakat en güç kalkınma problemlerini çözmüyor. Başarılı kalkınma için toplumsal, politik ve ekonomik vb. kapsamlı bir dizi reform gerektiriyor ve bunları yapmak hep olduğu gibi zor.

Küresel değer zincirlerinin kalkınma stratejilerinde bir revizyon gerektirdiği fikri ümit verici şekilde yaygınlaşmakta. Mesela Dünya Bankası, ülkelerin küresel değer zincirlerine katılmasına ve katılım sonrası daha iyi işler almasına yardımcı olan bir birim kurdu. Bu birim, Ekonomik İşbirliği ve Kalkınma Örgütü (OECD), Dünya Ticaret Örgütü (WTO) ve Japonya Gelişmekte Olan Ekonomiler Enstitüsü (IDE JETRO) gibi birçok ulusal think-tank'in kurumsal çabalarıyla oluşmuştur.

Akademisyenler için heyecan verici bir alan. Doğu Asya, Orta Avrupa ve Orta Amerika'nın politika belirleyicileri on yıllardır çeşitli politikalar denemekte. Artık, bu politikalardan hangilerinin en çok işe yaracağına dair daha sistematik bir rehber olan yeni veri setleri ortaya çıkmakta.

5. KISIM

İleriye Bakmak

En akıllı insanın tüm çabalarına rağmen kimse geleceği öngörmenin yolunu bulamamıştır. Bu kaçınılmaz gerçek çoğu düşünürün tahmin yürütmekten kaçınmasına neden olmuştur. Konfüçyüsçü şair Lao Tzu'nun dediği gibi: "Bilgi sahibi olan tahmin yürütmez. Tahmin yürütenin bilgisi yoktur."

Ancak bu yanlış bir fikir. Bekleyen değişimlere toplumun nasıl daha iyi hazır kılınabileneceğine dair düşünmek gibi bir görevimiz var. Henri Poincare, *Foundations of Science (Bilimin Temelleri)* kitabında söylediği gibi, "Hiç öngörüde bulunmamaktansa, kesin olmasa bile bir öngörüde bulunmak çok daha iyidir."[1] Bu bilge sözler ışığında bu kitabın kapanış bölümü, küreselleşmenin önümüzdeki yıllarda ne gibi değişimler geçirebileceğine ilişkin bazı varsayımlara yer vermektedir. Benim tahminim, değişimlerin köklü ve rahatsız edici olacağı yönünde.

10. BÖLÜM

Gelecekte Küreselleşme

İnancım o ki küreselleşme, köklü bir yeni dönüşüme gebe fakat bu, insanların taşınma maliyeti, fikirlerin taşınma maliyetlerinin son zamanlarda düştüğü ölçüde düşmesiyle gerçekleşecektir. Buradaki itici güç basit.

Büyük Yakınsama'ya rağmen maaş ve ücretler zengin ülkelerde çok daha yüksek ve bu ücretleri kazanmak isteyen milyarlarca insan var. Bu insanların zengin ülkelere gitmesi zor olduğu için bu isteklerini gerçekleştiremiyorlar. Şayet ki teknoloji, bu insanların işgücü hizmetlerini gelişmiş ekonomilerde orada olmadan sunmalarını sağlayacak kapıyı açarsa, bunun işlere olan etkisi şok edici olabilir. Ve gerekli teknoloji, varsayımım o ki çok uzakta değil.

Bu bölümün kurgusu, gelecek-bilimci John Naisbitt'in şu tavsiyeleri doğrultusunda düzenlenmiştir: "Geleceği tahmin etmenin en güvenilir yolu, şimdiyi anlamaya çalışmaktır." Buna göre ele alınacak ilk konumuz ürünler, fikirler ve insanların sınır ötesi taşınma maliyetlerindeki günümüz trendlerini incelemek. Bu trendlere yakından baktığımızda, bu üç ayrılma maliyetlerinin gidişatına dair bir dizi varsayım öne çıkıyor. Bu tahminleri veri olarak alırsak konu, deniz aşırı taşınmanın geleceğine ve küresel değer zinciri (KDZ) devriminin dünya üretimini dönüştürmeye devam etme ihtimaline doğru kayıyor.

Bu bölümde son olarak, "köklü yeni bir dönüşüm" derken neyin kastedildiğine netlik kazandıracak küreselleşmenin geleceği hakkında bazı basit hipotezler yer alıyor.

Ayrılma Maliyetlerinin Gelecekteki Gidişatı

Küreselleşmeye üç katmanlı kısıt görüşü, şu üç maliyetten oluşan temele dayanır: Ürünleri, fikirleri ve insanları bir yerden başka yere taşıma maliyeti. Modern küreselleşme 1820 yılında başladığı için, bu maliyetler genelde teknolojik gelişmelerce baskılanmıştı. Politika ise teknolojiyi sıklıkla gölgede bırakmıştı.

Savaşa-ilişkin engeller 1. ve 2. Dünya Savaşları esnasında; insan işi bariyerler ise (tarifeler) iki savaş dönemi arasında ticaret maliyetlerinin yükselmesine sebep olmuştu. İnsanlar ve ürünler aynı şekilde taşındığı için, savaşlar insanların taşınmasını da zorlaştırmıştı. İnsanları bir ülkeden diğerine taşımadaki en büyük zorluklar ise hükümet politikalarıyla ilgiliydi. Bazı dönemlerde göç hareketleri faal şekilde desteklenmiş, bazen de kesinlikle yasak tutulmuştu.

Küreselleşmenin geleceği hakkında dikkatlice düşünecek olursak, günümüz politik ve teknolojik eğilimleri hakkında, ve ilk olarak da ticaret maliyetleri hakkında fikir üretmek kaçınılmaz oluyor.

Ticaret Maliyetleri Artacak mı yoksa Önemli Ölçüde Düşecek mi?

Ürünlerin taşınma maliyeti, 1930-tarzı bir korumacı dalgayla prensipte aniden yükseltilebilirdi. Bu bana olası gelmiyor. 2008 küresel krizine tepki olarak dünya ticareti 2009 yılında ani, şiddetli ve senkronize bir çöküşe uğramıştı. Bu, 2. Dünya Savaşı'ndan bu yana tarihte görülmüş en keskin ve en derin düşüştü. İşsizlik birden artmış ve politikacılar bunun için bir şeyler yapma baskısı altındaydı.[1] 1930'larda oluşan korumacılık akımı bu sefer ortaya çıkmadı.

Bu muazzam şok, korumacılığı tetiklemediyse ne tetikler bilmek zor. Benim görüşüm, uluslarararası üretim ağlarında yaşanan yükselişin korumacılık politikasını —en azından bu ağlara katılan ülkeler açısından— derinden değiştirdiği yönünde. Bir ülkenin fabrikaları sınır ötesi geçmişse, sınırları kapatmak artık kısa vadede bile işleri kurtarmıyor. Yirmi birinci yüzyılda sınırları duvarlarla örmek, işleri fabrikaların içine yapay duvarlar koymanın yirminci yüzyılda yapacağı gibi mahvederdi. Kısaca, endüstri elde etmek ve mevcut endüstrisini korumak isteyen ülkeler için korumacılık, gerçekten kötü bir fikir.

Ticaret maliyetleri ise benzin fiyatlarının bir anda artması durumunda yükselebilir. Benzin fiyatlarının gelecekteki gidişatı bilinemez. Son zamanlardaki uzman görüşlerine göre fiyatlar uzun süre düşük seyredecek, ancak aynı uzmanlar birkaç yıl öncesine kadar benzin fiyatlarının 2030 yıllarında üç haneli rakamlara ulaşacağı tahmininde bulunuyordu. Neyse ki söz konusu küreselleşmenin ilerletilmesi ya da engellenmesi olduğunda benzin fiyatları, muhtemelen artık o kadar önemli değil. Bu noktayı anlamak için geriye bakmak iyi olur.

İkinci çözülme, benzin fiyatlarının güçlü bir kuyruk rüzgarı yarattığı sırada başladı (Şekil 62). Enflasyona oranlı fiyatlara göre benzinin varili 1990'larda 40 $ iken 2000'de yarıya, 20 $ seviyesine düştü; bu sayede ürünleri uluslararası taşımak ucuzlaştı. Fakat ikinci çözülme, bu yüzyılın ikinci on yılında benzin fiyatlarında yaşanan beş katlık artışa rağmen hız kaybetmedi. Belli ki benzin fiyatlarının ürün taşıma maliyetine bir etkisi var, fakat belirleyici faktör değil.

İletişim Maliyetleri

İletişim maliyetlerinin gidişatını hesaplamak çok daha kolay görünüyor. BİT devriminin itici "kanunları" —Moore, Gilder ve Metcalfe kanunları— gülen-eğrilerinin yükselen kısmında (detaylar için bkz: 3. Bölüm). Bu gösteriyor ki fikirlerin taşınma maliyeti önümüzdeki yıllarda —Star Trek-vari bir teknolojik gelişme olmasa bile— düşüşünü sürdürecek.

Fakat uluslararası iletişim maliyetlerinin tek belirleyici faktörü teknoloji değil. Sürekli gelişen Bilgi ve İletişim Teknolojisi'nin (BİT) maliyet etkilerine karşılık olarak hükümet politikaları ile bazı adımlar atılabilir. Mesela Çin, sınır-ötesi iletişimi siyasi amaçlar için başarıyla bastırabilmiştir, yani teknik olarak bu mümkün. Kilit soru şu ki hükümetlerin iletişimi tıkamak için bir sebebi olacak mı?

Farklı ifadeyle, G7 ülkelerinden gelişmekte olan ülkelere küresel değer zincirleri dâhilinde sürmekte olan know-how akışının azaltılmasından hangi hükümetler kazançlı çıkardı?

Giriş kısmında verilen futbol takımı benzetmesine dönerek bu hususu netleştirebiliriz. Bu benzetmede Eski Küreselleşme, oyuncu takası yapan iki futbol takımı gibiyken, Yeni Küreselleşme ise boş zamanlarında kötü olan takımın oyuncularına idman yaptıran iyi takımın antrenörü gibiydi. Bu benzetmede sınır-ötesi bilgi akışları, karşı takıma idman yaptırmak gibidir. Belli ki iyi olan takımın sahipleri bunu durdurmak için bir sebepleri varken diğer takımın bunu teşvik etmek için kendi sebepleri var. Dolaysız ifade etmek gerekirse, bilgi akışını aksatmak için net bir sebebi olanlar G7 hükümetleridir.

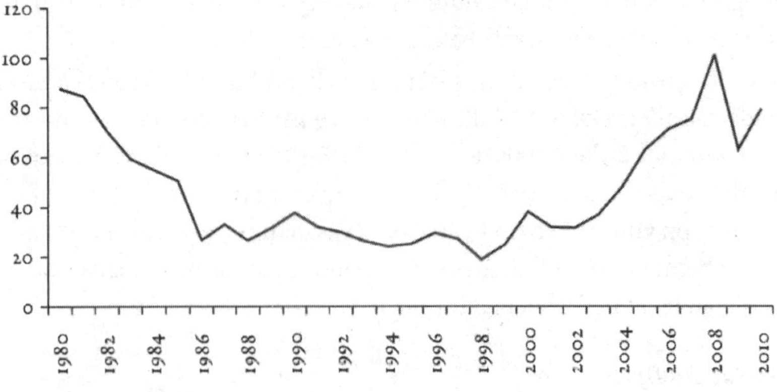

ŞEKİL 62: Düşen benzin fiyatları, ikinci çözülme sürecini ilk yıllarında kolaylaştırdı fakat 2000 yılından sonra engelledi.

1990 yılını ikinci çözülmenin başlangıcı olarak alırsak, grafik gösteriyor ki üretimin çözülmesi enerji maliyetinin az olduğu bir dönemde başladı. Benzin fiyatları oldukça istikrarlıydı. 10 yıl boyunca hafif düşüş seyrindeydi. Yüzyılın başlamasıyla ikinci çözülme, yükselen benzin fiyatlarına rağmen ilerlemesini sürdürdü.

KAYNAK: U.S. Energy Information Administration (EIA) Annual Energy Outlook.

Anti-küreselleşme söylemlerinin G7 ülkelerinde popülaritesini artırmakta olduğunu göz önüne alırsak, popülist bir hükümetin akışı durdurmaya çalışması şaşırtıcı olmaz. Ama bunu gerçekten yapabilirler mi? Ama Amerikan şirketlerinin önemli bilgilerini Meksika'daki fabrikalarına nasıl taşıdıklarını tam olarak bilmek çok zor. 3. Bölüm'de Bombardier örneğinde bahsedilen bu durum gösteriyor ki şirketlerin bilgilerini yurtdışındaki düşük-ücretli işgücüne karşı koz olarak kullanmasını durdurmak, BİT sınırlarının gerçekten köklü şekilde kapanmasını gerektirirdi.

Tahminim şu ki açık topluma olan eğilim herhangi bir korumacılık eğilimden daha güçlü, en azından G7 ülkelerinde böyle. Bu nedenle fikirlerin uluslararası taşınma maliyetinin düşüşü sürecek gibi görünüyor.

İletişim Teknolojisi ise (İT) BİT devriminin sadece yarısını oluşturuyor. Diğer yarısı Bilgi Teknolojisi'dir (BT). 6. Bölüm'deki üretimin çözülmesi bahsinde net şekilde ortaya koyulduğu gibi, hem İT hem BT, deniz aşırı taşınmanın gidişatını etkiliyor, fakat aksi yönlerde.

Küresel değer zincirlerinin geleceğine dair kafa yoracaksak eğer, BT'de yaşanabilecek gerçekten devrimsel gelişmelerin ihtimali hakkında da spekülasyon yapmak lazımdır. Bunun gibi muhtemel bir gelişme bilgisayarla-tümleşik-imalat (CIM) ile ilgilidir. Bu gelecek bilimi değil. Zaten şimdiden büyük etki yaratmış durumda. Yüksek-ücretli ülkelerin imalatında —makinelerin çalışanlara yardım ettiği durumu çalışanların makinelere yardım ettiği bir duruma getirdi— tektonik bir kayma yarattı bile.

Görevlerin entegrasyonu ve otomizasyonu sadece fabrikayla sınırlı kalmıyor. Birçok tasarım, mühendislik ve yönetim görevleri bilgisayarlaştı. Bilgisayarlar üretimi ve ürün tasarım hızını büyük oranda artırırken prototip çalışmasına olan ihtiyacı azalttı. Tasarım yapıldıktan sonra bilgisayar-destekli süreç planlama sistemleriyle üretim sürecinin ana hatları belirleniyor ve tasarım programları rakamsal kontrol edilen makineler için gerekli talimatları çıkarıyor. Temel imalat işlevleri —mekanik işleme, biçimlendirme, tutturma, montaj ve denetim— bilgisayar-destekli imalat sistemleri ve otomize malzeme-elleçleme sistemleriyle destekleniyor ve entegre ediliyor. Envanter kontrolü, envanter hareketlerini izlemek, gereksinimleri tespit etmek ve hatta tedarik siparişlerini başlatmak için otomize işliyor.

Bu son trendleri baz alarak tahmin ediyorum ki dünya, bilgisayarlaşma ve imalatın otomizasyonunda hızlı gelişmelere tanık olacak, en azından G7 ülkelerinde. Bu gelişmeler robotların fabrikasyon aşamalarında kullanımının da ötesine gidecek. Tasarımın, yeni ürün testinin, dağıtımlarının ve satış sonrası hizmetlerin daha çok bilgisayarlaşmasının önünü açacak.

Yüz-yüze Etkileşim Maliyetleri, Sanal Bulunuşluk Devrimi ve Telerobotiks

Üçüncü ayrılma maliyeti —yüz-yüze etkileşim maliyeti— aşağı seyrine devam edecek gibi duruyor. Daha spesifik olarak, gerçekten iyi bir BİT yüz-yüze toplantılar için makul alternatifler yaratıyor. Bu "sanal bulunuşluk devrimi" temelinde, bir nevi "telefon hattı" gibi her iki tarafın yüksek-kalite video ve ses sistemlerine sahip olması demek. Aslında buna Skype'ın gerçekten ama gerçekten iyi hâli diyebiliriz.

Bunun bir örneği Cisco Systems'in TelePresence teknolojisi. Bu teknoloji; üç plazma ekran, ses kanalları, yüksek-hassasiyet mikrofonlar, kişiye özel ışıklandırma ve yüksek-çözünürlük kameralar kullanarak katılımcıların tam boyut imgelerini bir araya getiriyor. Ses öyle şekilde ayarlanabiliyor ki sanki "soldaki" katılımcıların (mesela Mumbai'de bulunan katılımcının) sesi gerçekten soldan geliyormuş hissi veriliyor.

Sonuç, katılımcılar arasında sesli ve hatta standart video konferansıyla aktarılması mümkün olandan çok daha fazla bilgidir. Yüksek-kalite video sayesinde yüz mimikleri daha rahat okunabiliyor. Psikolojik araştırmalar gösteriyor ki "mikro-mimikler" —saniyenin sadece yirmi beşte biri kadar süren yüzün anlık değişimleri— kişinin bilinçli veya bilinçsiz bir duygu gizleyip gizlemediğinin belirtisi olabilir. Bu bedensel tepkiler, Skype veya diğer görüntülü çağrılarla algılanamaz. Yüz yüze toplantıların tercih edilmesinin sebeplerinden biri de zaten telefon görüşmelerine ve Skype'a kıyasla karşılıklı daha iyi anlaşılma ve güven sağlayan bu sözel olmayan mesajlar.

Bu gibi sistemlerin son teknoloji hizmet sektörlerine kurulumu yapıldı bile. Danışma ve finansal hizmet şirketlerinin, görüşmelerini yüz-yüze toplantılar aracılığıyla gerçekleştirme ihtiyacı şimdiden azaldı. Ne var ki bunlar hâlâ pahalı ve belli tesislerle sınırlı. Bu sistemler daha ucuzlarla ve mobil hâle gelirse, uzman ve yöneticilerin uzak fabrika ve ofislere seyahat ihtiyacı önemli ölçüde azaltabilir. Tabii ki yüz-yüze toplantılar, daha çok uzun bir süre boyunca koordinasyonun bir parçası olmaya devam edecek, fakat yapılacak toplantı sayısı büyük oranda azaltılabilir.

Bir sonraki adım "holografik telebulunuşluk." Bu teknoloji, insanların gerçek-zamanlı, üç-boyutlu holografik imgelerini sanki uzaktaki kişi yanı başınızdaymış gibi gösterecek şekilde yansıtıyor. Katılımcıların, birbirlerinin "beden dilini" interaktif olarak tam şekilde okumasını sağlıyor. Bilim kurgu-vari olsa da bu akıl almaz bir şey değil. Cisco, beta versiyonunun tanıtımını yaptı bile. İlgili okurlar internette "Holographic Video Conferencing" diye aratarak tanıtım videolarını izleyebilir.

Bir diğer önemli trend Telerobotiks. Ne de olsa insanların taşınması sadece yüz-yüze toplantı demek değil, aynı zamanda insan-makine etkileşimi de demek. Karmaşık bir üretim sürecinin işlerliğini devam ettirmek uzmanların çeşitli donanım türleriyle manuel ilgilenmesini kapsar. Sanal bulunuşluk teknolojisi insan-kontrolündeki günümüzde cerrahi müdahalelerde kullanılanlara benzer robotlarla birleşmiş olsaydı, teknisyenler tamir ve kontrol işlerini uzak yerlerden yapabilirlerdi.

Telebulunuşlukta olduğu gibi telerobotiksin yaygın kullanımı yüksek maliyetler yüzünden sınırlıdır. Ancak cerrahların insanları uzaktan düzeltmesine imkân verecek sistemler geliştirilmesi mümkünse, Stuttgart'ta ikamet eden teknisyenlerin Brezilya'daki bir ekipmanı düzeltebilmesi de tabii ki mümkün olabilir. İmalat maliyetinin düşmekte olduğunu göz önüne alırsak, insanlar arası ve insan ile makine arası etkileşim kısıtının da ortadan kalkması an meselesi gibi görünüyor.

Bu trendin önemli bir tamamlayanı da bilgisayar çevirisnde yaşanan hızlı gelişmeler. Yazılı çeviride yaklaşık son on yılda müthiş adımlar atıldı. Örneğin 2000 yılında gelen Google Translate, iki dil bilen insanlarca sevinçle karşılandı. Şu an gayet iyi çeviriyor ve gittikçe iyileşiyor. Bununla birlikte Apple, daha yakın zamanda "iTranslate'i" piyasaya sürdü, bu uygulama ile ses kayıtları düzinelerce dilde çevirebiliyor. İnsanlık tarihi boyunca önemli bir ayırıcı güç olmuş dil engeli, yakında azaltılabilir ve hatta tamamen ortadan kaldırılabilir.

Üretimin Çözülmesinin Geleceği

Ayrılma maliyetlerindeki bu olası trendler küreselleşme açısından ne anlama geliyor? 6. Bölüm'de kapsamlı bahsedildiği üzere üretimin çözülmesini iki-aşamalı bir süreç —üretim sürecinin bölümlendirilmesi (daha küçük aşamalara ayırmak) ve aşamaların uluslararası dağıtılması (deniz aşırı taşıma)— olarak düşünmek en iyisi olurdu, ikisine birden eş zamanlı karar veriliyor olsa bile.

Düşen ticaret maliyetlerinin ve yüz-yüze etkileşim maliyetlerinin etkisi, üretim süreçlerini daha küçük aşamalara ayırmayı ve aynı zamanda deniz aşırı daha çok aşama transfer etmeyi kolaylaştırıyor. Bu eğilimler ışığında denilebilir ki G7 fabrikaları çözülmesi, deniz aşırı taşınmasi ve daha da çok üretim aşamasının taşınması, hız kesmeden sürecek.

Bugünün başlıca deniz aşırı merkezlerinde (Çin, Meksika, Polonya vb.), artan maaşlara bağlı olarak trendde bir düşüş yaşanmakta fakat tarımı bırakıp uluslararası üretim ağlarında çalışmak isteyen dünyada milyarlarca düşük-ücretli işçi mevcut. Çoğunun hükümetleri bunu gerçeğe çevirmek için itinayla çalışmakta (bir önceki bölümde bahsedilmiştir). Benim tahminim o ki Kuzey'deki yüksek ücretlerin itmesi ve Güney'deki düşük ücretlerin çekmesi sonucu imalat işleri, G7'den, gittikçe daha çok sayıda gelişmekte olan ülkeye olan göçünü sürdürecek.

6. Bölüm'de açıklandığı gibi ileri seviye BT'nin etkisi ise 6 o kadar net değil. Tedarik zincirinin bölümlendirilmesi, uzmanlaşmanın getirdiği kazanç ve ekstra koordinasyonun yarattığı maliyet arasındaki etkileşime göre belirlen bir şey. Bazı BİT türleri —özellikle daha iyi iletişim teknolojisi (İT)— daha küçük iş gruplarıyla koordinasyonu kolaylaştırması açısından uzmanlaşma maliyetini düşürüyor. Bu da daha çok bölümlendirilmeye yol açıyor. Diğer BİT türleri ise —özellikle robotiks ve bilgisayarlaştırma— uzmanlaşmanın getirdiği faydayı azaltıyor çünkü tek bir işçinin birçok görevi yapmasını kolaylaştırıyor. Kısacası İT bölümlendirme-yanlısıyken BT bölümlendirme-karşıtı. Mobil, "Always-on" ve sanal bulunuşluk gibi teknolojiler, şirketleri daha çok iş-bölümlerine ayırmaya iten daha iyi iletişim teknolojileri için ekstrem örnekler.

2012 yılında *The Economist* dergisinde bu trendlere dair daha detaylı tahminlerin yer aldığı etkileyici bir özel rapor yayınlandı.[2] Raporda, tüm imalat aşamalarını neredeyse tek bir makinede toplayan "3B baskı" teknolojisinde kaydedilen gelişmelerin sonucunda imalatın yeni bir endüstriyel devrim sürecinden geçtiği belirtiliyor. Bilgisayar-destekli tasarım sistemlerinin mümkün kıldığı sanal tasarımla birleşince 3B Baskı, imalatı neredeyse Star Trek'teki kopyalama makinesine dönüştürecek. Buna daha birkaç yıldan fazla var gibi görünse de "Hayal edebiliyorsam bilgisayar benim için yapar" gerçekliğine doğru bir gidişat var.

Sofistike makinelerin büyük çapta kişiselleştirme ve 3B baskıya doğru ilerlemesi, tedarik zinciri çözülmesini ciddi şekilde aksatırdı. Bu makineler ister yüksek-ücretli ve yüksek-nitelikli ülkelerde, ister geniş müşteri tabanının olduğu yerlerde bulunacak olsun, şu gerçek ki tedarik zinciri ticaretinde büyük ölçüde bir düşüş yaşanırdı. Kesin ifadeyle, veri iletimi ürün sevkiyatının yerine geçerdi.

Bölümlendirme konusundan aşamaların uluslararası dağılımı konusuna geçince karşımıza bir dizi sorun çıkıyor. 6. Bölüm'de bahsedildiği üzere, üretimin aşamalarının yurtdışına taşınması kararı, işin hem maliyet yönünü ve hem fayda yönünü beraberinde getiriyor. Genel ifadeyle, herhangi bir ayrılma maliyetinin düşürülmesi, Büyük Yakınsama'ya rağmen dünyada hâlâ mevcut büyük ücret farklılığı sebebiyle üretimi deniz aşırı taşımayı daha cazip kılıyor. Fakat deniz aşırı taşıma eğiliminin süreceğini düşünmemim tek sebebi bu değil.

Deniz aşırı taşıma kararının ücret uçurumunun olumlu etkilendiği ve ayrılma maliyetinden olumsuz etkilendiği gibi bir yorumda bulunmak kullanışlı ancak pazar boyutu da kararı etkiliyor. Üretimi müşteri yakınında konumlandırma eğilimi hep vardır. G7 pazarları dünyaya egemen iken bu argümanın temelinde imalatı G7 ülkelerinde tutmak vardı. Büyük Iraksama ilerledikçe bu argüman deniz-aşırı-karşıtlığından sıyrılıp deniz-aşırı-yanlısı bir tutuma döndü. Ne de olsa ürün satın alma gücü olan müşteri sayısı gelişmiş ülkeye göre gelişmekte olan ülkelerde daha hızlı artış gösteriyor.

Bu konuda henüz bundan sonraki deniz-aşırı taşınmaların nereye yapılacağına değinilmedi. Bu —özellikle KDZ devrimine katılmaya çalışan gelişmekte olan ülkeler için— kritik bir soru, bir sonraki ele alacağımız konu bu.

Gelecekte Deniz Aşırı Taşımanın İstikameti

Gelecekteki yapılacak deniz aşırı taşımaların istikametine dair tahmin formüle etmek için, 6. Bölüm'de bahsi geçtiği gibi üretim aşamalarının coğrafi çözülmesinin, toplulaştırma ve dağıtma kuvvetleri arası denge tarafından belirlendiği anımsamak yararlı olacaktır. Toplulaştırma kuvvetleri, kümeleri cazip kılar ve bu iki sonuç yaratır. İlki, G7 ülkelerindeki şirketlerin müşterileri ve tedarikçilerine yakın konumlanmayı tercih etmesi sebebiyle deniz aşırı taşınmayı caydırıcı kılar. İkincisi, deniz aşırı gidecek aşamaların hâlihazırda var olan kümelere yönelme eğilimleri vardır. Bir deniz-aşırı-üretim aşamasına zaten sahip olan ülkeler, işte bu yüzden daha çok üretim aşaması almaya devam eder. Bu tavuk-yumurta mantığına benzer; yani tavuğun varsa genelde daha çok tavuğun olur. Bu mantığı reddeden ise ücret trendleridir.

Dengenin dağıtıcı kuvvet tarafında, ücretler kritik önemdedir. Üretim aşamalarının Kuzey'den gelişmekte olan ülkelere —özellikle Çin fabrikalarına— hareketinin yerel ücretlere etkisi ilk başta çok azdı veya hiç yoktu. Üç-katmanlı-kısıt mantığına göre bunun sebebi, bilginin Çin'e bir şekilde akmıyor olmasıydı. Belli kentlerdeki ve belli sektörlerdeki belli fabrikalara akıyordu. Bazı ücret-artırıcı taşmalar yaşansa da G7 şirketleri bu taşmaları sınırlamaya ya da geciktirmeye çalıştı. Dahası, deniz aşırı gelen sektör ilk başlarda yerel ekonominin toplamda küçük bir parçasını oluşturuyordu. Nobel-ödüllü ekonomist Arthur Lewis'in deyimiyle bu, "işgücü arzı sınırsız bir ekonomik kalkınmaydı."[3]

Daha günümüze gelirsek, hızlı sanayileşen ülkelerdeki işgücü pazarında ücretler yükselmeye başladı. Sonuç olarak en vasıfsız-işgücü yoğun aşamalar daha düşük-ücretli gelişmekte olan ülkelere gitmeye başladı. Üretimin çözülmesinin temel mantığına göre bu trend "uçan kazlar modeline" (bkz: bir önceki bölüm) bürünerek yirmi-birinci-yüzyıl düzeni yaratarak devam edecek. Ancak, Tahmin ediyorum ki bu model sadece vasıf gerektiren aşamalarda gerçekleşecek. Doğu Asya'da bu olmaya başladı bile, Vietnam ve Bangladeş gibi düşük ücretli yeni ülkeler KDZ devrimine katıldı. Ücretler yeterince yükselince, deniz aşırı üretim daha da uzaklara yayılabilir.

Bu gelişmeler sana gerçeklik devrimiyle hızlandırılabilir. Yüz-yüze ve insan-makine ararası etkileşimleri düşürecek böyle bir devrim, uluslararası üretim ağları coğrafyasının kartografik uzaklığa olan hassasiyetini azaltarak daha çok gelişmekte olan ülkeye yayılmasını kolaylaştırabilir.

Tahminim o ki ikinci çözülmenin coğrafik yayılışı Afrika'nın doğu kıyısına yayılacak. Doğu Afrika, Avrupa'ya yakın ve Hindistan ve Doğu Asya'ya Güney Amerika'ya göre daha yakın. Gerçek şu ki Doğu Afrika antik dönemlerden beri Doğu Asya, Hindistan ve Çin arası ticaret düzeninin bir parçasıydı (bkz. 1. Bölüm).

İki Tahmin Daha

Bahsedildiği gibi, gelişmiş ülkeler ve hızla sanayileşen gelişmekte olan ülkeler arası gelirler gittikçe daha yakınsaklık gösteriyor. Deniz aşırı taşımanın ardındaki öncü motivasyon bu iki ülke grupları arası büyük ücret uçurumu olduğu için, uçurum daraltılırsa bu iki grup ülke arası ticaretin azalacağı kanısına varılabilir. Bence böyle olmaz. Daha ziyade, tahminim o ki bu iki ülke grubu arası ticaret günümüzdeki zengin ülkeler arası ticarete, yani ağırlıklı olarak endüstri mallarının iki-taraflı ticaretine (tedarik zinciri ticareti olarak da bilinir), benzeyecektir.

3. Bölüm'ün de gösterdiği gibi, arz tedarik zinciri Kanada ve ABD'nin yanı sıra Batı Avrupa içindeki yüksek-gelirli ülkelerin yakınlarında, ikinci çözülmeden önce bile geçerliydi, bugün de halen yaygındır. Bu ticaret türü, şirketlerin belirli ara mal çeşitlerinde düşük maliyetli olmalarına izin veren aşırı uzmanlaşmalarından kaynaklanır. Bir başka deyişle böyle bir ticaret, gelir uçurumundan ziyade şirketler düzeyindeki üstünlüğe dayalıdır.

Düşük-ücretlere dayalı maliyet-rekabetinden şirket-seviyesi mükemmelliğe dayalı maliyet-rekabetine doğru bu geçiş eğilimi, hâlihazırda başlamış bulunmakta. Çin gibi gelişmekte olan ülkeler gittikçe daha sofistike yurtiçi yapımı ara mallar —daha önce ancak ithalatla elde edilebilen parçalar— üretiyor. Örnek olarak Çin ara malların dünyada başlıca tedarikçisi.[4] Bence bu devam edecek ve elde edilen bu ekstra uzmanlaşma, ücret-temelli ticarette yaşanabilecek herhangi bir düşüşü fazlasıyla telafi edecek.

Küreselleşmenin geleceğinin diğer yönü işlerin kutuplaşması. Şimdiye kadar BT'nin ilerlemesi zengin ülkelerdeki iş yelpazesini kutuplaştırdı. Yüksek-beceri ve yüksek-teknoloji-makineler gerektiren meslekler yaratırken diğer yandan niteliksiz işler de yarattı. 3. Bölüm'deki Güney Carolina fabrikası örneği bu durumu gayet net şekilde göz önüne sermektedir.

Bunun devam edeceğini tahmin ediyorum. Düşük nitelikli rutin işlerin bilgisayarlaştırılması ve otomize edilmesi kolaylaşırken, ilerleyen BT'nin bu gibi işleri ortadan kaldırması olası. Aynı zamanda sofistike üretim makinelerinin yoğun kullanımı, kalan işlerin daha çok nitelik, sermaye ve teknoloji gerektirmesine sebep olacaktır. Bu da aşamaların nitelik içeriği açısından kutuplaşmasına yol açar. Düşük-nitelikli rutin işler yüksek-nitelikli iş gruplarında toplanırken, kalan düşük-vasıflı işler işgücü fazla yoğun ama daha az rutin işler olacaktır. Sonuç olarak kapsamı genişleyen aşamalar daha sermaye-yoğun, daha teknoloji-yoğun ve daha nitelik-yoğun süreçleri içerecektir. Bu durum gelişmekte olan ülkelerdeki konumlarına yarayacaktır. Kaba tabirle bu trend gösteriyor ki G7 ülkelerinde yüksek-nitelikli ve robotlar için fabrika işleri olacak. Düşük ve orta- çalışanların işleri ya ortadan kalkacak ya da deniz aşırı gidecek.

"The Polarization of the U.S. Labor Market (ABD İşgücü Piyasasının Kutuplaşması)" başlıklı Davit Autor, Larry Katz ve Melissa Kearney'in 2006 tarihli makalelerinde belirttikleri gibi, bu kutuplaşmanın derinde yatan sebebi bilgisayarların bazı çalışanların yerini alması, bazılarının işlerine de tamamlayıcı nitelikte olmasıdır.[5]

Küreselleşmenin Üçüncü Çözülmesi

Bu kitabın ana önermelerinden biri şudur ki küreselleşmeyi anlamak, üç tür "ayrılma maliyetinin" —ticaret maliyetleri, iletişim maliyetleri ve yüz-yüze iletişim maliyetlerinin— birbirinden net şekilde ayırt edilmesini gerektirir. Küreselleşmenin ilk hızlanması —ya da ilk çözülmesi— ürün taşıma maliyetinin on dokuzuncu yüzyılda düşmesi sonucu yaşandı. Küreselleşmenin ikinci çözülmesi, yirminci yüzyılda fikirlerin taşınma maliyetinin düşmesiyle yaşandı.

İnsanların taşınma maliyeti düşerse üçüncü bir çözülmenin yaşanması gayet olası. İnsanları sınır ötesi gerçekten ucuza hızlı ve güvenli şekilde taşıyacak "Beni ışınla Scotty" tarzı bir teknolojiden bahsetmiyorum. Orada aslen bulunmaya çok yakın bir ortam yaratacak teknolojilerden bahsediyorum. Bahsi geçen iki teknoloji bunu başarabilir. İlki, beyin hizmeti paylaşımında bulunacakları odada aynı anda olmak için yapılan seyahate gerçekten iyi bir alternatif (telebulunuşluk). İkincisi ise manuel hizmet sağlamak için yapılan insan seyahatlerine gerçekten iyi bir alternatif (telerobotiks).

Bu buluşların nasıl olabileceğine değinmeden önce, biraz geri gidip deniz aşırı taşımanın ekonomik perspektiften gerçekte ne olduğu üzerine biraz düşünmekte fayda var.

Deniz Aşırı Taşıma bir Arbitrajdır

Kuzey'den-Güney'e deniz aşırı üretim taşıma ekonomisinin mihenk taşı, yüksek-ücretli ve düşük-ücretli ülkeler arası arbitraja dayanmaktadır. Bu noktayı anlamak için, deniz aşırı taşımayı sıra dışı bir biçimde —düşük-ücretli ülkelerden düşük-ücretli işgücüne dayalı hizmetler almanın bir yolu olarak— düşünmek faydalı olacaktır.

Mükemmel know-know'a sahip bir G7 ülkesi-merkezli, mesela ABD-merkezli bir şirket düşünelim. Teknolojisini düşük-ücretli işgücüyle, mesela Meksika işgücüyle birleştirmesi için ya Meksikalıları ABD'deki fabrikalarına getirmeli ya da fabrikalarını Meksika'ya taşımalıdır. Meksikalıları ABD fabrikasına getirirse, Meksikalıların işgücü hizmeti, doğrudan satılan ürünlerin bünyesinde mevcut olacak ya da satılan ürünler dâhilindeki girdiler olarak kullanılacaktır. Şirket, üretim aşamalarını Meksika'ya deniz aşırı taşırsa Meksika işgücü, ya Birleşik Devletler'e (ya da diğer pazarlara) doğrudan satış olarak sayılır ya da ileri işlem için ihraç edilen ürünler bünyesinde mevcut olur.

Çok soyut bir ekonomik modelde bu seçenekler birbirine eşdeğerdir fakat gerçek hayatta göç genelde zor, pahalı ya da yasaktır, bu sebeple şirketler sıklıkla deniz aşırı taşıma alternatifine yönelir. Her iki seçenekte de maliyetten yapılacak büyük tasarruflar, şirketin yüksek-ücretli ABD işgücü hizmeti yerine düşük-ücretli Meksika işgücü hizmetlerini satın alma yeteneğine bağlıdır. Başka ifadeyle deniz aşırı taşıma, uluslararası ücret farklılıkları üzerinden yapılan bir arbitraj yöntemidir.

Telerobotiks, Telebulunuşluk ve "Sanal Göç"

Deniz aşırı taşıma yoluyla arbitraj alım yapmak tüm faaliyetler için mümkün değildir. Deniz aşırı taşıma seçeneğinin gerçekleşmesi için şirketin, Meksika işgücü hizmetlerini Meksika dışına çıkarmanın yollarını bulması gerekir. Birçok sanayi ürünü çeşidi için bunu yapmak kolaydır çünkü bahsedildiği gibi işgücü hizmetleri ihraç edilecek ürünlerin bir katmasıdır. Diğer tüm faaliyet türlerinde özellikle de hizmet faaliyetlerinde, işgücü hizmetleri işçilerden ayırılamaz. Mesela, Meksika işgücü hizmetlerinin ABD'deki bir bahçede çalışmalarını sağlamanın tek yolu Meksikalıların bahçeye getirilmesidir.

Beden işçileri için mevcut bu durumu telerobotiks tümüyle değiştirebilir. Gelişmekte olan ülkelerde yaşayan işçilerin gelişmiş ülkelerde gerçekten orada olmadan işgücü hizmeti sunmalarını sağlayabilir. Buna ister "sanal göç" ister mavi yakalıların tele-seyahati diyelim. Oslo'daki otel odaları, Manila'da oturan hizmetçilerce—ya da daha kesin ifadeyle Filipinler-merkezli işçilerce kontrol edilen Oslo'daki robotlarca— temizlenebilir. ABD alışveriş merkezlerindeki güvenlik görevlilerinin yerini, Peru'da oturan güvenlik görevlileri tarafından kontrol edilen robotlar alabilir, ya da belki bir düzine uzaktan kontrollü robotları yöneten tek bir insan güvenlik görevlisi tarafından bu yapılabilir. İmkânlar sadece hayal gücüyle sınırlıdır.

İşgücü hizmetlerinin uzaktan sağlanması büyük ihtimalle iki taraflı bir akış şeklinde olacaktır. Genel eğilim, gelişmekte olan ülkelerdeki düşük-nitelikli işçilerin zengin ülkelere tele-seyahat yapması, zengin ülkelerdeki yüksek-nitelikli çalışanların ise gelişmekte olan ülkelere tele-seyahat yapması yönünde olurdu. Mesela tecrübeli Alman teknisyenleri, Çin fabrikalarındaki sofistike robotları kontrol ederek Çin'deki Alman-yapımı sermaye ekipmanını tamir edebilirlerdi.

Telebulunuşluk, gelişmekte olan ülkelerdeki beyin işçileri için de aynı şeyi yapabilirdi. Telebulunuşluk toplantı tesisleri ucuz ve portatif hâle gelirse, holografik telebulunuşluk yaygınlaşır ve yüz-yüze toplantıya ihtiyaç tam olarak ortadan kalkmasa bile büyük oranda azalırdı. Böylece bu da çok uzaklardan beyin gücü sunumunu koordine etmeyi çok kolaylaştırırdı.

Mühendis, tasarımcı, muhasebeci, avukat, yayıncı (ekonomi profesörlerini unutmayalım) gibi mesleklerin ücretlerinde Kuzey ile Güney arasındaki devasa farkları göz önüne alırsak, iş hizmetlerine yönelik bir üretim bölümlendirme yeteneği, çok miktarda bir "sanal deniz aşırı taşımanın" yolunu açabilirdi. Yani, telebulunuşluk sayesinde gelişmekte olan ülkedeki profesyoneller G7 ofisleri ve üniversitelerinde gerçekte orada olmadan çalışabilirlerdi.

Bu söylenenler zaten yaşanmakta olanın mübalağasından başka bir şey olmazdı. "Mikro-çalışma" ya da "mikro-dışardan-tedarik", Web ortamında mevcut tüm işleriyle büyük bir projenin küçük, yan görevlerini icra edecek kişiler sağlama yeteneğidir. Sanal bulunuşluk, deniz aşırı taşıma ve bölümlendirmenin gerektireceği koordinasyonu çok daha kolay kılacaktır. Bunu steroid almış mikro-dışardan-tedarik olarak düşünün; örneğin Amazon'un Mechanical Turk platformu gibi, fakat çok daha yaygın hali.

Kuşkusuz ki basit ve modüler hizmetlerin deniz aşırı taşınması eskide kalmış bir hikâye. Tüm arka-ofis görevleri artık deniz aşırı taşınmış durumda ya da dışarıdan tedarik ediliyor. Bu çok daha ileri gidebilir. Bankacılıktan yasal danışmanlığa önde gelen hizmet sağlayıcıları, çok sayıda kişiye pahalı kentlerdeki pahalı binalarda oturmaları için yüksek meblağlar ödüyor çünkü yüz-yüze etkileşim önemli. Küreselleşmenin üçüncü çözülmesi bunu değiştirebilir.

Özetle, küreselleşmenin bir sonraki köklü değişimi, bir ülkedeki çalışanların diğer ülkedeki —günümüzde fiziksel bulunuşluk gerektiren— hizmet görevlerini üstlenmesini kapsayacak gibi görünüyor. Ya da çözülme bakış açısını kullanacak olursak küreselleşmenin üçüncü çözülmesi, işgücü hizmetlerinin işçilerden fiziksel olarak çözülmesi anlamına gelecek.

Sonuçlar

Telebulunuşluk ve telerobotiks sayesinde yüz-yüze kısıtının kaldırılması, işgücü hizmetlerinin fiziksel yapılmasını ve işçilerin fiziksel bulunuşluğunun birbirinden ayrılmasını çok kolaylaştırırdı. Bu durum iki muazzam değişim yaratırdı. Bunlardan ilki, gelişmiş ülke çalışanları ve yöneticilerinin, birçok gelişmekte olan ülkede oraya gerçekten seyahat etmeksizin uzmanlıklarını icra edebilmesi olurdu.

KDZ endüstrileşme mucizesi şimdiye kadar sadece bir avuç gelişmekte olan ülkede —çoğu coğrafik olarak Japonya, Almanya ve Birleşik Devletler'e yakın olan ülkelerde— yaşandı. Ve hâlâ Kuzey - Güney arası bilgi dağılımdaki dengesizlik had safhada. Bu dengesizlik üzerinden arbitraj yapma fırsatı fazlasıyla mevcut. Şimdiye kadar en çok fayda sağlamış ülkelerdeki ücretler yükseldikçe ve telebulunuşluk ve telerobotiks ilerledikçe, ileri seviye know-how sahibi şirketler, bilgilerini, mesela bir Afrika ya da Güney Amerika'daki düşük-maliyetli işgücüne karşı kullanabilir. Çin şirketleri, Çin'de yükselen ücretlerin yarattığı rekabet gücü kaybını telafi amacıyla bu yeni deniz aşırı taşıma yönteme öncülük edebilir.

KDZ devriminin coğrafik kapsamı genişlerse, bu hızlı-endüstrileşme şölenine daha çok gelişmekte olan ülke katılabilir. Bu durum emtiada-süper-döngüyü tekrar tetikleyebilir ve Büyük Iraksama ilerleyişini sürdürebilir.

İkinci muazzam değişim; yoksul ülke işçilerinin, ülkelerini terk etmeksizin zengin ülkede uzmanlıklarını icra edebilmesi olurdu. İmalat sektörleri için bu bir evrim —çözülmenin ve deniz-aşırı taşıma trendinin bir devamı—anlamına gelirdi. Fakat, düşük-maliyetli işgücünden faydalanmak için üretim aşamalarını yurtdışı göndermekten ziyade, gelişmiş ekonomilerde kalan fabrikalara tele-seyahat eden bir işgücü olurdu. 8. Bölüm'de bahsedilen ikinci çözülmenin tüm etkileri bu tür bir sanal göç sonucu daha da artardı.

Hizmet sektörleri açısından bu etki daha devrimsel nitelikte olurdu. Çoğu hizmet sektörü birinci ve ikinci çözülmeden dolaysız etkilendi çünkü sundukları hizmetler ticareti yapılamaz unsurlardı. Bu ticareti-yapılamazlığın kalbinde, hizmet sağlayıcıları ve hizmet alıcılarının fiziksel olarak aynı yerde ve aynı zamanda bulunmalarının gerekliliği olurdu. Gerçekten ucuz, güvenilir ve yaygın sanal bulunuş teknolojisi ve telerobotiks bu gerekliliği ortadan kaldırırdı. Ticareti-yapılamayan hizmetler ticareti yapılabilir hâle gelirdi. Kısaca, ikinci çözülmenin imalat sektörüne yaptığını, üçüncü çözülme hizmet sektörüne yapardı.

Geleceğe yönelik bu spekülatif görüşe göre imalat sektörünün tanık olduğu tüm iyi ve kötü sonuçlar hizmet sektörüne kayardı. Tüm işlerin yaklaşık üçte ikisi hizmet sektöründe olduğu için, tarihi bir etki ortaya çıkabilirdi. Birçok hizmet sektöründeki zengin ülke çalışanları, kendilerini, işgücü hizmetlerini uzaktan sağlayan yoksul ülke çalışanlarıyla doğrudan bir ücret rekabeti içinde bulabilirlerdi. Fakat ne var ki bu zengin ülke çalışanlarının karşılaşacağı zorluk, yoksul ülke çalışanları için bir fırsat olurdu.

Bu değişimleri bir perspektife koyarsak, Yapay Zeka (AI) yıkıcılığına dair tartışmalarla bir parallelik kurmak yerinde olacaktır. *The Second Machine Age (İkinci Makine Çağı)* kitabının yazarları Erik Brynjolfssın ve Andrew McAfee'ye göre yakın geleceğe damgasını vuracak olay, yüksek-ücretli ülkelerdeki robotları kontrol eden insanların yerine geçecek yapay zeka'nın çok sistematik kullanımı olacak.[6] Bunun, kamyon şoförlerinden yatırım yöneticilerine birçok çalışan üzerinde büyük etkileri olacağını belirtiyor yazarlar. Benim tahminim "Remote Intelligence (RI - *Uzak Zekâ*) teknolojisinin en az onun kadar dönüşümsel olacağı yönünde. Kaldı ki uzaktaki insan operatörler çok daha hassas ve yanıtsal olabilecekken niye bilgisayar operatörlerine yönelinsin (özellikle de maliyetsiz, simultane çeviri ile dil engeli kalktıktan sonra)? Kısacası, görüşüm o ki hepimizin, sadece AI'den ziyade RI etkisine de dair düşünmeye başlaması gerekiyor.

Sonsöz

Böyle bir kitabı sonlandırmanın uygun bir yolu yok. Bir özet çıkarsak çok uzun olurdu ve zaten geleceğe dair spekülatif tahminlere yer verdim. Bunun yerine şu bilindik espriyle bitireyim: "Her şey o kadar değişti ki gelecek bile eskisi gibi değil."

Umarım bu kitap günümüz küreselleşmesinin babanız nesli küreselleşmesine benzemediğine dair bir uyarı olabilmiştir. Ve yarının küreselleşmesi de günümüze kıyasla gayet farklı olacak gibi görünüyor. Temel sebep şu ki itici güçler değişti. Yirminci yüzyıla kadar ana itici güç ürünlerin taşınma maliyetinin devasa düşüşü idi ve bu düşüş en nihayetinde buhar devrimini tetikledi. BİT devrimi gelince ana güç, fikirlerin taşınma maliyetindeki fenomen düşüşlere dönüştü. Sanal bulunuşluk devriminin tetikleyeceği telebulunuşluk ve telerobotiks maliyetlerinde yaşanabilecek dönüşümsel düşüşler, gelecekteki ana itici güç olabilir.

Eğer haklıysam, küreselleşmenin yeniden düşünülmesi hükümetler ve işletmeler açısından önemli olacak.

Notlar

1. KISIM: KÜRESELLEŞMENİN KISACA UZUN TARİHİ

1. Gerald M. Meier Robert E. Baldwin, *Economic Development: Theory, History, Policy* (New York: John Wiley and Sons, 1957).

1. BÖLÜM: KÜRENİN İNSANLAŞMASI VE İLK GRUPLANMA

1. Vincent Macaulay ve diğerleri, "Single, Rapid Coastal Settlement of Asia Revealed by Analysis of Complete Mitochondrial Genomes)," *Science 308, no. 5724 (2005):* 1034 – 1036
2. Jared Diamond *Guns, Germs and Steel: The Fates of Human Societies)* (New York: W. W.Norton, 1997).
3. Ian Morris, *Why the West Rules—for Now: The Patterns of History and What They Reveal about the Future* (London: Farrar, Straus ve Giroux, 2010).
4. William J. Bernstein, *A Splendid Exchange: How Trade Shaped the World (*New York: Atlantic Monthly Press, 2008).
5. Angus Maddison, *Contours of the World Economy 1 – 2030 AD: Essays in Macro-Economic History* (Oxford: Oxford University Press, 2007). Detaylar için bkz. 3. Kısım.
6. Norman Cantor, *In the Wake of the Plague: The Black Death and the World It Made* (New York: Free Press, 2001).
7. Ronald Findlay ve Kevin H. O'Rourke, *Power and Plenty: Trade, War, and the World Economy in the Second Millenium* (Princeton, NJ: Princeton University Press, 2007).
8. Stephen Broadberry, "Accounting fort he Great Divergence, Economic History Working Papers 184-2013, London School of Economics, Kasım 2013, http://www.lse.ac.uk/economicHistory/workingPapers/2013/WP184.pdf.
9. Edward L. Dreyer, *Zheng He: China and the Oceans in the Early Ming Dynasty, 1405-1433* (New York: Pearson Longman, 2007).
10. Felipe Fernandez-Armesto, *Millennium: A History of the Last Thousand Years* (New York: Scribner, 1995).

11. David S. Landes, *The Unbound Prometheus: Technological Change and Industrial Development in Western Europe from 1750 to the Present* (Cambridge: Cambridge University Press, 1969).

2. BÖLÜM: BUHAR GÜCÜ VE KÜRESELLEŞMENİN BİRİNCİ ÇÖZÜLMESİ

1. Kevin H. O'Rourke ve Jeffrey G. Williamson, "When Did Globalization Begin? *European Review of Economic History* 6, no.1 (2002): 23 - 50.
2. Paul Bairoch ve Susan Burke, "European Trade Policy, 1815 - 1914," *The Cambridge Economic History of Europe*, vol. 8, *The Industrial Economies*, ed. Peter Mathias ve Sidney Pollard (Cambridge: Cambridge University Press, 1989), 1 - 160. Ayrıca bkz. Bairoch, *Economics and World History* (London: Harvester Wheatsheaf, 1993); ve Bairoch ve Richard Kozul-Wright, "Globalization Myths: Some Historical Reflections on Integration, Industrialization, and Growth in the World Economy", Discussion Paper 113, United Nations Conference on Trade and Development, Geneva, 1996.
3. Bismarck'ın 1879 yılından korumacı kanunu teşvik edici bir konuşmasından alıntıdır. William Harbutt Dawson, *Protection in Germany: A History of German Fiscal Policy during the Nineteenth Century* (London: P.S. King & Son, 1904).
4. Simon Kuznets, *Economic Growth and Structure: Selected Essays* (London: Heinemann Educational Books, 1965).
5. Lant Pritchett, "Divergence, Big Time," *Journal of Eonomic Perspectives* II, no. 3, (1997): 3-17; Kenneth Pomeranz, *The Great Divergence: China, Europe, and the Making of the Modern World Economy* (Princeton, NJ: Princeton University Press, 2000).
6. Charles P. Kindleberger, "Commercial Policy between the Wars," *Cambridge Economic History of Europe*, ed. Mathias ve Pollard, 161-196.
7. Gerhard Weinberg, "The World through Hitler's Eyes" (1989), *Germany, Hitler, and World War II: Essays in Modern German and World History* (Cambridge: Cambridge University Press, 1995), 30 - 53.
8. Ezici etki kavramının ilk defa şurada kullanılmıştır: *Towards and Integrated Europe* (London: CEPR Press, 1994) ve kavramın Frederic Robert-Nicoud ile birlikte şu çalışmada geliştirilmiştir: Baldwin ve Robert-Nicoud,

A Simple Model of the Juggernaut Effect of Trade Liberalisation, CEP Discussion Paper 845, Centre for Economic Performance, London School of Economics and Political Science, London, UK, 2008.

9. Marc Levinson, *The Box: How the Shipping Container Made the World Smaller and the World Economy Bigger* (Princeton, NJ: Princeton University Press, 2006). Ayrıca bkz. Daniel M. Bernhofen, Zouheir El-Sahli ve Richard Kneller, "Estimating the Effects of the Container Revolution on World Trade," *Journal of International Economics 98 (2016): 36-50.*

3. BÖLÜM: BİLGİ VE İLETİŞİM TEKNOLOJİLERİ VE KÜRESELLEŞMENİN İKİNCİ ÇÖZÜLMESİ

1. Paul Gallant, "How Bombardier's Experiment Became Ground Zero for Mexico's Economic Revolution," *Canadian Business,* April 2015, 2014.
2. David L. Hummels ve Georh Schaur, "Time as a Trade Barrier," *American Economic Review 103, no. 7 (2013): 2935-2959.*
3. Detaylar için bkz. Yuqing Xing, "How the iPhone Widens the US Trade Deficit with China," 10 Nisan, 2001, VoxEU.org.
4. Bkz: Joao Amador ve Sonia Cabral, "Vertical Specializaiton across the World: A Relative Measure," *North American Journal of Economics and Finance 20,* no. 3 (2009) 267-280. Alt panel: Baldwin ve Lopez-Gonzales (2014).
5. Ibid., 267-280.
6. Robert C. Allen, *Global Economic History: A Very Short Introduction* (Oxford: Oxford University Press, 2011).
7. Paul Collier, *The Bottom Billion: Why the Poorest Countries Are Failing and What Can Be Done about It* (Oxford: Oxford University Press, 2007), 3.

2. KISIM: KÜRESELLEŞME SÖYLEMİNİN GENİŞLETİLMESİ

1. Karl Popper, *The Open Universe: An Argument for Indeterminism* (Totowa, NJ: Rowman and Littlefield, 1982); Stephen Hawking, *The Grand Design* (London: Bantam Books, 2011).

4. BÖLÜM: KÜRESELLEŞMEYE ÜÇ-KATMANLI-KISITLAR GÖRÜŞÜ

1. David Ricardo, *On the Principles of Political Economy and Taxation (London: John Murray, 1817).*
2. Andrew B. Bernard ve Teresa C. Fort, "Factoryless Goods Producing Firm," *American Economic Review: Papers and Proceedings* 105, no. 5 (Mayıs 2015): 518-523.
3. Kore burada istisnadır çünkü ağır endüstrileri korumacı duvarlar arkasında gelişmiştir. Ancak son zamanlarda kendi uluslararası üretim ağlarını kurmuştur.
4. Tam ifşa: Gene Grossman benim kayınbiraderim olup 2006 Ağustos'u başlarında annemin 80. Doğum gününde konferans öncesi Jackson Hole yazısını benimle paylaşmıştır; 2006 tarihli makalemin çoğunu aynı hafta yazmıştım.

5. BÖLÜM: GERÇEKTEN DE YENİ OLAN NE?

1. Detaylar için 2015 tarihli Javier Lopez-Gonzales ile yazdığım makaleye bakınız, "Supply-Chain Trade: A Portrait of Global Patterns and Several Testable Hypotheses," *World Economy 38,* no. 11 (2015): 1682-1721, uzun 2013 versiyonu Nisan 2013'te NBER Working Paper 18957 olarak yayınlanmıştır.
2. Ibid.
3. Bkz. Pham Truong Hoang, "Supporting Industries for Machinery Sector in Vietnam," chap. 5 *Major Industries and Business Chances in CLMV Countries,* ed. Shuji Uchikawa, Bangkok Resarch Center Research Report No. 2, Institute of Developing Economies, Japan External Trade Organization, 2009, http://www.ide.go.jp/English/Publish/Download/Brc/pdf/02_ch5.pdf.
4. Paul A. Samuelson, "Where Ricardo and Mill Rebut and Confirm Arguments of Mainstream Economists Supporting Globalization, *Journal of Economic Perspectives 18,* no. 3 (2004): 135-146.
5. National Board of Trade, "Made in Sweden? A New Perspective on the Relationship between Sweden's Exports and Imports," Stockholm, Sweden, 2011.
6. Robert Hall, "Macroeconomics of Persistent Slumps," *Handbook of Macroeconomics,* vol. 2B, ed. John Taylor ve Harald Uhlig (North Holland: Elsevier, 2016), http://web.stanford.edu/~rehall/HBCo42315.pdf.

7. Detaylar için Border Assembly Inc. Websitesine bakınız, http://www.borderassembly.com/maquiladoras.html.
8. Detaylar için QS Advisory websitesine bakınız, http://qsadvisory.com/.

6. BÖLÜM: KÜRESELLEŞME EKONOMİSİNİN TEMELLERİ

1. Daniel Bernhofen ve John C. Brown, "A Direct Test of the Theory of Comparative Advantage: The Case of Japan," *Journal of Political Economy* 112, no. 1 (2004): 48-67; ve Bernhofen ve Brown, "An Empirical Assessment of the Comparative Advantage Gains from Trade: Evidence from Japan," *American Economic Review 95,* no. 1 (2005): 208-225.
2. 1600 yılları sonlarında Robert Hooke'a bir mektubunda Newton aslen şöyle yazmıştır: "Pigmaei gigantum humeris impositi plusquam ipsi gigantes vident." 2 pound'luk metal paraların çevresinde şu ifade yazılıdır: "Standing on the shoulders of giants." (Devlerin omuzlarında durmak) (Newton otuz sene darphane müdürlüğü olarak görev yapmıştır.)
3. İç kaynaklı büyüme teorisi versiyonu Grossman ve Helpman yaklaşımından çıkarım yapılmıştır; bkz. Gene Grossman ve Elhanan Helpman, *Innovation and Growth in the Global Economy* (Cambridge, MA: MIT Press, 1991).
4. Ibid.
5. Nicholas Bloon, Luis Garicano, Raffaella Sadun ve John Van Reenen, "The Distinct Effects of Information Technology and Communication Technology on Firm Organization," NBER Working Paper 14975, National Bureau of Economic Research, Mayıs 2009.
6. Adam Davidson, "Making It in America," *Atlantic Magazine,* Ocak/Şubat (2012).

7. BÖLÜM: KÜRESELLEŞMENİN DEĞİŞEN ETKİSİNİN İZAHATI

1. Paul Krugman ve Anthony Venables, "Globalization and the Inequality of Nations," *Quarterly Journal of Economics 110,* no. 4 (1995): 857-880.
2. Ekonomi tarihçileri Nicolas Crafts ve Terrance Mills'ın anlattığına göre bu eski bir hikâye; Industrial Revolution'larında yerelleştirilmiş kümülatif öğrenme sürecinin önemine değinmişlerdir (Terence C. Mills ve N. F. R. Crafts, "Trend Growth in British Industrial Output, 1700 - 1913: A

Reappraisal," *Explorations in Economic History 33,* no. 3 [Temmuz 1996]: 277-295). Ancak, Yeni Ekonomik Coğrafya mantığı ve Yeni Büyüme teorisi arası resmi bağlantı çok sonra geldi. Spesifik olarak, Grossman-Helpman mantığı ile Krugman-Venables mantığının bütünselleştirilmesinin detayları ilk olarak, Paris İktisat Okulundan Philippe Martin ve Londra İktisat Okulundan Gianmarco Ottviano ile birlikte yazdığım büyüme yükselişlerin coğrafyası konulu makalede ele alınmıştır (Richard Baldwin, Philippe Martin ve Gianmarco Ottaviano,"Global Income Divergence, Trade, and Industrialization: The Geography of Growth Take-Offs," *Journal of Economic Growth 6,* no.1 [2001]: 5-31.

3. Edward L. Glaeser, "Why Has Globalization Led to Bigger Cities?" Economix (blog), *New York Times,* Mayıs 19, 2009, http://economix.blogs.nytimes.com/2009/05/19/why-has-globalization-led-to-bigger-cities/?_r=o.

8. BÖLÜM: G7 KÜRESELLEŞME POLİTİKALARININ GÖZDEN GEÇİRİLMESİ

1. Kırk dört ülkenin katılımıyla yapılan ankete dayanarak yazılmış, Pew Research Center'ın "Faith and Skepticism about Trade, Foreign Investment," başlıklı makalesinde bahsi geçmektedir, http://www.pewglobal.org/2014/09/16/faith-and-skepticism-about-trade-foreign-investment/.
2. Bkz. Paul Krugman, "Competitiveness: A Dangerous Obsession," *Foreign Affairs,* Mart / Nisan 1994; bu kısım şu kaynaktan yararlanmıştır: Richard Baldwin, "The Problem with Competitiveness, *35 Years of Free Trade in Europe: Messages for the Future,* ed. Emil Ems (Geneva: European Free Trade Association, 1995).
3. Krugman, "Competitiveness: A Dangerous Obsession."
4. Richard Baldwin ve Simon Evenett, "Value Creation and Trade in Twenty-First Century Manufacturing: What Policies for U.K. Manufacturing?" *The U.K. in a Global World: How Can the U.K. Focus on Steps I Global Value Chains That Really Add Value?* ed. David Green-away (London: Centre for Economic Policy Research, 2012).
5. Enrico Moretti, *The New Geography of Jobs* (Boston: Houghton Mifflin Harcourt, 2012).
6. Bu konuları ilk olarak 2012 tarihli şu yazımda ele aldım: "WTO 2.0: Global Governance of Supply-Chain Trade," Centre for Economic Policy Re-

search, Policy Insight No. 64, Aralık 2012, http://www.cepr.org/sites/default/files/policy_insights/PolicyInsight64.pdf.

9. BÖLÜM: KALKINMA POLİTİKASININ GÖZDEN GEÇİRİLMESİ

1. Richard Baldwin, "Trade and Industrialization after Globalization's Second Unbundling: How Building and Joining a Supply Chain Are Different and Why It Matters," *Globalization in an Age of Crisis: Multilateral Economic Cooperation in the Twenty-First Century,* ed. Robert C. Feenstra ve Alan M. Taylor, 165-212 (Chicago: University of Chicago Press, 2014).
2. Bkz. David L. Lindauer ve Lant Pritchett, "What's the Big Idea? The Third Generation of Policies for Economic Growth," *Economia 3,* no. 1 (Güz 2002): 1-28.
3. Bkz: Paul Krugman, "The Fall and Rise of Development Economies," *Development, Geography, and Economic Theory* (Cambridge, MA: MIT Press, 1995), chap. 1.
4. Dani Rodrik, *One Economics, Many Recipes: Globalization, Institutions, and Economic Growth* (Princeton: Princeton University Press, 2007), 55.
5. Harvey Leibenstein, *Economic Backwardness and Economic Growth* (New York, Wiley, 1957).
6. Bela Balassa, *Change and Challenge in the World Economy* (London: Palgrave Macmillan, 1985), 209.
7. Richard Baldwin, "Managing the Noodle Bowl: The Fragility of East Asian Regionalism," *Singapore Economic Review* 53, no. 3 (2008): 449-478.
8. Daria Taglioni ve Deborah Winkler, "Making Global Value Chains Work for Development, Economic Premise No. 143 (Washington, DC: World Bank Group, 2014), http://documents.worldbank.org/curated/en/2014/05/19517206/making-global-value-chains-work-development.
9. Centre for the Promotion of Imports from developing countries (CBI), "How fast can you become part of the global motorcycle supply chain?" CBI Success Story, Temmuz 12, 2012, https://www.cbi.eu/success-stories/how-fast-can-you-become-part-of-the-global-motorcycle-supply-chain-/136079/.

5. KISIM: İLERİYE BAKMAK

1. Henri Poincare, *The Foundations of Science,* trans. George Bruce Halsted, Cambridge Library Collection (Cambridge: Cambridge University Press, 1902, 1905, 1908/2014).

10. BÖLÜM: GELECEKTE KÜRESELLEŞME

1. Bu ticaret şokunun detayları için bkz. 2009 eBook, Richard Baldwin, ed., *The Great Trade Collapse: Causes, Consequences and Prospects* (London: Centre for Economic Policy Research, November 2009).
2. "A Third Industrial Revolution," *The Economist,* Nisan 21, 2012, 15.
3. Bkz. Arthur W. Lewis, "Economic Development with Unlimited Supplies of Labor," *Manchester School of Economic and Social Studies 22* (1954): 139-191.
4. Detaylar için bkz. Richard Baldwin ve Javier Lopez-Gonzales, "Supply-Chain Trade: A Portrait of Global Patterns and Several Testable Hypotheses," *World Economy 38,* no. 11 (2015): 1682-1721.
5. Bkz. David H. Autor, Lawrence F. Katz, Melissa S. Kearney, "The Polarization of the U.S. Labor Market, NBER Working Paper 11986, National Bureau of Economic Research, Ocak 2006.
6. Erik Brynjolfsson ve Andrew McAfee, *The Second Machine Age: Work, Progress, and Prosperity in a Time of Brilliant Technologies* (New York: W. W. Norton and Company, 2014).

Teşekkür

Bu kitap uzun zamandır hazırlık sürecindeydi. Kitabın orijinal fikri, 2006 sonlarında Finlandiya başbakanlığı projesi için yazdığım "Globalization Challenges for Europe and Finland" başlıklı makaleye dayanıyor. Küreselleşmede bir şeyin kökten değiştiği fikri bir anda yayıldı —mesela *Economist* dergisi Finlandiya'ya yazdığım bu makaleye Ocak 2007 sayısında tam sayfa yer vermişti. Küresel finansal kriz patlak verince, bu konular birkaç yıllığına benim ve diğer ekonomistlerin ve politika belirleyicilerin zihninin bir köşesine itilmiş oldu. 2010 başlarında küreselleşme tekrar siyasetin gündemine oturunca, konu hakkında tekrar yazmaya ve konuşmaya başladım. Konunun kitap haline getirilmeyi hak ettiğini o zamanlar anladım.

Cenevre'de bulunan çalıştığım kurum olan Uluslararası ve Kalkınma Çalışmaları Yüksekokulu'na 2013'te başlamam için bana verdikleri akademik izinden ötürü teşekkürleri sunmak isterim. Kitabın ana hatlarını oluşturduğum yer olan Adelaide Üniversitesi'ne ve İktisat Okulu 2013 Ekim ve Kasım Misafir Profesörü Geoff Harcourt'a teşekkürlerimi bir borç bilirim. İktisat Okulu, çalışma için uygun ortamı sağladı ve özellikle Richard Pomfret'e, Kym Anderson'a ve Mandar Oak'a harika görüşleri ve misafirperverliklerinden ötürü teşekkürleri sunarım.

Bununla birlikte, birkaç kusursuz teori makaleleriyle yaptıkları önemli entelektüel katkılarıyla bazı temel mekanizmaların ana hatlarını belirleyen meslektaşlarıma teşekkür ederim. (Tam referanslar için metne bakınız.) Ben ve Frederic Robert-Nicoud yirmi-birinci-yüzyıl ticaretinin nasıl kusursuz şekilde Heckscher-Ohlin modeli olarak bilinen yirminci-yüzyıl ticaret çerçevesine entegre edilebileceği gösterdik. Önemli şekilde bu, ikinci çözülmenin iki temel unsurlu (yani üretim sürecinin bölümlendirilmesi ve şirket-içi teknoloji transferleri) bir fenomen olarak düşünülmesi gerektiği hakkındaki görüşümü açıklığa kavuşturdu. Tony Venables ve ben deniz aşırı taşınma ile toplulaşma arası teorik etkileşime son yıllardan gözlenen deniz aşırı taşınan aşamaların tekrar taşınacağını öngören bir açıdan bakmıştık. Küreselleşme ve büyüme yükselişleriyle ilgili olarak, Philippe Martin, Gianmarco Ottaviano ve ben, toplulaşma-rekabet gücü-büyüme döngüsünün ilk modelini ortaya koyduk ve bu modeli Büyük Iraksama'yı açıklamak için bu kitapta kullandım. Daha sonra Philippe ve ben, ticaret maliyetleri ve bilgi taşmaları arası etkileşimin on-dokuzuncu yüzyılda Büyük Iraksamaya ve yirminci-yüzyılda Büyük Yakınsama'ya yol açtığına ilişkin bir dizi teori geliştirdik.

Politika cephesinde ise Simon Evenett, Patrick Low ve ben, 2007'de Dünya Ticaret Örgütü için yazılan makalede ticaret politikasının politika üzerine bazı yansımalarına değinmiştik. Akabinde Simon ve ben İngiliz Hükümeti için 2012'de yazdığımız bir makalede endüstriyel politika üzerine kilit yansımalardan bahsetmiştik.

Dizin

C-Ç

D

E

F

G

H

I-İ

L

M

N

O

P